CW00516166

EL MITO DEL GEN

RUTH HUBBARD
ELIJAH WALD

EL MITO DEL GEN

CÓMO SE MANIPULA LA INFORMACIÓN GENÉTICA

Versión de
Mónica Solé Rojo

Alianza Editorial

Título original: *Exploding the Gene Myth: How Genetic Information Is Produced and Manipulated by Scientists, Physicians, Employers, Insurance Companies, Educators and Law Enforcers.*

Reservados todos los derechos. El contenido de esta obra está protegido por la Ley, que establece penas de prisión y/o multas, además de las correspondientes indemnizaciones por daños y perjuicios, para quienes reprodujeren, plagiaren, distribuyeren o comunicaren públicamente, en todo o en parte, una obra literaria, artística o científica, o su transformación, interpretación o ejecución artística fijada en cualquier tipo de soporte o comunicada a través de cualquier medio, sin la preceptiva autorización.

© de la traducción: Mónica Solé, 1999
Copyright © 1997 by Ruth Hubbard and Elijah Wald
© Alianza Editorial, S. A., 1999
Calle Juan Ignacio Luca de Tena, 15; 28027 Madrid; teléf. 91 393 88 88
ISBN: 84-206-4493-5
Depósito legal: M. 45.741-1999
Compuesto e impreso en Fernández Ciudad, S. L.
Printed in Spain

A Hella y Richard

Quienes contribuyeron mucho más que sus genes

Pensábamos que nuestro destino
estaba en las estrellas.
Ahora sabemos que, en gran medida,
nuestro destino está en nuestros genes.
—JAMES WATSON, *Time,* 20 de marzo, 1989

No podemos pensar en ningún
comportamiento social humano
significativo que esté determinado
por los genes de tal manera
que no pueda ser moldeado por las
condiciones sociales.
—*Not in Our Genes: Biology, Ideology, and Human Nature,*
por R. C. LEWONTIN, STEVEN ROSE, AND LEON J. KAMIN

ÍNDICE

PREFACIO

POR QUÉ ESTE LIBRO

Se está produciendo una revolución en las ciencias de la vida. Periódicos y revistas publican constantemente artículos sobre el descubrimiento del gen para esta o aquella enfermedad, discapacidad o habilidad; y muchas personas creen que las nuevas biotecnologías transformarán nuestras vidas más profundamente de lo que lo hicieron transistores y ordenadores. Aunque la genética sigue siendo un tema especializado y muy pocas personas están capacitadas para valorar cómo nos veremos afectados por estas nuevas maravillas, palabras como *gen* y ADN revolotean a nuestro alrededor. Pero, ¿qué son los genes y el ADN, y cómo funcionan?

Necesitamos tener un sentido realista sobre las contribuciones que pueden hacer la genética y la biotecnología, y de los riesgos inherentes a la ciencia, sus aplicaciones y su comercialización. También necesitamos comprender que la biotecnología no sólo puede cambiar nuestra forma de vida, sino también cómo pensamos acerca de nosotros mismos y otros animales. ¿Somos máquinas los seres vivos, en las que reemplazar una pieza aquí o un engarce allá suponga un acto seguro, o somos demasiado complejos como para que nadie pueda prever los efectos de una chapuza genética?

Nos encontramos en un momento crítico en el desarrollo de la genética y la biotecnología. Legisladores, tribunales, agencias del gobierno y comisiones están explorando un territorio nuevo, tomando decisiones sobre asuntos como si se pueden patentar nuestros genes o si se pueden almacenar en bancos de datos, y también sobre cómo prevenir las nuevas formas de discriminación basadas en información genética y cómo mantener la privacidad de esta información.

Resulta crucial que nosotros, como ciudadanos, no dejemos este proceso en manos de los *expertos.* Al igual que otras personas, los científicos están interesados en ver prosperar sus proyectos, y su entusiasmo los puede llevar a ignorar los posibles aspectos negativos de sus investigaciones. Como todos tendremos que vivir con tales efectos, deberemos estar suficientemente informados como para ser capaces de decidir hasta qué punto la genética y la biotecnología pueden mejorar nuestras vidas; no podemos sentarnos simplemente como pastores pasivos o como víctimas.

Este libro pretende ofrecer una visión general de lo que está sucediendo hoy en día en el campo de la genética, haciéndolo más fácil de entender y evaluando los proyectos de investigación genética que están en curso actualmente. Como este campo está cambiando rápidamente y las publicaciones científicas se quedan obsoletas muy pronto, incluso antes de que aparezcan impresas, sería estúpido por mi parte intentar cubrir los descubrimientos más recientes. Por el contrario, lo que pretendo es ofrecer un manual de supervivencia básico, una brújula y unos pocos postes indicadores. Para los lectores no biólogos, trataré de explicar la base científica de las investigaciones para que se puedan formar sus propias opiniones cuando lean artículos en la prensa. Además, quiero plasmar algunas visiones históricas sobre las destructivas consecuencias que tuvo en el pasado el uso incorrecto y abusivo de la genética por parte de científicos, médicos y políticos, tanto en Estados Unidos como en los diferentes países europeos. Al final del libro, he incluido un glosario de términos científicos y una lista de libros y organizaciones de los que se podrá obtener más información sobre los diferentes temas expuestos en el libro.

Aunque este libro es obra de dos autores, está escrito en primera persona. Esto se debe a que yo, Ruth Hubbard, soy bióloga y me responsabilizo del contenido científico y de la mayoría de las interpretaciones que presentamos. El coautor, Elijah Wald, es un escritor y músico, que cree, al igual que yo, que cualquier cosa que merezca la pena ser dicha se puede decir con la claridad suficiente como para que personas sin una preparación especial puedan entenderla.

No podría haber escrito este libro sin la ayuda que me han brindado numerosos amigos y colegas durante muchos años. En primer lugar debo mencionar a mis compañeros de la mesa de dirección y del Human Genetics Committe of the Council for Responsible Genetics (Comité de Genética Humana del Consejo para una Genética Responsable): Philip Berano, Paul Billings, Liebe Cavalieri, Terri Goldberg, Colin Gracery, Mary Sue Henifin, Jonathan King, Sheldon Krimsky, Richard Lewontin, Abby Lippman, Karen Messing, Claire Nader, Stuart Newman, Judy Norsigian, Barbara Rosenberg, Marsha Saxton, Susan Wright y Nachama Wilker, directora ejecutiva del Council for Responsible Genetics. Tanto el trabajo colectivo como nuestras conversaciones han guiado y clarificado mi pensamiento sobre todos los temas que se tratan en este libro. También me he beneficiado de conversaciones mantenidas con Charles Baron, Alice, Daniel, John Roberts, Melvin Schorin y Ernest Winsor, compañeros del Medical Legal Commettee of the Civil Liberties Union of Massachusetts (Comité de Legalidad del Sindicato de Libertades Civiles de Massachusetts). A lo largo de los años, también me he enriquecido de las conversaciones mantenidas con Rita Arditti, Adrienne Asch, Jon Beckwith, Joan Bertin, Lynda Birke, Robin Blatt, Carolyn Cohen, Richard Cone, Mike Fortun, Robin Gillespie, Stephen Jay Gould, Evelynn Hammonds, Donna Haraway, Sarah Jansen, Evelyn Fox Keller, Renate Duelli Klein, Nancy Krieger, Suzannah Maclay, Emily Martin, Everett Mendelsohn, Laurie Nsiah-Jefferson, Cristian Orego, Rayna Rapp, Hilary and Steven Rose, Barbara Katz Rothman, Sala and Alan Steinbach, Nadine Taub, David Wald, Michael Wald y otros muchos amigos y colegas. Quiero agradecer a Wendy McGoodwin, directora ejecutiva del Council for the Responsible Genetics, sus comentarios críticos y la información que me ha aportado. Quiero dar las gracias especialmente a Robin Gillespie, Mary Sue Henifin, Richard Kahn, Richard Lewontin y Stuart Newman por la lectura crítica de algunas partes o de la totalidad del libro; a Nancy Newman por preparar el índice y a Marya Van't Hul, nuestra editora en Bacon Press, por sus muchas sugerencias útiles. Quisiera agradecer especialmente a mi marido George Wald su constante apoyo e interés durante todos estos años desde que comenzó mi obsesión con este tema. Todas estas personas me han ayudado más de lo que puedo expresar y les doy las gracias, pero por supuesto yo soy la única responsable de cualquier error que pueda aparecer.

PREFACIO A LA EDICIÓN DE 1999

Mientras escribía este libro hace ocho años, pensaba que la velocidad a la que avanzaba la investigación genética era tal que este libro estaría anticuado el mismo día en el que saliera a la luz. Por este motivo, resulta sorprendente y gratificante encontrarme a mí misma escribiendo un prefacio para la edición de 1999.

Releyendo el libro, me doy cuenta que todavía está bastante al día. Aunque algunos de los ejemplos serían diferentes si lo tuviera que escribir ahora, la situación de base no ha cambiado. Hoy, al igual que cuando lo escribí, nos llegan historias sobre genes de todos lados. Cada día nos hacen nuevas promesas de una salud mejor, una vida más larga, mejores alimentos o de medicinas adaptadas a nuestras necesidades. No obstante, de vez en cuando, enterrado entre toda esta genomanía, aparece algo que realmente puede mejorar la salud y el bienestar de algunas personas. Es por esto por lo que ahora más que nunca necesitamos el manual de supervivencia, la brújula y los postes indicadores que pretendo proporcionar con este libro.

Quizás, el ejemplo más claro de la mitologización genética sea el bombardeo de historias sobre la clonación al que hemos sido sometidos. Todo comenzó en enero de 1997 cuando el Dr. Ian Wilmut y sus colegas del instituto Roslin de Edimburgo, Escocia, anunciaron que habían clonado una oveja, a la que llamaron Dolly, a partir de una célula de una hembra adulta. Antes de Dolly los científicos habían clonado embriones de rana y otros mamíferos, pero no mamíferos adultos, y por aquel entonces, existía la amplia creencia de que durante la maduración de las células de mamíferos, ocurría algo que las determinaba para ciertas funciones —como las del hígado o las de la piel— que hacía imposible poder clonar un organismo completo, con todas sus células diferenciadas, a partir de una de estas células.

Lo que realmente hicieron los científicos de Roslin fue aislar una célula de mama de una hembra de oveja congelada que había muerto hacía ya algún tiempo y fusionarla con el óvulo de otra hembra al que le habían quitado el núcleo. El mérito de este hecho fue que se había conseguido incorporar el núcleo de una célula diferenciada dentro de un óvulo sin nuclearlo, con lo que se le «reprogramó», y así el óvulo reconstruido pudo funcionar como un óvulo fertilizado normal capaz de desarrollar un embrión. Cuando este embrión se implantó en el útero de una tercera madre, se convirtió en Dolly.

La llegada de Dolly produjo una avalancha de especulaciones sobre los beneficios y peligros potenciales de la clonación, tanto en el caso de animales de granja como de humanos. La discusión se calentó en julio de 1998, cuando el Dr. Ryuzo Yanagimachi y sus colegas de la Universidad de Hawaii, informaron de que habían clonado 31 ratones, ocho de los cuales procedían ya de clones. Su porcentaje de éxito no fue nada espectacular, entre un dos y un tres por ciento, pero fue mucho mejor que un uno entre cuatrocientos, que es lo que costó conseguir a Dolly. Previamente, clonar ratones había sido más difícil que clonar ovejas o vacas, de modo que esto fue un verdadero avance, especialmente desde que se tiene tanta información sobre la genética de ratones de laboratorio y porque son mucho más baratos y fáciles de utilizar en experimentos que animales de granja.

Aunque la mayoría de las especulaciones de la gente han sido sobre clonación humana, los científicos que hicieron los experimentos nunca han demostrado tener ningún interés en aplicar su tecnología a humanos. El equipo de Roslin clonó a Dolly y patentó el procedimiento antes de presentársela al mundo porque esperaba poder copiar animales de granja modificados por ingeniería genética que produjesen compuestos químicos específicos de uso comercial. Los procedimientos actuales para producir proteínas humanas, como la hormona del crecimiento o la insulina, son costosos y llevan tiempo, y sería una gran ventaja comercial si se pudiera hacer que las vacas u ovejas produjeran dichas sustancias en su leche. Por el momento, el producir animales mediante ingeniería genética que funcionen de este modo es un proceso al azar, cuyo resultado da muchos más errores que aciertos. Pero si el animal que ocasionalmente se convierte en una fábrica de medicinas pudiera ser clonado y transformado en un rebaño, un sólo éxito de la ingeniería genética, aunque improbable, pasaría a ser altamente rentable. Esa es la razón por la que las compañías de biotecnología se han entusiasmado con la historia de Dolly y las de los ratones.

La modificación de animales de granja por ingeniería genética para convertirlos en fábricas de medicamentos ha encontrado una gran resistencia social. Las personas a las que no les gusta este enfoque instrumental de los animales han iniciado acciones judiciales para pararlo. Sin embargo, es la idea de clonar humanos la que ha generado una mayor protesta.

Desde el principio, las noticias del éxito de la clonación han sido aderezadas con citas como la atribuida al Dr. Lee Silver, biólogo de la Universidad de Princeton: «Por supuesto que vamos a tener humanos clonados». Mientras que el equipo de Roslin siempre ha insistido en su oposición a ese tipo de experimentos, en su solicitud de patente se incluía la aplicación de esta tecnología en humanos. Por ahora, nadie va a dar ese paso. Como ha dicho la empresa capitalista que ha financiado los experimentos de clonación de ratones del Dr. Yanagimachi y sus asociados: «No tenemos ningún interés en clonar humanos... Al margen de ser una respuesta políticamente correcta, no vemos ningún negocio en ello».

De hecho, excepto para los fanáticos que esperan crear una raza de superhombres, clonar humanos no supone ningún beneficio. Mientras que, teóricamente, se podría producir una manada de humanos altos y rubios, nunca reproduciría individuos. Las fantasías de clonar a los seres queridos que se han perdido o a los genios consagrados son simplemente eso, fantasías. Clonar a Einstein puede producir una gran cantidad de hombres bajitos de aspecto simpático, pero no al gran fisico.

La idea exagerada de lo que la clonación puede llegar a permitir es parte del mito del gen. Este mito dice que si Susana proporciona el núcleo, aunque el óvulo sea de María, y Victoria geste el embrión, el producto de esta constelación será otra Susana. Pero en realidad, incluso los llamados gemelos idénticos no son realmente idénticos, aunque procedan de un mismo óvulo y hayan sido gestados simultáneamente por la misma mujer. Por muy narcisistas que seamos, no podemos hacer calcos de nosotros mismos y no parece tener mucho sentido añadir otra tecnología reproductiva, dudosa y cara, a los fantásticos modos de hacer bebés que ya existen sobre la mesa.

Mientras la clonación estaba causando sensación en los medios de comunicación, otras investigaciones genéticas constituían preocupaciones más relevantes, como por ejemplo, la presunción de que los científicos persuadirán a las agencias que los financian para que levanten las restricciones contra la «terapia génica en la línea germinal». Este tipo de manipulación implica la modificación genética de óvulos y espermatozoides —llamadas células germinales— o de embriones durante sus primeros estadios, justo después de la fertilización. Tales modificaciones no se quedarán sólo en las personas que se hayan desarrollado a partir de estas células, sino que se perpetuarán en sus descendientes. No podemos predecir cómo actuarán los genes introducidos en la línea germinal, tanto en la primera generación como en sus descendientes, y los científicos implicados en este trabajo ponen poca atención a la cuestión de qué hacer si las cosas no salen como se esperaba. Generalmente se suele ignorar la larga historia de pasos en falso y errores tecnológicos imprevistos.

Cuando escribí este libro, los científicos tenían grandes esperanzas puestas en la manipulación de células somáticas (células de tejidos diferenciados), esperaban que fuera efectiva contra la fibrosis quística y otras afecciones de la salud. Muchos no consideraron importante que existiera la posibilidad de modificar la línea germinal para curar enfermedades, mientras que otros sugirieron que quizá algún día sería útil para mejorar las características físicas y mentales de nuestros futuros niños mediante lo que ellos llamaron «terapias de potenciación». Desde entonces, se ha comprobado que la terapia génica somática no funciona bien, lo que ha provocado un aumento de interés de los científicos por la exploración de la manipulación génica de la línea germinal. El primer «debate público» para discutir el panorama de la ingeniería genética en la línea germinal humana se convocó en el campus de la Universidad de California en Los Ángeles, en marzo de 1998. El simposium lo dirigieron seis biólogos moleculares, un biólogo evolutivo, un científico político interesado en bioética y un bioético, todos ellos académicos blancos, uno de los cuales era una mujer. El «público» fue invitado a escuchar y hacer algunas preguntas al final.

En el resumen final, publicado en la World Wide Web, dos o tres participantes recomiendan precaución. Los otros se mostraron entusiasmados con los beneficios potenciales para la salud y las «mejoras» que traerá la ingeniería génica de la línea germinal, y optimistas acerca de que cualquier posible problema podrá ser superado. El informe insta a los gobiernos estatales y federales a no cursar ninguna regulación sobre investigación de la línea germinal  y recomienda al gobierno de EE.UU. evitar las regulaciones que la UNESCO y «otras organizaciones internacionales» intentan establecer. Al final, la consecuencia sería que, al no haber obtenido los resultados esperados con la manipulación génica somática, la única vía posible sería la manipulación de la línea germinal. No obstante, la manipulación génica germinal sigue siendo tan absurda, peligrosa e innecesaria como lo era cuando escribí el Capítulo 8 de este libro. Todo ese cambio no significa otra cosa que, si una línea de investigación no resulta, los investigadores genetistas querrán tener otra para trabajar.

Volviendo a la realidad: la mayoría de nosotros no vamos a ser clonados y probablemente ninguno de nuestros óvulos o espermatozoides van a ser alterados. Lo más probable es que topemos con el mito del gen en nuestros encuentros habituales con el sistema de salud pública, que se nos ofrecerá hacernos pruebas genéticas de predicción. Dejadme describir una situación hipotética de la que los científicos del genoma hablan seriamente («genoma» es el término que los científicos utilizan para denotar la totalidad de los genes que hay en todos nuestros cromosomas).

Los científicos están inventando una gran variedad de maneras de determinar la secuencia de los componentes que conforman el ADN, las bases, y que constituye cada uno de los genes de nuestros cromosomas. Máquinas robotizadas están produciendo en serie multitud de secuencias, pero para dar significado a tales datos se requieren sofisticados programas informáticos que correlacionen y comparen dichas secuencias. Los programas tienen que estar diseñados de tal forma que puedan simular cómo deben interactuar las secuencias entre sí y cómo se ven afectadas por otras cosas que ocurran en el cuerpo de las personas y en el ambiente. Los científicos expertos en programación y modelación han inventado una ciencia que llaman «genómica», que no existía hace unos pocos años. Muchos imaginan que en un futuro no muy lejano esta ciencia nos proporcionará a cada uno una pequeña tarjeta de plástico del tamaño de una tarjeta de crédito con un código de barras impreso que representará nuestro ADN. Así, nuestro código de barras será empleado para predecir los riesgos que corremos en materia de salud. Sugerirá las situaciones que deberíamos evitar para maximizar la probabilidad de mantenernos sanos y ayudará a los médicos para diseñar terapias a la medida de nuestros «perfiles genéticos».

Como dejo claro en este libro, no creo que ni las secuencias de ADN más detalladas ni los ordenadores más listos puedan proporcionarnos esa clase de información. No hay forma de anticipar los sucesos biológicos, físicos o sociales que afectarán al modo en el que cada uno de nosotros se desarrolla y cambia a lo largo de su vida. Dichas afirmaciones están basadas en extrapolaciones completamente inválidas, sacadas a partir de unas pocas afecciones genéticas bastante raras.

En realidad sólo hay unas pocas afecciones que se puedan predecir a partir de genes. Las personas que heredan una copia del gen asociado con la anemia drepanocítica de cada uno de sus progenitores es casi seguro que tendrán dicha anemia. No manifiestan síntomas constantemente, pero podrían manifestarlos si el nivel de oxígeno en sangre disminuyera por debajo de cierto nivel crítico. De modo similar, las personas que heredan el gen asociado con PKU, fenilcetonuria, de sus dos progenitores tendrán los síntomas de la PKU, pero también sólo bajo determinadas condiciones, en este caso si comen alimentos que contengan el aminoácido fenilalanina. (Hablo más extensamente de estas enfermedades en los capítulos 3 y 8.)

Incluso estos genes relativamente predictivos no son prescriptivos. Sus efectos sólo se expresan bajo determinadas condiciones y pueden implicar otros genes, aparentemente poco relacionados, o cosas que estén ocurriendo en otras partes de nuestro cuerpo o en nuestras vidas. Cuando se miran afecciones mucho más complicadas, como la diabetes, presión sanguínea alta, cáncer o ciertos comportamientos, los componentes genéticos pasan a ser tan sólo un factor más en un proceso que es tan complicado que tiene poco sentido buscar una respuesta en los genes. Por supuesto, las características hereditarias —que es de lo que estamos hablando aquí— juegan una parte, pero los detalles de nuestro código de barras genómico no nos dirá a la mayoría de nosotros más sobre nuestra salud futura que lo que ya nos dicen nuestros historiales médicos familiares.

Todavía no se nos han asignado códigos de barras, pero ya se nos están empezando a ofrecer pruebas de ADN para diagnosticar afecciones que quizás desarrollemos en un futuro. Dichas pruebas constituyen una fuente importante de ingresos para los científicos y compañías de biotecnología que tienen la patente de estos genes (un extraño concepto explorado en el Capítulo 9 y en el Epílogo) y el mercado de dichas pruebas.

Entre las últimas pruebas que han salido al mercado, las que han recibido más publicidad son las que detectan mutaciones en los genes BRCA-1 y BRCA-2, dos genes asociados con una probabilidad por encima de la media de que una mujer desarrolle cáncer de mama. Merece la pena revisar cómo se hacen esas pruebas para así poder entender las lagunas que tienen a la hora de predecir enfermedades.

Para identificar una secuencia de ADN asociada a una afección específica, conviene mirar el ADN de los miembros de familias que presentan una incidencia de esa afección inusualmente alta. De este modo, para identificar mutaciones en los genes BRCA ligadas a la aparición de cáncer de mama, los científicos estudiaron familias en las que muchas mujeres habían tenido cáncer de mama. En base a sus resultados, calcularon la probabilidad de que una mujer que tiene dicha mutación desarrolle cáncer de mama y corra por ello un alto riesgo. Esa probabilidad resultó entre un 85 y un 90 por ciento y así fue comunicado por los medios nacionales.

El problema aquí es que es erróneo deducir que una mujer corre riesgos en general mirando únicamente a mujeres de familias con una alta incidencia de cáncer de pecho. Tales familias presumiblemente tengan factores de riesgo adicionales, de nacimiento o ambientales, no sólo una alteración en una secuencia de ADN específica, y estimaciones basadas en tales situaciones especiales no son válidas para una población general. Para hacer un estudio relevante, es necesario mirar la prevalencia de dichas mutaciones en un grupo de mujeres genérico, especialmente de mujeres mayores, y correlacionarlo con cuantas de ellas desarrollan o no cáncer de mama. Pero claro, eso lleva tiempo y los científicos y medios tienen prisa por publicar.

Ahora, que han pasado unos cuantos años y se han empezado a publicar los resultados de estudios bien hechos, la correlación está resultando ser lo suficientemente baja como para que su capacidad de predicción sea muy limitada incluso en mujeres con un historial familiar de cáncer de mama y despreciable en mujeres sin tal historial. Esto no ha echado atrás a las compañías de biotecnología en sus campañas de comercialización de pruebas de «predicción» BRCA. Muchos médicos son objetivos, excepto el Dr. Joseph Schulman, que dirige el Instituto de Genética y Fertilización in vitro en Fairfax, Virginia, que está vendiendo por internet pruebas para detectar las mutaciones relacionadas con cáncer de mama en el gen BRCA-1. Éste dice que las mujeres tienen el «derecho a saber». Pero, ¿saber qué?

Cuanto mayor sea el número de pruebas de diagnóstico genético para detectar enfermedades complejas puestas en el mercado y más genetistas se ofrezcan a escanear nuestro futuro, más nos veremos tentados a vernos a nosotros mismos como enfermos simplemente porque alguien ha predicho —con o sin acierto— que en algún momento indefinido de nuestro futuro manifestaremos cierta afección. Este mundo se está convirtiendo en un mundo de hipocondriacos, enfermos con afecciones que no tienen. Incluso las compañías de seguros, que habían adoptado las pruebas que podrían desvelar las llamadas afecciones preexistentes, están ahora intentando frenar su progreso. Según se extiende el hábito de la predicción, más les preocupa verse algún día forzadas a pagar unas pruebas que les costarían más que los propios servicios médicos que tendrían que prestar a aquellas pocas personas que desarrollaran las afecciones predichas.

A pesar de los reveses y los caminos erróneos, el efecto del mito del gen sigue expandiéndose. Mientras escribo esto, un juez de Massachusetts ha revocado una ley estatal que permitía tomar muestras de sangre involuntarias de cierto tipo de reclusos para un banco de datos genéticos. De todos modos, actualmente existen leyes similares en todo Estados Unidos menos en cuatro de sus estados. Las orwelianas implicaciones de dichos bancos (de las que hablo en el Capítulo 8 y en el Epílogo) están en cierto modo equilibradas con esfuerzos tales como el del Proyecto Inocencia, que pusieron en marcha los abogados Barry Scheck y Peter Neufeld. Ambos, han estado examinando condenas criminales dudosas y han utilizado identificaciones de ADN para ayudar a exonerar a 32 personas, 12 de las cuales se encontraban en el corredor de la muerte. A menudo se utiliza dicho éxito para apoyar una mayor y más exhaustiva realización de pruebas y bancos de ADN, pero es vital diferenciar entre dar dicha información voluntariamente para probar su inocencia y que haya leyes que obligan a una conformidad general, invadiendo una privacidad más íntima que ninguna contemplada antes.

En medio de esta creciente genomanía, debemos tener la información necesaria para valorar de modo realista las promesas que se nos hacen, impulsadas por el mercado, de una salud mejor y una vida plena, o una mayor seguridad en nuestras vidas gracias a la genética. Esto es lo que espero que pueda ayudar a proporcionar este libro. Hay muchas cosas interesantes que aprender de la biología y la genética, pero no nos ofrecerán bolas de cristal o la llave de nuestro futuro.

CAPÍTULO 1

DE GENES Y GENTE

El papel de la genética en nuestras vidas

La genética forma parte de nuestra vida cotidiana, aunque con frecuencia no nos damos cuenta. Cuando visitamos al médico, primero se nos pregunta por nuestros «antecedentes familiares»: enfermedades que han padecido nuestros padres o hermanos. Más tarde, sólo después de que el médico se haya empezado a formar una idea sobre nuestros problemas, es posible que nos pregunte sobre nuestra vida: dónde vivimos, qué comemos y el modo en que vivimos en general. A pesar del amplio abanico de peligros que atentan contra nuestra salud y a los que estamos expuestos en nuestras ocupaciones laborales, raramente nos pregunta por nuestro trabajo, a no ser que tengamos una dolencia específica relacionada con él.

Estos *antecedentes familiares* son un intento de descubrir un marco genético en el que encuadrar nuestros problemas. El médico utiliza esta información sobre el estado de salud de nuestros familiares como apoyo para poder predecir lo que podemos esperar en nuestras propias vidas. No obstante, dichos antecedentes sólo pueden incluir los datos que nosotros tengamos sobre nuestras familias y, por lo tanto, sólo pueden ofrecer una imagen somera de la verdadera situación. La investigación genética moderna trata de ir más lejos, observando las manifestaciones de los caracteres adquiridos y, finalmente, los mismos genes.

Dichos antecedentes, tanto si están basados en anécdotas familiares como en pruebas médicas, también serán considerados por las aseguradoras al contratar un seguro de salud o de vida. Podrían emplearse para determinar qué riesgos excluir o la cuantía de la cuota que deberemos pagar. Cada vez son más los casos en que son requeridos a la hora de solicitar empleo, pudiendo afectar a la decisión final.

En la generación de nuestros padres, la gente pensaba sobre todo en su situación económica y familiar a la hora de decidir si podían tener hijos. Hoy, se espera que la gente se someta a pruebas médicas en cada paso del proceso, desde análisis de sangre prematrimoniales o preconceptivos hasta amniocentesis durante el embarazo. Se supone que toda esta información es útil: los médicos esperan que les ayude a entender nuestros problemas de salud y a prevenirlos y curarlos, aseguradoras y empresarios esperan que les ayude a predecir futuros riesgos y nosotros esperamos que nos ayude a mantenernos sanos y a tener hijos sanos.

El problema de vincular todas nuestras afecciones a los genes es que nos lleva a centrarnos únicamente en lo que está pasando en nuestro interior y aleja nuestra atención de otros factores que deberíamos considerar. La epidemióloga y genetista Abby Lippman ha llamado a este proceso *genetización*:

> La genetización se refiere al proceso actual en el que se reducen las diferencias entre individuos a sus códigos de ADN, atribuyendo, al menos en parte, la mayoría de los trastornos, comportamientos y variaciones fisiológicas a un origen genético. También se refiere al proceso en el cual se realizan intervenciones empleando tecnologías genéticas para resolver problemas de salud. En este proceso, la biología humana es equiparada incorrectamente a la genética humana, asumiendo que esta última actúa por sí sola para hacer de cada uno de nosotros el organismo que es[1].

[1] Lippman, Abby (1991): «Prenatal Genetic Testing and Screening: Constructing Needs and Reinforcing Inequities», *American Journal of Law and Medicine*, vol. 17, pp. 15-50 (p. 19).

Actualmente, se está construyendo una nueva industria cimentada en la esperanza de que la genética nos proporcione una vida mejor. Los biólogos moleculares (científicos que estudian la estructura y función de los genes y del ADN (actúan como directores, consultores y accionistas en empresas de biotecnología que buscan capitalizar cada aspecto de la investigación genética. Marcas tales como Biogen, Genentech, Genzyme, Repligen, NeoRx e ImClone están produciendo de todo, desde pruebas de diagnóstico hasta medicamentos, hormonas y genes modificados.

Las empresas comerciales de biotecnología han necesitado grandes sumas de dinero, por lo que han atraído inversores que esperan grandes beneficios en un futuro próximo. Eso significa que no sólo tienen que lanzar productos al mercado lo más pronto posible, sino que deben crear un mercado para dichos productos. Están elaborando multitud de pruebas y medicamentos, y haciendo atractivas promesas sobre los beneficios del uso de estos productos. El problema es que las pruebas que apoyan dichas promesas son generalmente insostenibles o inexistentes, pero como muchos de los médicos y científicos expertos en la materia están vinculados de algún modo a dichas empresas, tienden a ser optimistas.

Mientras que los beneficios aportados por los nuevos productos a menudo son ilusorios, las desventajas que acarrean son muy reales: hay personas a las que se les ha negado un trabajo o un seguro basándose en pruebas genéticas cuyos resultados no tienen ningún significado, se ha alertado sin necesidad a mujeres embarazadas y se han iniciado tratamientos con efectos potencialmente dañinos sin tener pruebas suficientes.

Otro problema, aún más básico, es que con estas pruebas genéticas se nos está incitando a mirarnos, en lugar de como a seres humanos completos, como a una colección de pequeñísimas partes separadas. Como nosotros mismos no podemos hacer nada para cambiar estas partes, nos vemos cada vez más forzados a confiar en especialistas que supuestamente pueden, aunque en el fondo tenga mucho más sentido tratar con un ser humano completo que chapucear con sus partes. Esto implicaría considerar cosas que están bajo nuestro control, como cambiar dónde y con quién vivimos, qué o cuánto comemos o cualquier otro aspecto de nuestra vida.

El proceso de reducción de organismos u objetos a sus partes más pequeñas en vez de considerarlos como un todo se llama *reduccionismo* y no está restringido al campo de la genética. En el siglo pasado, el reduccionismo pasó a ocupar un puesto fundamental en la ciencia. Desde las bacterias de Pasteur a los átomos de los físicos, hemos crecido con la idea de que las cosas más pequeñas pueden tener los más abrumadores efectos. En biología, el reduccionismo fomenta la creencia de que el comportamiento de un organismo o un tejido se explica mejor mediante el estudio de sus células, moléculas y átomos y describiendo sus constituciones y funciones con la mayor exactitud posible. Sin embargo, los reduccionistas a menudo pierden el sentido del bosque en su entusiasmo por examinar los detalles de las ramitas de los árboles.

En las ciencias biológicas, el estatus del que una vez disfrutaron los naturalistas, que observaban cómo viven y qué hacen los animales, ha pasado a los biólogos moleculares, que estudian moléculas de ADN y sus fragmentos, a los que llaman genes. La mayoría de los biólogos contemporáneos creen que trabajando a nivel molecular alcanzarán una comprensión más profunda de la naturaleza de la que podrían alcanzar estudiando células, órganos u organismos enteros. El hecho de que los experimentos con animales sean más difíciles de controlar o duplicar que los experimentos en tubos de ensayo ha llevado a descartar los primeros al considerarlos como una ciencia imprecisa. De este modo, la biología molecular ha pasado a ser la disciplina de mayor prestigio entre las ciencias biológicas.

En los últimos años, los biólogos moleculares, bajo los auspicios del National Institutes of Health (Institutos de Salud Pública de EE.UU.) y del Departamento de Energía, han desarrollado un proyecto que, por su alcance y coste (proyecto de 3.000 millones de dólares en quince años), se ha comparado con el proyecto espacial de Estados Unidos. Bajo el nombre de Proyecto del Genoma

Humano, es un intento de construir un mapa de todas las secuencias del ADN de un *prototipo* humano; esto es reduccionismo llevado al extremo. Los científicos reconstruirán como genoma una secuencia hipotética de fragmentos submicroscópicos de moléculas de ADN y posteriormente declararán a dicha secuencia la esencia de la humanidad. El biólogo molecular Walter Gilbert, de la Universidad de Harvard, laureado con el Premio Nobel, se ha referido al genoma humano como el «Santo Grial» de la genética[2]. Dicha imagen retórica, intentando revestir de un carácter religioso a las maravillas de la ciencia, ha pasado a ser común entre los científicos del genoma y se emplea en la mayoría de los informes sobre el proyecto que aparecen en los medios de comunicación. Por ejemplo, un programa sobre el genoma humano emitido en el canal de televisión NOVA se refirió a éste como el «libro de la vida». James Watson, autor de *La doble hélice* y primer director del National Center for Human Genome Research (Centro Nacional para la Investigación del Genoma Humano, en EE.UU.), evita metáforas religiosas explícitas, pero dice que su objetivo es «la comprensión de los seres humanos» y la vida en sí misma[3].

Sin embargo, ser un ser humano no se reduce únicamente a tener cierta secuencia de ADN. Los biólogos moleculares no están más cualificados que aquel legendario gurú situado sobre la cima de una montaña desvelando el significado de la vida. Pueden dar algunas respuestas a determinados aspectos de la pregunta, pero en cualquier caso éstas sólo son útiles en contextos específicos.

Genes para la sordera, genes para ser violada

Aunque mucha gente nunca ha oído hablar del «proyecto del genoma», nadie puede escapar al aluvión de historias sobre genes

[2] Hall, Stephen S. (1990): «James Watson and the Search for Biology's "Holy Grail"», *Smithsonian*, vol. 20, febrero, pp. 41-49.
[3] Wingerson, Lois (1990): *Mapping Our Genes: The Genome Proyect and the Future of Medicine*, Nueva York, Dutton, p. 286.

que aparecen en la prensa popular. Por ejemplo, un día, en la sección de información médica del [periódico americano] *Boston Globe*, aparecieron estos cuatro titulares: «Posible vinculación genética al cáncer en fumadores», «El gen de la esquizofrenia sigue sin ser identificado», «Descubierto un gen que causa sordera profunda» e «¿Inducen problemas los medicamentos depresivos?»[4].

Hubo un tiempo en el que este énfasis sobre los genes habría resultado algo sorprendente; sin embargo, en los últimos años, estas historias se han convertido en algo cotidiano. Todos nosotros hemos visto estos artículos, pero no siempre nos hemos molestado en leerlos. A la mayoría de nosotros la genética nos parece algo complicado, técnico y un poco aburrido. Sin embargo, los temas que se tratan a menudo nos son muy cercanos, ya que se habla de alcoholismo, cáncer, problemas en el aprendizaje, enfermedades mentales, diferencias sexuales y procesos básicos, tales como el envejecimiento.

Las cuatro historias del *Globe* son habituales entre las publicaciones más comunes sobre genética, tanto en medios de comunicación de masas como en revistas científicas. Contienen una mezcla de hechos interesantes, conjeturas infundadas y grandes exageraciones sobre la importancia que los genes tienen en nuestras vidas. Un aspecto llamativo, común a muchos de estos escritos, es su vaguedad. En el primer titular, por ejemplo, se *sugiere* una *vinculación* al cáncer en fumadores. La historia dice: «un informe publicado esta semana [...] *sugiere* que ciertos individuos *podrían* portar un gen que los hace especialmente vulnerables a cánceres relacionados con el tabaco» (la cursiva es mía). El artículo nos dice que el investigador estima que el 52 por ciento de la población *podría* portar dicho gen, «si es que existe». En otras palabras, es posible que algo más de la mitad de nosotros seamos particularmente susceptibles al cáncer de pulmón si somos fumadores. El 48 por ciento restante podría ser menos susceptible; no obstante, los fumadores corren un riesgo significativamente más alto que los no fumadores.

[4] Saltus, Richard (1991): «Medical Notebook», *Boston Globe*, 10 de octubre, p. 3.

Incluso si se aislara dicho «gen del cáncer», no cambiaría el hecho de que fumar sea dañino y no ayudaría a la gente a dejar de fumar ni a los médicos a tratar el cáncer. Por lo tanto, aunque el artículo contuviera conclusiones científicas válidas, esta información no sería útil para la mayoría de los lectores del periódico. Entonces, ¿por qué se publica? Una razón es que tanto los genes como los peligros que implica fumar son temas que interesan a mucha gente; otra es porque dicha información puede ser extremadamente útil para la industria tabaquera. Como la gente afectada de cáncer de pulmón está empezando a denunciar a las empresas tabaqueras, éstas estarían encantadas de poder echar la culpa de estos cánceres a las *susceptibilidades* genéticas de dichas personas. Si las personas que presentan demandas resultan estar en un grupo especial de alto riesgo, las compañías tabaqueras pueden rechazar su responsabilidad. Si el grupo de alto riesgo incluye algo más de la mitad de la población, eso no es problema de estas compañías.

Esto es lo que ocurre con muchos de los adelantos en genética: no hacen que la gente esté más sana, sino que simplemente echan la culpa a los genes de estados que tradicionalmente se achacaban a una causa social, ambiental o psicológica. Estas nuevas publicaciones sobre dichos estudios alimentan la percepción, cada vez más extendida, de que nuestros problemas de salud se originan en nuestro interior y alejan la atención de factores externos que deberían ser considerados. Los científicos no crearon esta percepción, pero contribuyen a ella con su interés exclusivo por los genes, que incluso los lleva a no admitir que hay otras vías para explicar nuestros problemas de salud.

El segundo artículo de la sección médica del periódico comienza diciendo: «tres años después de que el anuncio de una aparente vinculación de un gen con la esquizofrenia causara revuelo entre los investigadores del campo de la salud mental, han fracasado todos los intentos de confirmar la existencia de dicho gen». El hecho de que después de varios intentos no se haya podido demostrar una vinculación parecería sugerir que dicha afección no es genética. Sin embargo, la columna cita a un psicólogo llamado

Irving Gottesman que dice que «los estudios continúan indicando que un gen o genes generan "factores que aumentan el riesgo" de esquizofrenia».

Los estudios a los que se refiere argumentan que personas que tienen familiares esquizofrénicos son más de padecer esquizofrenia que los que no los tienen, pero como muchos psiquiatras piensan que la esquizofrenia está causada por problemas familiares, este resultado no debe sorprendernos en absoluto; llamarlo *evidencia* de factores genéticos es como mínimo engañoso.

Al igual que el estudio de los fumadores, esta historia no se sostiene. Ambos artículos sugieren que hay genes implicados en toda clase de afecciones y comportamientos, pero lo único que nos dicen realmente es que se ha gastado muchísimo dinero en investigación genética. La grandiosa naturaleza de las afirmaciones enmascara el hecho de que en realidad la investigación no es particularmente interesante para el público en general.

La siguiente reseña del *Globe* muestra un ejemplo de investigación genética más responsable. Los científicos han identificado «un gen que causa sordera profunda», el primero de ese tipo de genes. Todas las personas afectadas por este tipo de sordera son miembros de una familia muy extendida en Costa Rica. El hecho de que se haya aislado este gen podría ayudar a los científicos a entender otras clases de sorderas; no obstante, eso está por comprobar.

Este tipo de investigación básica aumenta nuestro corpus de conocimientos y puede ser útil; sin embargo, no es la clase de descubrimiento que normalmente sale en los diarios. El hecho de que salga en el *Globe* se debe a que es una historia de genes y, al carecer de pretensiones, adiciona hechos sólidos a las afirmaciones livianas de las otras historias.

El mito del gen todopoderoso está basado en ciencia viciada, que no cuenta con el contexto ambiental en el que nosotros y nuestros genes existimos. Tiene muchos peligros, ya que puede llevar a una discriminación genética y a manipulaciones médicas peligrosas. El último artículo del *Globe* es un ejemplo extremo de lo peligrosas y faltas de garantías que son las conclusiones que se extraen a veces de las investigaciones genéticas. Publica un estudio de Lincoln Eaves, genetista del comportamiento, sobre la investigación realizada por varios científicos con 1.200 parejas de gemelas a las que consideraron propensas a la depresión. Eaves dice haber encontrado la prueba del origen genético de esta depresión, aunque la prueba no aparece en el artículo.

Eaves también proporcionó un cuestionario en el que preguntaba «si las voluntarias habían sufrido algún suceso traumático, como violación, asalto, ser despedidas del trabajo u otros», y detectó que las mujeres que padecían depresión crónica habían sufrido más sucesos traumáticos que aquellas que no la padecían.

Ahora bien, si él no estuviera asumiendo que la depresión es genética, sospecharía que su estado era producto de las malas experiencias que habían vivido; sin embargo, su interés es genético. Así, continúa el artículo, «Eaves sugirió que la actitud depresiva de las mujeres debe haber provocado que dichos problemas aleatorios se den con mayor probabilidad».

¿Qué clase de razonamiento es ése? Las mujeres habían sido violadas, asaltadas o despedidas, y estaban deprimidas. Cuanto más traumáticos eran los sucesos que habían experimentado, más crónica era su depresión; ¿sugiere esto que la depresión trae problemas? Si el Dr. Eaves hubiera encontrado que los jugadores de fútbol padecen fracturas con frecuencia, ¿habría sugerido que la posesión de huesos quebradizos hace que la gente juegue al fútbol? Habría sido interesante buscar una vinculación genética si hubiera visto que la depresión no estaba asociada a ninguna experiencia de vida, pero una vez que ha encontrado una correlación clara entre sucesos traumáticos y depresión, ¿para qué buscar una explicación genética?

Pese a lo ridículo de esta investigación, la prensa la publica como si de un asunto serio se tratara. Actualmente, los genes son objeto de publicación, y prácticamente cualquier teoría al respecto se toma en serio. Y la responsabilidad no es de los medios de comunicación; la ciencia, el gobierno y las empresas están presentando a la genética y a la biotecnología como la onda del futuro.

Una palabra sobre los científicos

En primer lugar quiero hacer hincapié en que, al contrario de la creencia popular, los científicos no son observadores de la naturaleza desinteresados, y los hechos que descubren no son simplemente inherentes a los fenómenos naturales que observan. Los científicos construyen hechos mediante una toma constante de decisiones sobre lo que consideran significativo, qué experimentos deben realizar y cómo describirán sus observaciones. Estas decisiones no son meramente individuales e idiosincrásicas, sino que reflejan la sociedad en la que el científico vive y trabaja.

Por ejemplo, no nos debe sorprender que los biólogos del siglo XIX, que por definición eran hombres, encontraran razones científicas por las que las niñas no podían, o no debían, recibir la misma educación que los niños. Algunos de ellos *probaron* que los cerebros de las mujeres eran más pequeños que los de los hombres; otros, que la educación dañaba los órganos reproductores de las niñas, por lo que las mujeres cultivadas no serían capaces de tener hijos. Es fácil reconocer ahora que estas descripciones científicas surgieron de las creencias de la época en la que los científicos vivían. Pero todavía hoy los científicos están intentando demostrar las diferencias entre niños y niñas en función de sus habilidades espaciales, matemáticas y del lenguaje, en términos de estructura del cerebro y genes. Para nosotros, es más difícil identificar las múltiples raíces ideológicas de nuestra ciencia contemporánea, ya que todos compartimos, hasta cierto punto, dichas raíces.

La educación científica inicia a los estudiantes en una empresa cultural, con su historia propia y su sistema de creencias. Una de esas creencias es que la marcha de la ciencia es inmune a las presiones sociales y políticas, que los científicos pueden funcionar en un vacío ideológico. Se ha probado que esta creencia es errónea. Los científicos, como grupo, tienden a obtener resultados que apoyan los valores básicos de su sociedad. Esto no es una sorpresa, ya que los científicos viven en dicha sociedad y hacen sus observaciones con los ojos de esa sociedad.

Esto resulta especialmente obvio cuando los científicos estudian a personas. En el caso de la genética humana y la biología molecular, debemos esperar que el valor que nuestra sociedad otorga a la genealogía y la herencia influya en cada paso de la investigación y del discurso. Los valores sociales están incluidos automáticamente en el significado de términos científicos tales como *caracteres hereditarios* y *genes.* Esto no quiere decir que los científicos deliberadamente ignoren lo que está pasando en la naturaleza o que sus descripciones sean necesariamente erróneas, pero, especialmente en áreas que afectan muy directamente a las creencias sobre nosotros mismos, sobre nuestra sociedad y sobre otros seres vivos, y la genética cubre ese espectro, es probable que la ciencia refleje todas esas creencias.

El ADN, la molécula, es material y real, y bien puede tener la estructura física descrita en los libros de texto de biología. Sin embargo, nuestra comprensión del ADN y de los genes incorpora un bagaje ideológico derivado de nuestros conceptos de salud y enfermedad, normalidad y desviación y de qué podemos ser o deberíamos ser. Sería bueno que los científicos tomaran esto en cuenta, pero, desafortunadamente, la preparación científica tiende a olvidar las conexiones entre ciencia y sociedad. A los estudiantes se les enseña que la ciencia comienza con preguntas básicas que los científicos tratan de responder y evoluciona a medida que las respuestas dadas van generando nuevas preguntas. La mayoría de los científicos lo creen así, ignoran el continuo intercambio entre ciencia y sociedad o, si lo consideran, enfatizan los efectos de la ciencia sobre la sociedad en lugar de los modos en que la sociedad afecta a las percepciones y preconcepciones de los científicos.

Para entender la ciencia dentro de su contexto social debemos ser siempre conscientes de las interacciones entre prácticas científicas, descripciones e interpretaciones y las creencias culturales y circunstancias económicas dentro de las cuales operan los científicos. De otro modo, no podremos entender cómo se crean los hechos científicos y cómo se ponen en práctica en la sociedad en general.

Quiero dejar claro que no pienso que los biólogos moleculares y otros investigadores del campo de la genética estén haciendo mala ciencia; simplemente están haciendo ciencia como siempre, con la estrecha visión inherente a esa práctica.

Quizá con una analogía se vea más claro lo que quiero decir. Durante siglos, los historiadores interpretaron el pasado en términos de logros de grandes hombres (concretamente, de los grandes hombres *blancos*). La historia que la mayoría de nosotros hemos aprendido en el colegio está construida en torno a reyes y generales; sin embargo, en este siglo se ha dado un cambio gradual, pasando de esta historia de «grandes hombres» a una historia social, en un intento por comprender el pasado mediante la indagación de formas de vida de los hombres y mujeres comunes. Así, los historiadores han pasado de un modelo en el que la historia se explicaba en términos de las actividades de «hombres importantes» a uno más integrador, en el que tratan de obtener una imagen lo más completa y variada posible.

La biología molecular ha tomado el camino opuesto, pasando de una biología integradora a una biología que se remonta a la «gran molécula»: el ADN. Mi desacuerdo es con esta visión general. Rara vez encuentro algún defecto en el modo en el que se realizan o interpretan experimentos específicos; lo que objeto es el esfuerzo que está realizando el movimiento reduccionista para explicar organismos vivos en términos del trabajo realizado por *moléculas importantes* y por las partes que las componen.

Herencia y ambiente

La investigación genética trata de responder a un conjunto de preguntas que probablemente han existido desde que existe gente que las formule. Estas preguntas tratan sobre la interacción entre herencia y ambiente y entre similitud y diferencia.

Nadie me confundiría con mi hija, pero hay similitudes claras entre nosotras. Como humanos, cada uno de nosotros es único, pero somos claramente una especie, mucho más parecidos entre nosotros que con respecto a chimpancés o gaviotas. Mientras que muchas de las diferencias entre nosotros surgen del ambiente, otras obviamente son producto de la herencia.

A lo largo de la historia intelectual de Occidente la gente ha discutido sobre qué es más significativo: herencia o ambiente, naturaleza o alimentación. A principios de este siglo se instauró una fuerte creencia en el poder de la herencia; la genética pasó a ser una disciplina en sí misma, y los científicos esperaban que resolviera un montón de problemas. Sin embargo, las ideas sobre la herencia pasaron de moda después de la Segunda Guerra Mundial. Dadas las desastrosas consecuencias del racismo nazi, las políticas hereditarias pasaron a ser ampliamente conocidas, quedando como aviso de los horribles peligros que pueden derivarse de otorgar demasiado poder a la herencia biológica y del empleo de medios genéticos para mejorar la humanidad.

Desde el comienzo de los años setenta, el péndulo ha estado oscilando hacia atrás, y los científicos están enfatizando de nuevo la importancia de la herencia sobre nuestro carácter y nuestras acciones. Este cambio es debido, en parte, a un contragolpe conservador que se opone a los logros alcanzados por los movimientos pro derechos civiles y pro derechos de la mujer. Estos y otros movimientos similares hicieron hincapié en la importancia de nuestro ambiente en la determinación de lo que somos, insistiendo en que las mujeres afroamericanas, y otro tipo de personas, tienen un estatus inferior en la sociedad americana debido a prejuicios que hay contra ellas y no a una inferioridad natural. Los conservadores, en contraposición, aluden de inmediato a los descubrimientos científicos, que parecen mostrar diferencias innatas, explicativas del actual orden social.

Al igual que los reduccionistas, los hereditaristas tratan de encontrar respuestas simples a preguntas complejas, pero las interacciones y transformaciones que se dan dentro de nosotros, y entre nosotros y el medio que nos rodea, son demasiado complicadas como para ser constreñidas en patrones tan simplistas. Nuestro ambiente está lleno de otros organismos vivos, desde las bacterias que colonizan nuestros intestinos y nos proporcionan vitaminas esenciales y otras sustancias alimenticias hasta los seres humanos y otros animales con los que convivimos. Analizar todos nuestros genes, o incluso los genes de todas estas criaturas, no nos dirá mucho sobre nuestra interrelación en sociedades y con la naturaleza.

Cierto es que una vez fusionados el óvulo de una mujer y el espermatozoide de un hombre, los genes de una futura persona pasan a estar todos juntos, pero muchas cosas que ocurren en el óvulo fertilizado, en el útero y después del nacimiento de la persona también tendrán efectos fundamentales. Si la mujer embarazada no ingiere una alimentación adecuada o recibe una medicación inadecuada el embrión podría dañarse o incluso morir. Por el contrario, si tiene la oportunidad de cuidar adecuadamente de sí misma y del niño una vez nacido, los efectos positivos en el desarrollo del niño serán patentes; al igual que sus genes, estas circunstancias serán parte integral de ese niño. Los niños deben ser educados como seres humanos; dejarlos hacer lo que quieran indiscriminadamente sería lo mismo que si los criaran lobos: técnicamente humanos, pero incapaces de encajar, incluso a nivel de interacciones humanas básicas.

Como todos sabemos, gente que crece en culturas diferentes puede ser muy diferente, no sólo en personalidad sino también en psique. En una generación, y sin ningún cambio genético, inmigrantes de Asia y del sur de Europa han visto como sus hijos nacidos en América los sobrepasaban en altura. Incluso viviendo dentro de una misma familia cada uno de nosotros está sujeto a influencias diferentes que nos afectan tanto mental como físicamente.

A lo largo de nuestra vida actúan sobre nosotros distintas influencias externas. Recuerdo a un estudiante mío que sufrió una depresión aguda como resultado de un fallo renal causado por un antibiótico. Cuando le visité en el hospital, no le pude reconocer. En una semana, este joven atleta estudiante se había transformado en un viejo chupado, con voz y andares de viejo. Afortunadamente, estos cambios resultaron ser reversibles, pero fueron un magnífico ejemplo de cuán rápido podemos experimentar profundos cambios biológicos y convertirnos inesperadamente en alguien diferente.

Gente estúpida puede convertirse en brillante, gente apática en activa o gente decrépita en vital y fuerte como consecuencia de cambios en circunstancias de sus vidas. Muchos movimientos sociales, desde feministas hasta luchadores por los derechos civiles, se han basado en la posibilidad de realizar dichos cambios, y han tenido éxito obteniendo resultados *milagrosos.*

Aún así, las explicaciones genéticas tienen su atractivo. Acabamos de pasar por un período en el que se achacaba a las acciones de los padres la responsabilidad de unos hijos problemáticos. No nos debe sorprender que padres que han sido «muy permisivos» o «muy estrictos» con sus hijos, siendo demasiado «distantes» o demasiado «blandos» afectivamente, se aferren a la idea de que los genes, y no sus propios errores, son la raíz de los problemas de sus descendientes; las explicaciones genéticas son tan restrictivas como liberadoras. Los genes participan en todos los procesos de nuestro funcionamiento, pero no determinan quiénes somos; deben afectar a nuestro desarrollo, pero también lo hacen nuestras circunstancias personales y sociales.

Entonces, ¿qué papel desempeñan los genes en nuestras vidas? No sabemos la respuesta y no podemos esperar saberla nunca. Los humanos, incluso las moscas de la fruta, son organismos complejos con vidas complejas, y nuestras experiencias interaccionan con nuestra biología de forma impredecible. Ni los genetistas ni los biólogos moleculares nos pueden decir mucho sobre las personas; lo único que pueden hacer es decirnos algo sobre nuestro genes.

¿Qué son los genes?

Pero, ¿qué son los genes? Diferentes tipos de biólogos han respondido a esta pregunta de distinta manera. Para los biólogos moleculares, un gen es un fragmento de ADN que especifica la composición de una proteína y determina si se puede sintetizar y a qué velocidad; incluso algunas veces también puede afectar a la síntesis de proteínas especificadas por otros genes cercanos. Para los genetistas, los genes son partes de nuestros cromosomas que determinan los caracteres o rasgos hereditarios. Para los biólogos de poblaciones, los genes son unidades de diferenciación que pueden ser usadas para distinguir varios miembros de una población entre sí. Para los biólogos evolutivos, los genes son rastros históricos de los cambios que han sufrido los organismos a lo largo del tiempo. Todas estas definiciones se superponen y complementan entre sí, y la que emplee cada científico dependerá simplemente de su ámbito de interés.

Los biólogos están de acuerdo en que los genes son fragmentos funcionales de moléculas de ADN, pero la palabra *gen* precede a esa definición. El término se inventó a principios del siglo XX para denominar a partículas que se creía determinaban la expresión de rasgos hereditarios en individuos y transmitían dichos rasgos de padres a hijos. Más tarde se demostró que no existían tales partículas, pero que dichas funciones las realizaban porciones de moléculas de ADN.

En este libro usaré los términos *gen* y *segmento de ADN* indistintamente. «Segmento de ADN» o «segmento de ADN funcional» es más exacto, pero *gen* sigue siendo una forma abreviada útil. Sin embargo, como esta palabra ha llegado a tener un poder casi icónico, debemos recordar que se trata de una simplificación de una realidad compleja.

El lenguaje que emplean los genetistas a menudo está cargado de un bagaje ideológico. Los biólogos moleculares, al igual que la prensa, utilizan términos como *controla, programa* o *determina* cuando explican qué hacen los genes o el ADN. Todos estos términos son inapropiados porque asignan un papel demasiado activo al ADN. La realidad es que el ADN no «hace» nada; es una molécula notablemente inerte que, simplemente, se encuentra situada en nuestras células esperando a que otras moléculas vengan e interaccionen con ella.

En cierto modo, el ADN de nuestras células es como un libro de cocina: necesitamos el libro de recetas de cocina si queremos hacer un plato complejo, pero el libro no hace el plato, ni tampoco puede determinar qué plato hacer o si el plato saldrá bien. El cocinero y los ingredientes determinarán si usa la receta y cómo, si comeremos sopa o pastel y cómo sabrá la comida. Cocinar es tan sólo una metáfora aceptable, ya que introduce un elemento de adaptabilidad y flexibilidad. Un buen cocinero puede desviarse de la receta y amañar el producto final si carece de algún ingrediente o instrumento esencial. De modo similar, células y organismos pueden compensar «errores genéticos». Además, si células y organismos son los cocineros en esta metáfora, muchos ingredientes, entre los que se encuentran genes y factores ambientales, se combinan para obtener un *plato* que no podría ser predeterminado mirando únicamente a los ingredientes.

Demasiado a menudo se considera que los genes predicen de modo absoluto. Cuando la gente habla de genes *para* este o ese carácter transmiten un aura de inevitabilidad que nos limita. La creencia de que nuestras capacidades están codificadas en nuestros genes nos puede coartar a la hora de tomar decisiones para cambiarnos a nosotros mismos o las circunstancias de nuestras vidas. Debemos recordar que las funciones genéticas están embebidas en redes complejas de reacciones biológicas y relaciones sociales o económicas y no en procesos simples que pueden ser duplicados en el laboratorio. También, debido a la importancia que tienen nuestros genes sobre la imagen que tenemos de nosotros mismos, los científicos consideran difícil mirarlos objetivamente.

En los siguientes capítulos exploraré los modos en que se presenta el conocimiento científico sobre genética y cómo afecta a nuestras creencias sociales sobre normalidad y sobre salud y enfermedad. Una buena forma de empezar es considerando la eugenesia y el esfuerzo que actualmente se está realizando para mejorar la constitución biológica de los seres humanos por medio de la selección y manipulación genética.

CAPÍTULO 2

CALIFICACIÓN GENÉTICA Y LA VIEJA EUGENESIA

El nacimiento de la eugenesia

En casi todas las culturas ha existido, y existe, el deseo de comprender el presente y predecir el futuro. La gente ha consultado a hechiceros, oráculos, sacerdotes, brujas o astrólogos, cuyas herramientas de diagnóstico abarcan desde una comunicación directa con los cielos hasta la interpretación de sueños, hojas de té o movimiento de las estrellas.

La mayoría de estos adivinos se pasan la vida manteniendo el estatus quo. Un profeta que presagie a los ricos un futuro miserable no va a tener una carrera placentera o lucrativa. Una persona que denuncie las injusticias sociales o las virtudes de los pobres es considerada necia o agitadora social. Toda corte real ha tenido sus magos y profetas, que han pasado la mayor parte de su tiempo diciéndole al rey que es una persona favorecida por las estrellas y que pasará a la historia como un monarca ejemplar.

Con el aumento de las clases comerciantes y el renacimiento científico declinó el poder de los reyes y magos, y la Revolución industrial los puso prácticamente fuera de circulación. Los primeros barones industriales creían en la razón y la frialdad, en hechos indiscutibles; pero, al igual que los reyes anteriores, no estaban interesados en escuchar malas noticias. Hoy en día la ciencia se emplea para explicar que aquellos que están en la cumbre de la sociedad ocupan ese puesto debido a su superioridad innata sobre las masas, que se encuentran debajo a causa de su linaje inferior.

En el siguiente párrafo, extraído de *Heredity in Relation to Eugenics (La herencia en relación a la eugenesia)*, publicado en 1913 por Charles Benedict Davenport, profesor de biología de la Universidad de Harvard y posteriormente de la Universidad de Chicago, puede verse un buen ejemplo de cómo se usa la ciencia para explicar el estatus social:

> El pauperismo es el resultado de varias causas complejas: por un lado es fundamentalmente de origen ambiental; por ejemplo, en el caso de un accidente repentino en el que muere el padre, suele dejar una viuda o una familia con hijos sin medios de subsistencia; o cuando una enfermedad prolongada del que trae el dinero a casa acaba con los ahorros familiares. Pero es fácil darse cuenta de que en estos casos la herencia también desempeña su papel: el trabajador efectivo será capaz de ahorrar suficiente dinero para asegurar a su familia en caso de accidente; y un hombre de un linaje fuerte no sufrirá enfermedades prolongadas. Salvo unos pocos casos muy excepcionales, pobreza significa ineficacia relativa, lo que normalmente significa inferioridad mental[1].

El hereditarismo producía profecías bellamente autoverificadas; cualquiera que tuviera éxito sería, ipso facto, una persona superior. Como los hijos de las personas ricas e instruidas normalmente resultaban ser ricos e instruidos, mientras que los hijos de las personas pobres tendían a permanecer pobres, resultaba claro para los hereditaristas que el talento se encontraba dentro de las familias. Los científicos sociales y naturales que produjeron el corpus de la teoría hereditaria no sólo demostraron el valor de sus patrones sino que también probaron su propia superioridad sobre la gente atrasada, fracasada al no crear las maravillas de la ciencia moderna.

[1] Davenport, Charles Benedict (1913): *Heredity in Relation to Eugenics*, Nueva York, Henry Holt and Company, p. 80.

El término *eugenesia*, que significa «bien nacido», fue acuñado en 1883 por Francis Galton, que procedía de una distinguida familia británica de clase alta y era primo de Charles Darwin. Galton escribió que la inventó para tener

> una palabra que exprese la ciencia de la mejora del linaje, que de ningún modo esté limitada a cuestiones sobre emparejamientos juiciosos, sino que, especialmente en el caso del hombre, permita tomar conciencia de todas las influencias que, a cualquier nivel, tienden a dar una mayor oportunidad a las razas, o linajes sanguíneos, más aptas para predominar rápidamente sobre las menos aptas, que de otro modo no habría ocurrido[2].

Al expresarse así, Galton tenía muy pocas dudas respecto a quiénes representaban las «razas o linajes sanguíneos más aptos»; los prejuicios de raza y clase estaban ahí desde el comienzo del movimiento eugenésico. Más adelante, Galton contribuyó a la fundación de la English Eugenics Society (Sociedad Inglesa de Eugenesia), de la que fue su presidente honorario.

Mucha gente asocia el pensamiento eugenésico al conservadurismo político debido a que los primeros eugenistas americanos y británicos tendían a ser conservadores e incorporaban sus prejuicios racistas, clasistas e imperialistas a los programas políticos y científicos del movimiento eugenista. Por ello, cuando veamos el pensamiento eugenista y hereditarista contemporáneo en el siguiente capítulo, es importante que recordemos que el apoyo a la eugenesia ha venido por vía política. En el siglo XIX, no sólo los conservadores seguidores del reverendo Thomas Malthus creyeron que la eugenesia sostendría la promesa de una mejora humana, sino que también lo pensaron los progresistas y liberales adeptos a la meritocracia.

En 1912, casi al principio de su larga carrera como genetista, Hermann J. Muller escribió: «El interés intrínseco de estas cuestiones [sobre herencia] está unido a su importancia extrínseca; sus

[2] Galton, Francis (1883): *Inquiries into Human Faculty*, Londres, Mcmillan, pp. 24-25.

soluciones nos ayudarán a predecir las características de la descendencia antes de nacer y, finalmente, nos permitirá modificar la naturaleza de generaciones futuras»[3]. Muller fue un idealista, políticamente progresista, que trató de emigrar a la Unión Soviética a principios de los años treinta porque quería ayudar a construir un mundo mejor.

Hasta la Segunda Guerra Mundial, muchos biólogos y sociólogos distinguidos de Gran Bretaña y Estados Unidos apoyaban la eugenesia, o al menos no expresaban su opinión al respecto. Incluso en 1941, cuando las prácticas de exterminio eugenésico estaban en pleno apogeo en la Alemania nazi, el distinguido biólogo británico Julian Huxley (hermano de Aldous Huxley, autor de *Brave New World [El desafiante nuevo mundo])*, escribió un artículo titulado «The Vital Importance of Eugenics» (La importancia vital de la eugenesia), que comienza diciendo: «La eugenesia está siguiendo el curso normal de muchas ideas nuevas; ha cesado de ser contemplada como una novedad y ahora se estudia seriamente, y en un futuro próximo será considerada como un problema práctico urgente»[4]. Más adelante en el artículo, argumenta que la sociedad debe «asegurarse de que los deficientes mentales no tengan hijos». En unas consideraciones no inusualmente turbias sobre eugenesia y economía, definía como deficiente mental a «alguien con una mente tan débil que no es capaz de mantenerse o cuidar de sí mismo sin ayuda».

Huxley dudó si prescribir la neutralización de la «degeneración racial» mediante la «prohibición del matrimonio» o mediante una «confinación en instituciones» combinada con «esterilización de aquellos que estén libres», presentando como si fuera un hecho establecido que la mayoría de los «defectos mentales» son hereditarios. De hecho, aunque la mayoría de los casos de retardo mental en las clases media y alta tienen un componente genético, éste no

[3] Muller, H. J. (1962): «Principles of Heredity» [1912], en H. J. Muller, ed., *Studies in Genetics*, Bloomington, University of Indiana Press, pp. 6-17.
[4] Huxley, Julian (1941): «The Vital Importance of Eugenics», *Harper's Monthly*, vol. 163, agosto, pp. 324-331.

es el caso entre la gente pobre, pues aquí una alimentación y cuidado prenatal inadecuados, el envenenamiento con plomo y sistemas escolares por debajo del nivel medio estándar desempeñan un papel importante[5].

Al igual que Muller, Huxley no limitó su preocupación a aquellas personas de las que se podía demostrar que tenían «defectos mentales», sino que apuntó hacia un futuro en el que sería posible «diagnosticar a los portadores de un defecto (quienes sean) aunque presentaran una apariencia normal»; de modo que «si éstos pudieran detectarse, y después desaconsejar o prevenir la reproducción, los defectos mentales podrían reducirse muy rápidamente a cantidades despreciables dentro de nuestra población».

Es impactante darse cuenta de que al mismo tiempo que los nazis estaban esterilizando y matando adultos y niños que habían sido diagnosticados como incapacitados o mentalmente enfermos, Huxley expresaba su pena sobre «lo difícil que fue adoptar los métodos necesarios para poner en marcha un programa [de eugenesia] constructivo limitado [...] debido tanto a las dificultades de nuestra organización socioeconómica actual como a nuestra ignorancia sobre la herencia humana, y sobre todo a la falta de sentido eugenésico del público en general».

Pero Huxley no estaba solo en absoluto. Sociedades de eugenesia organizaban «seminarios sobre eugenesia» a ambos lados del Atlántico para advertir al público sobre la amenaza de los defectos heredados y avisar a la clase alta sobre los peligros del «suicidio de clase», ya que su índice de natalidad era bajísimo con respecto al que registraba la clase baja.

Los eugenistas europeos tendían a preocuparse por las diferencias de clase, pero en Estados Unidos eran las cuestiones raciales y étnicas las que primaban. Lewis Terman, uno de los principales ingenieros y defensor de las pruebas de C1, expresó su inquietud en el artículo que publicó en 1924, en el que le preocupaba que

[5] Hurley, Rodger (1969): *Poverty and Mental Retardation: A Causal Relationship*, Nueva York, Random House.

> la fecundidad de los linajes familiares de los que proceden nuestros hijos más aventajados parece estar definitivamente menguando [...] Se ha estimado que si continúa la actual relación diferencial de nacimientos, dentro de 200 años mil licenciados de Harvard tendrán 56 descendientes, mientras que en el mismo período mil personas procedentes del sur de Italia se habrán multiplicado hasta 100.000[6].

Calificación genética

Para formular un plan de acción eugenésico, primero es necesario calificar como aberrantes ciertos caracteres físicos o mentales y ciertos comportamientos sociales y después asumir que son transmitidos biológicamente de padres a hijos. Dichas calificaciones pueden explotarse fácilmente con fines políticos o ideológicos. Un ejemplo extremo es la invención de la *drapetomanía*, una enfermedad mental hereditaria que prevalecía entre los esclavos negros del sur y cuya manifestación consistía en una necesidad irresistible de escaparse de sus amos.

No había pruebas de ningún tipo sobre la naturaleza biológica o transmisión genética de muchos de los caracteres que los eugenistas decían que eran hereditarios; simplemente ponían la etiqueta de *imbécil.* Diferencias de clase, raza, grupo étnico y lingüísticas han conducido a menudo a juzgar las capacidades mentales de personas, y especialmente de niños, por debajo de la media. Muchos casos de desarrollo mental lento o paralizado tienen su origen en una enfermedad infecciosa o en traumas psíquicos, físicos o sociales, y por lo tanto no son hereditarias biológicamente; no obstante, varios miembros de una misma familia pueden compartirlos, ya que comparten estas mismas experiencias.

Cuando se trata de calificativos como *alcoholismo* y *pauperismo,* las dificultades para asignar causas se deben a problemas de descripción y definición: ¿cuánto hay que beber para ser un alcohóli-

[6] Terman, Lewis M. (1924): «The Conservation of Talent», *School and Society*, vol. 19, pp. 359-364.

co? ¿Cuán pobre tiene uno que ser, y durante cuánto tiempo, para ser considerado paupérrimo?

Incluso cuando el diagnóstico es considerado no ambiguo, el planteamiento eugenésico tan sólo confunde y oscurece los resultados. En la primera mitad de este siglo, la *pelagra* (un estado crónico caracterizado por erupciones cutáneas, perturbaciones digestivas y nerviosas y finalmente un deterioro nervioso) alcanzó proporciones de epidemia en algunas zonas del sur de Estados Unidos y mucha gente creía que, al igual que la sífilis, tenía un origen infeccioso. Charles Davenport y sus colegas estaban de acuerdo, pero argumentaron que en virtud de una predisposición genética ciertas personas eran más propensas a contraer pelagra. Con una precisión misteriosa, Davenport especificó que «cuando ambos padres son susceptibles de contraer la enfermedad, al menos el 40 por ciento, probablemente cerca del 50 por ciento, de sus hijos lo son también»[7].

Al mismo tiempo, el epidemiólogo americano Joseph Goldberger demostró que la pelagra es el resultado de la falta de unas vitaminas presentes en legumbres y verduras frescas que él llamó *factor preventivo de pelagra* (o PP). Más tarde, su factor PP fue redenominado nicotinamida o niacina, e identificado como integrante del complejo vitamínico B. Aunque Goldberger publicó sus hallazgos en 1916, no se instituyeron programas de alimentación, que hubieran podido prevenir muchos casos, hasta el comienzo del *New Deal*, en 1933. La administración republicana conservadora de los años veinte, contraria a gastar dinero en salud y alimentación, se mantuvo en la inercia de las aserciones de Davenport, que afirmaban que la pelagra era hereditaria y no se podía remediar mediante programas sociales.

La vieja eugenesia alcanzó su máximo apogeo con los programas de exterminación nazis. Inicialmente, estaban dirigidos al mismo tipo de gente a que estaba dirigida la eugenesia en Gran Bretaña y Estados Unidos: gente calificada como discapacitada

[7] Chase, Allan (1977): *The Legacy of Malthus: The Social Cost of the New Scientific Racism*, Nueva York, Knopf, p. 214.

física o mental. Después, estos programas se ampliaron e incluyeron a judíos, homosexuales, gitanos, europeos del este, «eslavos» y otros tipos *inferiores*.

Los nazis se referían a sus procedimientos como «selección y erradicación», para hacer hincapié en que no hacían nada aleatorio o sin pensar. Estaban orgullosos de que los exterminios fueran planeados y llevados a cabo científicamente y de que, incluso en los campos de la muerte, la «erradicación» siempre estuviera precedida de una «selección».

Stephan Chorover[8], Robert J. Lifton[9], Benno Müller-Hill[10] y Robert Proctor[11]han descrito con escalofriante detalle el soporte teórico de los programas de exterminio nazi y el entusiasta patrocinio y apoyo que recibieron de alemanes genetistas, antropólogos, psiquiatras y otros miembros de las llamadas profesiones de la salud. Es importante darse cuenta de que los nazis adoptaron directamente argumentos y programas eugenésicos desarrollados por científicos y políticos en Gran Bretaña y Estados Unidos. Ellos simplemente trazaron planes de acción más inclusivos y los pusieron en práctica con mayor decisión que los eugenistas británicos y americanos.

En Estados Unidos, Charles Davenport fue uno de los más activos defensores de la eugenesia. Persuadió a la Carnegie Institution, en la ciudad de Washington, para crear la Station for the Experimental Study of Evolution (Estación Experimental de Estudios de Evolución) en Cold Spring Harbor, en Long Island, y fue su primer director en 1904. Parte de la misión de la estación fue organizar un banco de datos central para almacenar información genética en grandes cantidades. En 1910, con fondos de John D. Rockefeller Jr. y de Mrs. E. H. Harriman, heredera de la fortuna Harriman, Davenport abrió la Eugenics Record Office (Oficina

[8] Chorover, Stephan L. (1979): *From Genesis to Genocide*, Cambridge, MIT Press [ed. cast. (1986): *Del génesis al genocidio*, Barcelona, Orbis, D. L.].

[9] Lifton, Robert J. (1986): *The Nazi Doctors*, Nueva York, Basic Books.

[10] Müller-Hill, Benno (1988): *Murderous Science*, Oxford, Oxford University Press [ed. cast. (1985): *La ciencia mortífera*, Barcelona, Labor].

[11] Proctor, Robert N. (1988): *Racial Hygiene: Medicine under the Nazis*, Cambridge, Harvard University Press.

de Registros Eugenésicos) en Cold Spring Harbor. Nombró superintendente a Harry W. Laughlin, un doctor de la Universidad de Princeton, y reclutó licenciados de las escuelas de Radcliffe, Vassar e Ivy League para entrevistar a un gran número de lo que llamaron «deficientes mentales o sociales».

Con una preparación de unas cuantas semanas en cursos ofrecidos en Cold Spring Harbor y en otra institución similar, impartidos por el psicólogo Henry H. Goddard en Vineland, New Jersey, estos trabajadores de campo, pertenecientes a la clase alta, se introdujeron en comunidades pobres de Nueva York y New Jersey. Pese a su escaso entrenamiento y a las diferencias étnicas y de clase que había entre ellos y los sujetos objeto de estudio, estos trabajadores de campo fueron considerados competentes para diagnosticar, a simple vista, afecciones *hereditarias* tales como: *demencia, inutilidad, criminalidad* e *imbecilidad*[12]. Después de identificar todo un espectro de «defectos mentales», convirtieron estos «datos» en tablas de pedigrí e informes científicos.

A pesar de la aparente vaguedad de la terminología, Davenport y sus asociados pensaron que podían clasificar estas afecciones con una precisión matemática. Por ejemplo, refiriéndose a la «inutilidad», Davenport escribió:

> Tomemos la «inutilidad» como un elemento importante en la pobreza. Después clasifiquemos a todas las personas en [...] familias como muy inútiles, un poco inútiles y diligentes; se llega a las siguientes conclusiones: cuando ambos padres son *muy* inútiles, todos los hijos son «muy inútiles» o «algo inútiles». De 62 descendientes, tres son [...] «diligentes», del orden del cinco por ciento. Cuando ambos padres son algo inútiles, en torno a un 15 por ciento de la descendencia es diligente. Cuando un padre es más o menos inútil mientras que el otro es diligente, sólo el 10 por ciento de los hijos son «muy inútiles». Es probable que [...] inutilidad [...] [sea] debida a la ausencia de algo que puede retornar a la descendencia tan sólo por el cruce con un diligente[13].

[12] Chase, Allan: *The Legacy of Malthus...*, op. cit., p. 121.

[13] Davenport, Charles Benedict (1913): *Heredity in Relation to Eugenics*, Nueva York, Henry Holt and Company, pp. 80 y 82.

FIGURA 1. Hilandera de 10 años de edad, fábrica textil de algodón, Carolina del Norte, 1909. (Fotografía de Lewis W. Hine, © del museo internacional de fotografía en George Eastman House.)

A pesar de lo rudimentarios que fueron estos estudios, la Eugenics Record Office de Davenport fue la principal fuente de información para los dos programas legislativos que fueron piedras angulares de los planes de acción eugenésicos de EE.UU.: las leyes de esterilización involuntaria y la *Immigration Restriction Act* (Ley de restricción de inmigración) de 1924.

Esterilización involuntaria

Siguiendo las sugerencias originales de Galton, los programas de eugenesia fueron de dos tipos: positivos y negativos. La eugenesia positiva estaba orientada a alentar a los *aptos* (léase: sanos, con éxito, prósperos) a tener muchos hijos, mientras que la eugenesia negativa pretendía impedir que los *no aptos* (categoría enormemente elástica) tuvieran ninguno.

Laughlin y Danvenport favorecieron la esterilización de personas a las que definieron como «paupérrimos, criminales, imbéciles, tuberculosos, inútiles y decadentes hereditarios»[14], pero la idea venía de lejos. Ya en 1897 la legislación de Michigan consideró, aunque invalidó, un proyecto de ley para esterilizar a personas con una *herencia mala.* Posteriormente, un proyecto de esterilización obligatoria, dirigido a *niños idiotas e imbéciles,* pasó al cuerpo legislativo de Pensilvania en 1905, pero fue vetado por el gobernador Samuel Pennypacker, que alegó que no era solamente «ilógico», sino que «viola los principios éticos»[15]. De hecho, la primera ley de esterilización obligatoria se aprobó en Indiana en 1907; pero incluso antes de eso, en 1899, el Dr. Harry Sharp realizaba vasectomías involuntarias en el reformatorio del estado de Indiana, en Jeffersonville, a internos que él juzgaba «criminales hereditarios» o «genéticamente defectuosos»[16].

El genetista británico J. B. Haldane, en su libro *Heredity and Politics (Herencia y política)*, ofrece un ejemplo de las normas empleadas para determinar semejantes juicios. Cita al juez G. B. Holden del tribunal supremo del condado de Yakima, Washington, del siguiente modo:

> El 30 de enero de 1922 John Hill fue declarado culpable de un crimen de robo. Robó un cierto número de jamones, que tomó debido a sus paupérrimas condiciones [...] Hill es un trabajador ruso de la remolacha azucarera, con esposa y cinco hijos menores de once años. Es físicamente robusto, de unos 40 años de edad, y su mujer es unos años más joven que él. Hill, su mujer y sus hijos son todos mentalmente subnormales, incluso para la posición que ocupan en la vida [...] Era evidente que no podía darles lo necesario para cubrir las nece-

[14] Chase, Allan: *The Legacy of Malthus...*, op. cit., p. 124.
[15] Ibíd., p. 124.
[16] Ibíd., p. 125.

> sidades básicas de la vida [...] Se vio forzado a robar para prevenir su inanición o solicitar ayuda pública. El caso llamó la atención de las autoridades; desde ese momento él y su familia fueron parcialmente dependientes de la caridad pública [...]; con más hijos aumentaría la cantidad demandada a la caridad pública[17].

El juez Holden declaró a Hill culpable de apropiación indebida y dictó una sentencia indeterminada de «no menos de seis meses, no más de quince años, en la penitenciaría del estado», revocable si accedía a ser esterilizado. «En estas condiciones», continuó el juez Holden, «se le sugirió la operación, y después de explicársela... consintió»[18].

Haldane recalca que el juez Holden no menciona qué pruebas utilizó para determinar que Hill y su familia eran mentalmente deficientes, y continúa citando otra de las sentencias del juez, esta vez contra un ladrón llamado Chris McCauley, al que sentenció a esterilización obligada: «Este hombre, de unos 35 años de edad, es mentalmente subnormal y tiene toda la apariencia e indicación de inmoralidad. Tiene parte de sangre negra en sus venas y una apariencia asquerosa y lasciva»[19].

Haldane resumió la situación sugiriendo que «Hill no habría sido esterilizado si hubiera tenido unos ingresos independientes», y tampoco lo habría sido McCauley si su «complexión hubiera sido más débil y su apariencia más en conformidad con los valores estéticos del juez Holden»[20].

En 1931 unos 30 estados tenían leyes de esterilización obligatoria, dirigidas principalmente a *dementes* e *imbéciles.* Estas categorías se definieron con vaguedad con intención de incluir a muchos de los inmigrantes y a aquellos que fueran analfabetos o supieran poco o ningún inglés y que por lo tanto no pudieran hacer bien las pruebas de C1. A menudo, las leyes también se hicieron extensi-

[17] Haldane, J. B. S. (1938): *Heredity and Politics*, Nueva York, W. W. Norton y cols., pp. 103-104 [ed. cast. (1946): *Herencia y política*, Buenos Aires, Siglo veinte].
[18] Ibíd., p. 104.
[19] Ibíd., pp. 104-105.
[20] Ibíd., p. 105.

bles a los llamados pervertidos sexuales, drogadictos, borrachos, epilépticos y otros individuos considerados enfermos o degenerados. Aunque muchas de estas leyes no fueron puestas en vigor, en enero de 1935 se había esterilizado a la fuerza a unas 20.000 personas en Estados Unidos, la mayoría en California. La ley de California no fue derogada hasta 1979 y, según Phillip Reilly, médico y abogado, en 1985 «al menos 19 estados tenían leyes que permitían la esterilización de personas mentalmente retrasadas (Arkansas, Colorado, Connecticut, Delaware, Georgia, Idaho, Kentucky, Maine, Minnesota, Mississippi, Montana, Carolina del Norte, Oklahoma, Oregon, Carolina del Sur, Utah, Vermont, Virginia y Virginia Occidental)»[21].

Política eugenésica de inmigración

Mientras que los eugenistas diagnosticaron individuos con «defectos hereditarios» en prácticamente todos los grupos étnicos, detectaron que ciertos grupos tenían porcentajes mucho más altos de «personas con defectos» que otros. Por esta razón, la eugenesia fue un factor explícito en la Immigration Restriction Act de 1924. Esta ley estaba dirigida a reducir la inmigración a Estados Unidos desde el sur y este de Europa, para, de este modo, inclinar el balance de la población a favor de los residentes de Estados Unidos de descendencia británica y norteuropea. El número total de personas a las que se les permitió inmigrar a Estados Unidos procedentes de cualquier país se restringió al dos por ciento de los residentes de EE.UU. nacidos en dicho país, según quedó registrado en el censo de 1890.

Ese censo, de 34 años de antigüedad, fue elegido deliberadamente, ya que reflejaba la composición de la población de EE.UU. antes de las grandes inmigraciones desde el sur y este de Europa, a

[21] Reilly, Phillip R. (1992): *The Surgical Solution: A History of Involuntary Sterilization in the United States*, Baltimore, Johns Hopkins University Press, p. 148.

finales del siglo XIX. En los años treinta y principios de los cuarenta esta legislación impidió la inmigración de innumerables judíos que intentaban huir de los nazis porque habían nacido en la Europa del este.

Harry Laughlin, de la Eugenics Record Office, fue uno de los miembros más importantes del gabinete y testigo a favor de la ley de restricción de inmigración en la vista del Congreso que precedió a su aprobación, y el comité del congreso de inmigración y naturalización le distinguió con el título de «agente experto en eugenesia».

CAPÍTULO 3

LA NUEVA EUGENESIA: PRUEBAS, SELECCIÓN Y ELECCIÓN

Eugenesia manifiesta y eugenesia sutil

Después de la Segunda Guerra Mundial declinó el interés por la eugenesia. El colonialismo tradicional estaba en retroceso y las Naciones Unidas ofrecían la esperanza de un futuro en el que todas las personas del mundo pudieran encontrarse en condiciones de igualdad. La repulsión a las prácticas eugenésicas de los nazis condujo a una reacción generalizada contra la idea de la existencia de razas «mejores» o «peores». No obstante, el racismo no desapareció, sino que la gente expresó sus ataques racistas en una lengua diferente, refiriéndose a sus objetivos como «subdesarrollados» en lugar de genéticamente inferiores. La idea era que todos somos humanos, aunque algunos de nosotros estemos más avanzados social y culturalmente.

A medida que la eugenesia pasaba a ser políticamente inaceptable, también fue perdiendo apoyo dentro de la comunidad científica por motivos pragmáticos. Los científicos empezaron a darse cuenta de que la mayoría de las afecciones hereditarias eran *recesivas* en lugar de *dominantes*. Un hombre o mujer con una afección genética dominante la transmitiría a, más o menos, la mitad de sus descendientes. Pero para heredar una afección recesiva la persona tiene que recibir copias de dicho *alelo*, o forma del gen, de sus dos progenitores. Si heredan sólo una copia de uno de sus padres generalmente no muestran síntomas, y se dice que son *portadores* de dicha afección. Incluso si dos portadores tienen hijos juntos, cada hijo tiene sólo una probabilidad de uno entre cuatro de manifestar la afección.

Ejemplos conocidos de afecciones recesivas son la *fenilcetonuria* o PKU (problema metabólico que puede provocar retraso mental); *fibrosis quística* (alteración glandular que provoca la acumulación de mucosidad en los pulmones y, como consecuencia, infecciones constantes); la enfermedad de *Tay Sachs*, o idiocia amaurótica (enfermedad neurológica fatal que afecta a niños); y *anemia drepanocítica* (enfermedad de la sangre que puede llegar a ser muy dolorosa e incapacitar al paciente).

Como estas afecciones son recesivas, las personas que las manifiestan (aquellas que portan dos copias del alelo afectado) son sólo una fracción de entre todas las que portan al menos una copia. Esto se debe a que la mayoría de las personas que portan alelos asociados a afecciones recesivas no presentan síntomas, y por esta razón, no tienen motivo para sospechar que son portadoras. Las mutaciones recesivas son propagadas por miembros sanos, «normales», de la población.

A principios del siglo XX el matemático británico G. H. Hardy y el médico alemán W. Weinberg, trabajando independientemente, desarrollaron un teorema matemático para calcular el número de portadores de una afección recesiva en una población basándose en el número de personas que manifiestan dicha afección. Por ejemplo, en Estados Unidos una de cada 25.000 personas tienen PKU (es decir, dos copias del alelo responsable). Usando el teorema de Hardy-Weinberg, uno puede calcular a partir de este dato que una de cada ocho personas tiene un alelo afectado y, por lo tanto, son portadores de PKU. La incidencia de fibrosis quística entre los euroamericanos es de uno cada 2.500. Esto significa que uno de cada 25 euroamericanos es portador del alelo responsable.

Portar un alelo asociado a una afección recesiva sólo es un problema si se quiere tener hijos con una persona que también sea portadora de dicho alelo. En ese caso, como veremos, cada hijo tendrá una probabilidad de uno entre cuatro de heredar dicho alelo de ambos padres y, por lo tanto, de manifestar la afección y una probabilidad de dos entre cuatro de ser un portador asintomático. Además, ser portador de una copia de un gen recesivo puede ser una ventaja. Por ejemplo, el alelo implicado en la anemia drepanocítica confiere resistencia a la malaria a gente que ha heredado una sola copia de él. Se dice que estas personas tienen el carácter drepanocítico, pero no muestran síntomas de anemia drepanocítica. Se cree que esta resistencia a la malaria es la razón de que el alelo del drepanocito haya llegado a prevalecer entre la población nativa del África ecuatorial, donde la malaria es endémica desde hace mucho tiempo. En Estados Unidos la malaria ya no es un problema serio, y la aparición del carácter drepanocítico es irrelevante, excepto en parejas en las que ambos son portadores.

Todos somos portadores de alelos que nos incapacitarían o serían letales si nosotros o nuestros hijos portásemos dos copias en lugar de una. Las medidas eugenésicas dirigidas a personas que manifiestan afecciones recesivas sólo pueden tocar la punta del iceberg. Por lo tanto, no sólo hay sólidos argumentos políticos y éticos en contra de la institución de tales medidas sino que además no pueden reducir la prevalencia de dichas afecciones en el grueso de la población.

Aunque todo esto se sabía desde 1908, antes de que se instituyeran los programas de eugenesia en Estados Unidos y Alemania, las viejas prácticas eugenésicas se realizaron durante varias décadas más, hasta que los cambios en la situación política las hicieron inaceptables. No obstante, los conceptos fundamentales de eugenesia sobrevivieron a la desaparición de sus primeras manifestaciones. La idea de «raza pura» puede haber muerto; la idea de construir una estirpe de superhombres puede haber muerto; pero la idea de que es más beneficioso que ciertas personas tengan hijos y otras no y de que una gran cantidad de problemas humanos se podrán solucionar una vez que aprendamos a manipular nuestros genes está todavía muy arraigada.

La eugenesia se puede presentar de muchas formas. Helen Rodríguez-Trías, presidenta de la American Public Health Association (Asociación Americana de Salud Pública) (1993), cita una encuesta realizada a tocólogos en 1972 que decía que «aunque sólo esterilizaron al seis por ciento de sus pacientes privadas y al 14 por ciento de sus pacientes con subsidio social, esterilizaron al 97 por ciento de madres con subsidio social que habían tenido hijos ilegítimos...»[1]. Ésta es una forma de pensar clásica en eugenesia, pero la eugenesia puede manifestarse de forma mucho más sutil. Cualquier sugerencia de que la sociedad sería mejor si no nacieran cierto tipo de personas nos colocaría en un terreno escurridizo.

La realización de pruebas a los futuros padres para ver si son portadores de *defectos* genéticos conduce al etiquetado de un enorme grupo de gente como *defectuosa.* No sólo las personas que manifiestan la afección son susceptibles de ser consideradas imperfectas, sino que también lo son las portadoras. Dichas pruebas, en conjunto, se consideran generalmente beneficiosas porque aumentan las posibilidades de elección de la gente, pero sería un error ignorar la ideología que, casi inevitablemente, acompaña a su utilización.

En 1971, Bentley Glass, cuando se retiraba como presidente de la American Association for the Advancement of Science (Asociación Americana para el Avance de la Ciencia), escribió:

> En un mundo en que cada pareja debe limitarse, por término medio, a tener no más de dos descendientes, el derecho capital debe ser [...] el derecho de cada niño a nacer con una constitución física y mental íntegra, basada en un genotipo sano. Ningún padre tendrá el derecho en ese tiempo futuro de cargar a la sociedad con un niño mal formado o mentalmente incompetente[2].

[1] Rodríguez-Trías, Helen (1982): «Sterilization Abuse», en Ruth Hubbard, Mary Sue Henifin y Barbara Fried: *Biological Woman. The Convenient Myth*, Cambridge, Schenkman Publishing Company, p. 149.

[2] Glass, Bentley (1971): «Science: Endless Horizons or Golden Age?», *Science*, vol. 171, pp. 23-29.

En una línea similar, el teólogo Joseph Fletcher ha escrito: «Debemos reconocer que a menudo se abusa de los niños antes de su concepción o nacimiento, no sólo cuando sus madres beben alcohol, fuman o consumen drogas que no sean medicamentos, sino también cuando se transmite *a sabiendas*, o con riesgo, enfermedades genéticas»[3]. Notar que Fletcher absuelve a los médicos de cualquier responsabilidad, especificando ese uso de drogas «que no sean medicamentos»[*]. Este lenguaje sobre los «derechos» de los no nacidos se traduce implícitamente en obligaciones de los futuros padres y, en especial, de las futuras madres.

Esta lógica aparece implícita en los escritos de Margery Shaw, abogada y médica. Revisando lo que ella llama «agravios prenatales» (término que creo que se ha inventado), expone lo siguiente:

> Una vez que una mujer embarazada ha abandonado su derecho a abortar y ha decidido sacar a su feto adelante, contrae una «responsabilidad condicional» sobre posibles actos de negligencia contra su feto, si es que éste nace vivo. Dichos actos podrían ser considerados abusos contra el feto por negligencia si resultan en un niño con defectos. Un ejemplo sería la decisión de desarrollar un feto genéticamente defectuoso [...] Privándole del cuidado prenatal necesario, con una nutrición indebida, exposición a mutágenos o teratógenos, o incluso exponiéndole a un ambiente intrauterino defectuoso de la madre causado por su genotipo [...] todo puede resultar en un niño con defectos que podría reivindicar que su derecho a nacer física y mentalmente sano ha sido violado[4].

¿Qué es este «derecho a nacer física y mentalmente sano»? ¿Quién tiene ese derecho y quién lo garantiza? Shaw no solamente asume que un feto tiene derechos (una asunción muy discutida),

[3] Fletcher, Joseph F. (1980): «Knowledge, Risk, and the Right to Reproduce: A Limiting Principle», en Aubrey Milunsky y George J. Annas: *Genetics and the Law II*, Nueva York, Plenum Press, pp. 131-135.

[*] En inglés la palabra droga se emplea indistintamente para lo que en castellano llamamos droga y medicamento (N. de la T.).

[4] Shaw, Margery W. (1980): «The Potential Plaintiff: Preconception and Prenatal Torts», en Aubrey Milunsky y George J. Annas: *Genetics and the Law II*, Nueva York, Plenum Press, pp. 225-232.

sino que éstos son diferentes, de hecho opuestos, a los de la mujer cuyo cuerpo lo mantiene vivo y que muy probablemente sea la persona que cuidará de él una vez nacido. Lo que es más, ella pone toda la carga del cumplimiento de los llamados derechos del feto sobre las espaldas de la mujer.

Shaw no sugiere que la mujer deba tener acceso a una buena alimentación, vivienda, educación y empleo para que pueda asegurar al feto su *derecho* a una nutrición adecuada y evitar su exposición a mutágenos y teratógenos. Sólo insta a que «juzgados y legislaturas tomen las medidas necesarias para asegurar que los fetos destinados a nacer vivos no estén limitados mental o físicamente por culpa de los actos negligentes u omisiones de terceros». Su lenguaje sobre *derechos* no aboga por el tipo de mejoras que beneficiarían a mujeres y niños; es el lenguaje de la eugenesia y el control social.

John Robertson, profesor de derecho de la Universidad de Tejas (en la misma facultad en la que Shaw da clases), aboga explícitamente por dicho control. Su propuesta básicamente es la siguiente:

> La madre, si concibe y decide no abortar, tiene la obligación legal y moral de traer el niño al mundo tan sano como sea razonablemente posible. Tiene la obligación de evitar actos u omisiones que dañen al feto [...] En términos de derechos del feto, un feto no tiene el derecho de ser concebido o, una vez concebido, de ser llevado hasta su viabilidad, pero una vez que la madre ha decidido no interrumpir el embarazo, el feto viable adquiere el derecho de que su madre lleve una vida que no le perjudique [...] Las restricciones de comportamiento de mujeres embarazadas y los razonamientos para ordenar terapia fetal y control prenatal ilustran una limitación importante en la libertad de la mujer embarazada para controlar su cuerpo durante el embarazo. Es libre de no concebir y libre de abortar después de la concepción y antes de la viabilidad, pero una vez que elige llevar el proceso a término adquiere obligaciones que aseguren su bienestar. Estas obligaciones podrían requerir que dejara de trabajar o dejara ciertas actividades recreativas o tratamientos médicos que pudieran ser peligrosos para el feto. También la obligan a preservar su salud para el bien del feto e

incluso permitir la práctica de terapias establecidas sobre el feto si éste estuviera afectado. Finalmente, requieren que se someta a una revisión prenatal cuando haya motivos para creer que dichas pruebas permitirán identificar defectos congénitos corregibles con terapias disponibles[5].

Claramente, la intención restrictiva que subyace procedente de la vieja eugenesia no ha desaparecido. Raramente se emplean hoy en día frases como «deterioro racial», pero el planteamiento del tema en términos individuales y abogando por los derechos de los no nacidos puede ser igual de coercitivo. Convierte las llamadas decisiones de los futuros padres, especialmente de las madres, en la obligación de tomar decisiones socialmente aceptadas.

Éste es el espíritu en el que hay que entender la aseveración de Paul Ramsay, teólogo de la Universidad de Princeton, que dice que «la libertad de la paternidad [...] no es una licencia para producir individuos seriamente defectuosos», o la recomendación del colegio de abogados de Chicago de que el estado de Illinois requiera análisis prematrimoniales para detectar «enfermedades o anormalidades que puedan causar defectos de nacimiento»[6].

Los investigadores en el campo de la genética justifican a menudo sus solicitudes de financiación acentuando el coste económico que supone el cuidado de niños discapacitados. Dichas consideraciones eugenésicas se ciernen frecuentemente sobre el trasfondo de las declaraciones que hacen científicos, médicos y consejeros genetistas, incluso cuando éstos afirman estar interesados únicamente en los individuos que manifiestan una afección genética o se cree que su descendencia corre el riesgo de adquirirla.

[5] Robertson, John A. (1983): «Procreativa Liberty and the Control of Conception, Pregnacy, and Chilbirth», *Virgina Law Review*, vol. 69, pp. 405-464 (pp. 438 y 450).

[6] Kevles, Daniel J. (1985): *In the Name of Eugenics: Genetics and the Uses of Human Heredity*, Nueva York, Knopf, p. 27

Paternidad, discapacidades y aborto selectivo

Relativamente pocas enfermedades o discapacidades son genéticas; en cualquier caso se pueden predecir, y la mayoría de los riesgos a los que nosotros o nuestras familias estamos expuestos no son en absoluto biológicos. Viviendo en las ciudades y permitiendo que nuestros hijos monten en bicicleta nos exponemos a mayores riesgos que si no hacemos las pruebas prenatales, a no ser que sepamos de antemano que en nuestra familia hay una afección específica. Incluso entonces, en la mayoría de los casos lo único que las pruebas pueden revelar es la probabilidad de que haya un problema, y no si el niño estará leve o severamente discapacitado.

No obstante, para muchas mujeres en Estados Unidos hacerse pruebas de diagnóstico ha pasado a formar parte de la rutina del cuidado prenatal. Dichas pruebas son una fuente de ingresos regulares para empresas farmacéuticas, hospitales y médicos privados. Por otro lado, los médicos no quieren exponerse a demandas por negligencia, de modo que cuando hay algún tipo de prueba disponible suelen recomendarla, incluso si no hay una razón específica para esperar problemas.

Los beneficios que dichas pruebas proporcionarán a los futuros padres no están tan claros. Tener hijos es siempre arriesgado, y muchas cosas que no tienen nada que ver con los genes pueden ir mal. Los futuros padres necesitan información y recursos para poder tomar decisiones realistas a la hora de molestarse en hacerse pruebas prenatales o llevar su embarazo a término, a pesar de que los análisis indiquen que el futuro niño padecerá una determinada afección. Cuando los asesores informan a los futuros padres de que la incidencia de una afección hereditaria dada es de uno entre cien, normalmente no sienten la ardiente necesidad de señalar que la incidencia es de *sólo* uno entre cien y de que las posibilidades de que el niño *no* manifieste dicha afección son de 99 a una.

Para la mayoría de nosotros las estadísticas significan muy poco cuando se trata de nuestra salud o la de nuestros hijos. Esperamos lo mejor y tememos lo peor, sean cuales sean los números. Como mi madre, que era médica, solía decir: «Si me pasa a mí, es un cien por cien».

Esto no es una simpleza. Cuando hablamos de asuntos tan serios desde el punto de vista personal, saber las probabilidades es poco útil. A ninguno de nosotros se nos puede garantizar que las cosas saldrán como nosotros queremos y, si no salen, no nos conforta saber que los porcentajes estaban a nuestro favor. Una buena asesoría genética debe proporcionar a la gente información sobre los recursos médicos, sociales y educativos que podrían necesitar y la posibilidad de acceder a ellos. Quizá lo más importante que un asesor puede hacer es decir a la gente cómo contactar con otros padres que ya han afrontado las discapacidades que su hijo podría tener, de modo que puedan tener el apoyo necesario tan pronto como sea posible.

La intencionalidad que subyace en todos estos análisis genéticos radica en la visión que la sociedad tiene de los discapacitados y de lo que debe cambiarse. Muchas de las dificultades que experimentan las personas con discapacidades no son inherentes a su estado físico o mental, sino el resultado de obstáculos sociales que podrían haberse evitado con medidas económicas o sociales adecuadas. Del mismo modo que mujeres y hombres pertenecientes a una minoría han sido excluidos de muchas ocupaciones y profesiones sin tener en cuenta su habilidad personal para realizar las tareas requeridas, se ha denegado la entrada a muchas escuelas o empleos a personas con discapacidades heredadas o adquiridas.

Se ha presupuesto que las personas con discapacidades mentales o físicas no pueden actuar de forma adecuada. No obstante, los efectos de distintas discapacidades difieren en su alcance, y personas con la misma discapacidad la experimentan de forma muy diversa. Stephen Hawking, físico y autor del superventas *A Brief History of Time (Breve historia del tiempo)*, que padece una discapacidad severa debido a una esclerosis lateral amiotrófica (ALS), o enfermedad de Lou Gehrig, ha dicho que, gracias a una carrera que implica principalmente trabajo mental y al apoyo incondicional de su familia y colegas: «Mi discapacidad no ha supuesto un impedimento serio»[7].

Ser ciego no tiene nada que ver con ser sordo o con tener una enfermedad dolorosa o un problema de movilidad; por tanto, cada persona ciega (o sorda) no tiene las mismas capacidades y limitaciones. Muchas afecciones genéticas varían en su severidad, y a menudo sus síntomas se pueden aliviar, al menos hasta cierto punto, con terapias médicas convencionales. Un diagnóstico prenatal de anemia drepanocítica o fibrosis quística no predice a qué edad se empezará a manifestar la afección, cuánto nos va a discapacitar o cuánto acortará la vida de la persona afectada. A medida que han ido apareciendo terapias más eficaces, la calidad de vida de las personas con estas afecciones y la de sus familias ha mejorado enormemente.

Hasta hace muy poco tiempo se pensaba que el *síndrome de Down*, que está causado por la presencia de un cromosoma extra, impedía que una persona asistiera a la escuela, tuviera un empleo o se integrara en la sociedad. No obstante, en los últimos diez años, algunos padres y educadores han desarrollado métodos educativos que han permitido que muchas personas con síndrome de Down puedan leer, escribir y adquirir una serie de habilidades. Pueden tener empleos, siempre que haya gente que los emplee, y pueden establecer relaciones sólidas y de por vida. Incluso con pruebas que lo diagnostiquen, los futuros padres de un niño con síndrome de Down tendrán muy poca información sobre lo que se les avecina, situación que no difiere mucho de la de cualquier futuro padre.

Todas las personas con discapacidades notorias comparten la opresión y discriminación que nuestra cultura les impone, porque en esta sociedad aprendemos desde pequeños que ser dependiente o estar enfermo indica que no se es un ser humano completo. Esta percepción negativa a menudo está basada en la ignorancia. Un estudio reciente de mujeres embarazadas en el que se les pregunta-

[7] Gilkerson, Linda (1988): «A Fully Human Life», *Family resource Coalition Report*, n.º 2, p. 3.

ba si preferían realizarse análisis para detectar fibrosis quística en el feto y si continuarían con el embarazo en el caso de que se diagnosticara que el embrión padecía dicha afección demostró que las mujeres que sabían más sobre la fibrosis quística estaban menos asustadas que las que no estaban familiarizadas con esta afección[8].

La ideología eugenésica ignora los matices e interacciones que convierten ciertas características humanas en discapacidades. Marsha Saxton, activista por los derechos de los discapacitados, que nació con espina bífida, afección neurológica para cuya detección se realizan análisis rutinarios en las mujeres embarazadas, resume del siguiente modo las asunciones que subyacen bajo muchas de las pruebas prenatales que se realizan:

> (1) que tener un hijo discapacitado es algo totalmente indeseable, (2) que la calidad de vida de las personas discapacitadas es menor que la de otros y (3) que tenemos los medios para decidir éticamente si es mejor que algunas personas no nazcan nunca[9].

Tenemos que reconocer estas asunciones cuando nos enfrentamos a ellas y estar preparados para ponerlas en tela de juicio.

A pesar de las implicaciones eugenésicas de las pruebas prenatales, si dichas pruebas están disponibles las mujeres deben tener la opción de hacérselas o rechazarlas. Sin embargo, ¿qué significa dicha opción en una sociedad como la nuestra, que ofrece demasiado poco apoyo médico y social a padres con hijos discapacitados? Para hacer posible que ciertas opciones sean reales se requiere algo más que el hecho de permitirlas.

Yo claramente apoyo el derecho de las mujeres a interrumpir su embarazo, cualquiera que sean sus razones. A pesar de los problemas que implican las pruebas prenatales, una futura madre

[8] Botkin, Jeffrey R., y Sonia Alemagno (1992): «Carrier Screening for Cystic Fibrosis: A Pilot Study of the Attitudes of Pregnant Women», *American Journal of Public Health*, vol. 82, pp. 723-725.

[9] Saxton, Marsha (1987): «Prenatal Screening and Discriminatory Attitudes About Disability», *Genewatch*, enero-febrero, pp. 8-10.

que decide hacerse las pruebas debería poder actuar en función de los resultados, sean cuales sean sus circunstancias. Esto quiere decir que ella debe tener el derecho tanto de abortar como de seguir con el embarazo adelante, sin presión externa. Desafortunadamente, las presiones llegan de todos lados. Muchas mujeres que quieren abortar no pueden, por razones económicas u otros motivos. Por el contrario, muchas mujeres que pueden pagar las pruebas son consideradas irracionales si deciden no abortar cuando se ha diagnosticado que el feto que portan padece alguna discapacidad.

Quiero remarcar que para mí existe una enorme diferencia entre una mujer que aborta porque no quiere tener un niño y otra que aborta a pesar de querer al niño porque no quiere a éste en concreto. Confrontar a los padres con dicha elección es tan incómodo como pedirles que hagan de Dios. Después de todo, con o sin tecnología, cada embarazo está lleno de incertidumbres.

La mayoría de las pruebas prenatales ofrecen poca información precisa. Pueden detectar problemas, pero no pueden predecir su verdadero alcance. Los diagnósticos genéticos, al igual que todas las pruebas médicas, implican el establecimiento de normas arbitrarias. Las personas, o fetos, que no encajan dentro de ellas son por definición *anormales,* sin tener en cuenta si exhiben síntomas notorios o si estos síntomas son particularmente debilitantes. Hay mujeres que abortan porque sus médicos han diagnosticado una irregularidad cromosómica en el feto, aunque nadie pueda determinar si esta irregularidad tendrá efectos perceptibles. Aquellos que rechazan aceptar dichas definiciones tienen que enfrentarse a menudo a reacciones que van desde incredulidad hasta hostilidad.

Recientemente, Jane Norris, directora de un programa de entrevistas de radio en Los Ángeles, realizó una audición con llamadas en la que expresaba su indignación con Bree Walker Lampley, un reconocido miembro del equipo de noticias del canal de televisión CBS en Los Ángeles, e instó a sus oyentes a que hicieran lo mismo. Walker Lampley y su hija pequeña padecen una afección hereditaria llamada *ectrodactilia*, y ella esta esperando un segundo hijo. Las personas que padecen ectrodactilia a menudo no pueden mover los dedos libremente porque algunos de los huesos de las manos o de los pies están fusionados. Aunque dicha afección no ha impedido a Walker Lampley realizar una productiva carrera pública, Norris insiste en calificar dicha afección como una «enfermedad deformante». Trayendo tal ser humano «deformado» al mundo, preguntaba insistentemente, ¿no está siendo injusta con la sociedad y con el futuro niño?[10].

Como Walker Lampley es una personalidad pública, esta historia suscitó una gran atención por parte de los medios de comunicación, pero, al margen de ella, la gente se encuentra con prejuicios similares continuamente. Paul Billings, jefe de la división de medicina genética del Pacific Palisades Hospital de San Francisco, y un grupo de investigadores de la facultad de medicina de Harvard han realizado un estudio sobre discriminación genética en Estados Unidos[11]. En un ejemplo citan el caso de una mujer que ya tenía un hijo con fibrosis quística y a la que se le diagnosticó, mediante pruebas prenatales, que el feto que portaba también desarrollaría fibrosis quística. Cuando decidió proseguir con el embarazo, la organización para el mantenimiento de la salud (HMO), en la que su familia recibía atención médica, le informó de que, si bien pagarían el aborto, no cubrirían el resto del cuidado prenatal o la atención médica del niño que trajera, ya que el niño ahora tenía una «afección preexistente» que le descartaba como candidato para un seguro. La HMO cambió de postura después de vigorosas protestas.

La idea de que personas *como ésa* no deben nacer está basada en estereotipos sobre quiénes son las personas *como ésa*. Se ha especulado que Abraham Lincoln tenía síndrome de Marfan, afección dominante para la que los científicos están desarrollando ahora un

[10] Seligmann, Jean, y Donna Foote (1991): «Whose Baby Is It, Anyway?», *Newsweek*, octubre, 28, p. 73.
[11] Billings, Paul R., y otros (1992): «Discrimination as a Consequence of Genetic Testing», *American Journal of Human Genetics*, vol. 50, pp. 476-482.

ensayo de diagnóstico[12]; ¿habría sido este mundo mejor si Lincoln no hubiera nacido?

Muchos planes, leyes y propuestas de ley que restringen (o restringirían) el aborto en Estados Unidos y en otros países permiten abortos eugenésicos basados en las discapacidades del feto. Dichos planes, basados en la noción de que gente *como ésa* no debe nacer, ilustran la profundidad de los prejuicios contra las personas con discapacidades; y como todos nosotros podemos esperar padecer discapacidades (si no ahora, en algún momento antes de que nos muramos, o si no uno de los nuestros, quizá alguien cercano a nosotros), aunque sólo sea por nuestro propio bien, debemos disipar el temor a la discapacidad que motiva tales juicios perversos y, por lo tanto, limitan la vida de muchas personas.

Como he dicho antes, muchas afecciones genéticas son extremadamente variables. La afección más común que se hereda como dominante mendeliana es la enfermedad de Huntington: una afección degenerativa del sistema nervioso, de progresión lenta, que puede producir desorientación, deterioro mental y, finalmente, la muerte. La mayoría de las personas portadoras del alelo de Huntington no empiezan a mostrar síntomas hasta alcanzar la mediana edad o incluso más tarde; aunque algunas los manifiestan ya desde niños.

Aunque los científicos no han aislado todavía el alelo de Huntington, han identificado un grupo de *marcadores*, regiones de ADN que se encuentran cerca del gen, y pueden hacer pruebas para detectar dichos marcadores. Como los científicos no pueden detectar el gen directamente, no pueden simplemente realizar una prueba y descubrir si la persona tiene una mutación. Primero necesitan comparar el *marcador* de ADN de tantos miembros de la familia como sea posible para poder identificar caracteres comunes a todos los parientes que padecen la afección y que no comparten con ninguno de los que no la padecen y son suficien-

[12] Ezzell, C. (1991): «Gene Discovery may Aid Marfan's Diagnosis», *Science News*, vol. 140, p. 55.

temente mayores como para pensar que no la padecerán. Por consiguiente, alguien que quiera realizarse la prueba para detectar la mutación de Huntington debe tener la cooperación de muchos de los miembros de su familia, algunos que padezcan la afección y otros que no.

Cada vez es más frecuente que personas que pueden haber heredado el alelo de Huntington no quieran hacerse la prueba para saber de antemano si desarrollarán la afección. Woody Guthrie, que murió de la enfermedad de Huntington, vivió una vida productiva y dejó un legado de más de un millar de canciones maravillosas. Su hijo Arlo ha dicho en varias entrevistas que no se quiere hacer la prueba, aunque tiene un 50 por ciento de posibilidades de haber heredado la mutación responsable de la afección. Él no considera irresponsable haber tenido tres hijos, cada uno de los cuales tiene una probabilidad del 50 por ciento de desarrollar la afección si él la desarrolla. Como todos nos morimos tarde o temprano, para él se trata de contribuir a la sociedad mientras estamos vivos en lugar de preocuparnos sobre cuándo nos llegará la muerte o de qué moriremos.

Es interesante analizar cómo se trata el tema de las pruebas genéticas y abortos selectivos fuera de Estados Unidos. Un ejemplo especialmente interesante es Alemania, que todavía vive bajo la sombra de los programas de eugenesia nazis.

Un artículo del semanario científico británico *Nature* publica que el parlamento alemán ha limitado el uso de las pruebas genéticas. El mismo artículo menciona que James Watson, del Proyecto del Genoma de EE.UU., ha definido esta acción como un *retroceso* y se pregunta por qué una nación desarrollada en determinadas ocasiones se obstina en «invocar el nombre de Hitler»[13].

La crítica de Watson implica que los científicos alemanes durante la época de Hitler eran de algún modo diferentes de los científicos de otros tiempos o lugares. Desafortunadamente, como

[13] Aldhous. Peter (1991): «Who needs a Genome Ethics Treaty?», *Nature*, vol. 351, p. 507.

recordarán muchos alemanes, los programas nazis de «selección y erradicación» fueron diseñados y puestos en práctica por respetados y respetables académicos, juristas y directores de hospitales e institutos científicos. No obstante, sería difícil distinguir a estas personas de sus sucesores contemporáneos; simplemente actuaban en un clima político diferente[14].

En Estados Unidos también debemos estar alerta y deliberar sobre las líneas que se han de seguir y quién debe trazarlas. Dichas decisiones no se deben dejar en manos de los expertos técnicos (médicos genetistas y biólogos moleculares) que tienen intereses profesionales y financieros en los resultados, sino que deben integrarse en el proceso político y tomarse dentro del contexto de decisiones sobre acceso y financiación a programas médicos y sociales.

Detección genética

Hasta el momento, he estado hablando principalmente de pruebas genéticas que los futuros padres pueden usar para averiguar si hay alguna probabilidad de que su hijo tenga una afección hereditaria específica. La detección genética es un asunto diferente, porque implica hacer pruebas a poblaciones en lugar de a aquellos individuos que están preocupados por su salud o la de sus hijos.

Como es imposible hacer pruebas a todo el mundo sobre cada gen que pueda ser responsable de una enfermedad o discapacidad, mucha gente aboga por hacer rutinariamente pruebas en grupos en los que prevalece de forma inusual una afección hereditaria específica. Por ejemplo, a primeros de los años setenta los científicos desarrollaron un ensayo relativamente simple para detectar portadores del alelo Tay Sachs. La incidencia de Tay Sachs es de uno por cada 100.000 en el total de la población de Estados Uni-

[14] Müller-Hill, Benno (1988): *Murderous Science*, Oxford, Oxford University Press, [ed. cast. (1985): *La ciencia mortífera*, Barcelona, Labor]. Proctor, Robert N. (1988): *Racial Hygiene: Medicine Under the Nazis*, Cambridge. Harvard University Press.

dos, pero se manifiesta en una relación de uno por cada 3.600 entre los judíos asquenazís (judíos procedentes de Europa del este). En consecuencia, se han realizado campañas entre los judíos asquenazís en Estados Unidos, Canadá, Gran Bretaña, Israel y Sudáfrica para detectar portadores de Tay Sachs e identificar a las parejas en las que ambos son portadores. Esto permite a dichas parejas vigilar sus embarazos y detectar un feto que pudiera tener la afección. En general, estos programas han gozado de aceptación en las comunidades judías.

Debido a que los programas de detección de Tay Sachs han sido en general bien recibidos y han tenido éxito, a menudo se han presentado como ejemplo de los beneficios de la detección genética; sin embargo, Tay Sachs es un caso especial. Hasta la fecha no hay terapia o cura para esta afección, y es inevitablemente fatal durante el primer año de vida. La severidad extrema de esta afección y el hecho de que la población de riesgo es relativamente cohesiva, cultivada y económicamente independiente otorgan a los programas de Tay Sachs una ventaja fundamental.

Esto contrasta con el programa de detección genética del carácter drepanocítico, que tuvo un mal comienzo a principios de los años setenta. Cerca de uno de cada 500 afroamericanos tiene dos copias del alelo del drepanocito y, por lo tanto, es probable que desarrolle los síntomas de anemia drepanocítica. Muchos más, cerca de uno de cada 10, son portadores del carácter drepanocítico, que se puede detectar mediante unos análisis de sangre que se idearon en los años sesenta.

A principios de los años setenta, cuando los activistas por los derechos civiles resaltaron las diferencias de salud y mortalidad entre euroamericanos y afroamericanos (diferencias que en su mayoría son de origen social y que han aumentado desde entonces), el presidente Nixon respondió dirigiendo la atención especialmente a la anemia drepanocítica. Nixon ya había declarado la «guerra al cáncer». ¿Por qué no mostrar también su preocupación por los derechos civiles declarando también la guerra a una «enfermedad negra»? (Por supuesto, ni él ni la administración republicana que le precedió instituyeron las medidas económicas y sociales que habrían sido necesarias para mejorar la salud de los afroamericanos en todo el territorio.)

En 1972 el Congreso de Estados Unidos aprobó el Plan de Control de la Anemia Drepanocítica y enseguida varios estados instauraron programas de detección. Normalmente la anemia drepanocítica se diagnostica porque produce síntomas, por lo que los programas de detección estaban enfocados a detectar portadores del carácter drepanocítico. El problema fue que no se proporcionó un servicio de asesoramiento y a menudo no se explicaba, a las personas a las que se les realizaba la prueba, la diferencia entre estar enfermo y ser portador. Como resultado, los portadores empezaron a preocuparse innecesariamente por su salud. En algunos sitios se realizaban pruebas obligatorias de anemia drepanocítica a la hora de entrar en un colegio o adquirir la licencia matrimonial, y algunos programas requerían además que las personas pagaran sus propias pruebas.

A primeros y mediados de los años setenta «casi todas las líneas aéreas obligaron a sus empleados portadores del carácter drepanocítico a permanecer en tierra o los despidieron»[15]. La Academia de las Fuerzas Aéreas de EE.UU. también instituyó un plan que excluía a los portadores del carácter drepanocítico, hasta que un afectado presentó un pleito en 1979. Todo esto se realizó sobre la asunción sin pruebas de que los portadores eran menos capaces que otras personas de soportar el estrés que provoca el bajo nivel de oxígeno que hay a grandes alturas. Algunos afroamericanos portadores del carácter drepanocítico denunciaron que se les había denegado empleo o seguro de salud o que se les había subido la cuota del seguro.

Debido a las críticas verbales, incluyendo acusaciones de genocidio, los programas de detección a gran escala para el carácter drepanocítico cesaron a mediados de los años setenta; no obstante, las pruebas empleadas en este programa no detectaban el alelo drepa-

[15] Duster, Troy (1990): *Backdoor to Eugenics*, Nueva York, Routledge, p. 26.

nocítico, sino sólo la presencia en sangre de hemoglobina drepanocítica. A principios de los años ochenta apareció una prueba fiable que podía detectar el alelo, lo que abría la posibilidad de predecir el carácter o la anemia en el feto. Como consecuencia de ello ha habido nuevos llamamientos para someter a dichas pruebas a los afroamericanos, tanto a personas que pertenecen a la comunidad afroamericana como a personas de fuera. Esto otorgaría a los padres, cuando ambos fueron portadores, la posibilidad de hacer la prueba a cada feto suficientemente pronto como para poder decidir si continúan con el embarazo.

En 1976 el Congreso de EE.UU. aprobó el National Genetic Diseases Act (Plan Nacional sobre Enfermedades Genéticas), que abarca investigación, detección, asesoramiento y educación profesional de personas relacionadas con las enfermedades Tay Sachs, fibrosis quística, Huntington y otras muchas afecciones en las que hay implicadas mutaciones de genes. De tanto en tanto se añaden a la lista organizaciones de personas que tienen una u otra discapacidad o enfermedad hereditaria.

Como demuestra el fracaso de los programas de detección del carácter drepanocítico, cualquier programa que aumente las dudas de la gente sobre los genes debe ser llevado a cabo con delicadeza. La gente debe ser educada para entender que ser portador carece de importancia excepto cuando dos portadores de la misma afección deciden tener hijos juntos. Incluso con los programas de Tay Sachs, que han sido particularmente exitosos, es importante estar seguros de que la prueba de detección es precedida de un asesoramiento adecuado y tener claro que las personas que no desean hacerse la prueba o que deciden continuar con el embarazo a pesar de la predicción de enfermedad no son irresponsables, estúpidas o locas. Es difícil proporcionar este tipo de cuidados incluso cuando la población que se va a estudiar es pequeña y bien definida. Idear programas de detección responsables para la mayoría de la gente en un país grande es virtualmente imposible.

En Estados Unidos la fibrosis quística es la afección más común con un patrón predecible de heredabilidad, y afecta a uno de cada 2.500 euroamericanos. Hasta el momento se han asociado más de 40 alelos diferentes a fibrosis quística, y recientemente se ha desarrollado una prueba de diagnóstico para el más común[16]. Como este alelo es el responsable del 75 por ciento de la incidencia de la afección, se han hecho llamamientos para realizar programas masivos de detección de portadores.

En 1990 dos médicos, Benjamin S. Wilfond y Norman Frost, publicaron un artículo en el *Journal of the American Medical Association* en el que evaluaron la conveniencia de dicho programa masivo de detección[17]. Estimaron que para afecciones relativamente frecuentes, como es la fibrosis quística, el programa de detección de portadores en la población costaría más de un millón de dólares por cada niño que desarrollara la afección. Un programa de detección genética de esta magnitud excedería enormemente los recursos disponibles para asesores genéticos y médicos genetistas. Como, según el teorema de Hardy Weinberg, uno de cada 25 euroamericanos es portador de fibrosis quística, dicho programa inevitablemente sembraría confusión y ansiedad entre los millones de personas sanas que no tienen ningún motivo para preocuparse por el hecho de ser portadoras.

Wilfond y Frost recomendaron no realizar el programa de detección de fibrosis quística. Hicieron hincapié en que en el futuro sería importante que las aseguradoras resistieran la presión procedente de la industria de biotecnología —que podría obtener enormes beneficios de un programa de semejante magnitud—, así como de individuos excesivamente optimistas, sobre los beneficios que supondría saber si se es portador de fibrosis quística. Recomiendan que se explore primero la seguridad y eficacia de dicho programa de detección con pequeños estudios piloto, y previenen que «la capacidad para determinar con exactitud el estatus de por-

[16] Knox, Richard A. (1990): «Gene Mutations Found in Cystic Fibrosis», *Boston Globe*, julio, 24, p. 6.

[17] Wilfond, Benjamin S., y Norman Frost (1990): «The Cystic Fibrosis Gene: Medical and Social Implications for Heterozygote Detection», *Journal of the American Medical Association*, vol. 263, pp. 2777-2783.

tador de un individuo no debe implicar inherentemente que se deba adoptar un plan público de detección en poblaciones o incluso dejarlo en manos de las fuerzas del mercado libre»[18]. A pesar de este y otros avisos similares, el estado de Colorado requiere hoy en día que se haga una prueba de detección rutinaria para la mutación genética implicada en fibrosis quística a todos los recién nacidos[19]. En su libro, *Backdoor to Eugenics*, el sociólogo Troy Duster señala que el término exacto de «detección» implica la existencia de algo malo de lo que uno se debe preservar[20]. En consecuencia, es virtualmente imposible llevar a cabo pruebas de detección en poblaciones sin estigmatizar a algunas personas como «defectivas» o «anormales».

Los biólogos moleculares afirman que gracias a que las pruebas genéticas que están desarrollando mostrarán que todos nosotros somos imperfectos de uno u otro modo, y que estas pruebas terminarán finalmente con la discriminación genética. Esta afirmación es falsa. En una sociedad desigual como es la nuestra, diferentes tipos de personas experimentan discapacidades y discriminación de forma distinta, dependiendo de cómo se las ha calificado y de cómo son percibidas.

En los años treinta, durante los días del apogeo del movimiento eugenésico, el genetista británico J. B. S. Haldane señaló que, aunque se sabía que la hemofilia era frecuente en las casas reales europeas (aparentemente introducida en Gran Bretaña y desde allí al continente europeo nada menos que por la reina Victoria), nadie sugirió que los miembros de las familias reales debían ser esterilizados[21]. De modo similar, no nos sorprende que en Estados Unidos los afroamericanos hayan sido el principal grupo en sufrir discriminación genética. Al igual que otras formas de discriminación, la

[18] Wilfond, Benjamin S., y Norman Frost: «The Cystic Fibrosis Gene...», op. cit., p. 2778.
[19] Saltus, Richard (1991): «Cystic Fibrosis Test: Is It Really Accurate?», *Boston Globe,* septiembre, 12, p. 3.
[20] Duster, Troy (1990): *Backdoor to Eugenics*, Nueva York, Routledge.
[21] Haldane, J. B. S. (1938): *Heredity and Politics*, Nueva York, W. W. Norton and Co., pp. 88-89.

discriminación genética será padecida principalmente por gente que ya está estigmatizada por otros motivos. Las personas con acceso al poder y a otros recursos es más probable que estén protegidas.

Falacias de la predicción genética

Las predicciones genéticas, tanto si implican pruebas individuales como pruebas de detección en poblaciones, se basan en la asunción de que hay una relación relativamente directa entre genes y caracteres. Sin embargo, las afecciones genéticas implican interacciones de factores y procesos muy impredecibles. Citando a los autores del conocido libro de texto *An Introduction to Genetic Analysis*:

> Un gen *no* determina un fenotipo [carácter perceptible] actuando por sí solo; lo hace en conjunción con otros genes y el ambiente. Aunque los genetistas adscriben rutinariamente un fenotipo determinado a un alelo de un gen que ellos han identificado, debemos recordar que esto no es más que una jerga conveniente designada para facilitar el análisis genético. Esta jerga surge de la capacidad de los genetistas de aislar componentes individuales de un proceso biológico y estudiarlos como parte de una disección biológica. Aunque este aislamiento lógico es una parte esencial de la genética, [...] un gen no puede actuar por sí solo[22].

Se ha probado que incluso los genes que están implicados en afecciones cuya herencia sigue un patrón predecible y regular, están lejos de ser simples de definir y localizar. Por ejemplo, el gen asociado a la enfermedad de Huntington, que se cree que se encuentra en el cromosoma 4, se ha resistido hasta el momento a su localización o análisis. De hecho, algunos científicos se están empezando a cuestionar si hay implicado ADN de más de una región de este cromosoma.

[22] Suzuki, David T., y otros (1989): *An Introduction to Genetic Analysis*, cuarta edición, Nueva York, W. H. Freeman and Co., p. 83.

De modo similar, la identificación del «gen de la fibrosis quística» y su localización en el cromosoma 7 se han topado con complicaciones imprevistas. Como he mencionado antes, parece haber muchas mutaciones diferentes asociadas a esta afección en diferentes individuos. De hecho, probablemente la fibrosis quística no es una entidad única, sino un grupo de afecciones relacionadas que presentan manifestaciones distintas que resultan de diferentes mutaciones en la secuencia de ADN[23].

Para generar información genética significativa, los científicos a veces necesitan resolver un patrón de mutación para cada familia o incluso para cada individuo que manifieste la «misma» enfermedad, lo que haría las predicciones imposibles. La mayoría de las afecciones hereditarias exhiben una variedad de síntomas y patrones de desarrollo, y podrían resultar ser familias de afecciones relacionadas en lugar de entidades únicas. Esto es especialmente probable cuando se trata de afecciones altamente variables de aparición tardía. Los investigadores han afirmado en repetidas ocasiones (posteriormente lo han desmentido) haber identificado «el gen de Alzheimer». Más tarde, dos grupos distintos de científicos identificaron dos fragmentos diferentes de ADN, uno en el cromosoma 19 y otro en el 21, afirmando cada uno que su «gen de Alzheimer» era el verdadero[24].

La situación se complica aún más cuando los científicos tratan de predecir afecciones de las que se dice que implican «tendencias» hereditarias. Está empezando a ser habitual afirmar que, cualquiera que sea la afección crónica de la que muramos —cáncer, enfermedades coronarias, diabetes, infarto o enfermedades de hígado inducidas por alcohol o drogas—, es probable que esté *determinada* por tendencias que heredamos en nuestros genes. Por tanto, la búsqueda está dirigida a genes «para» cáncer, enfermedades cardio-

[23] Barinaga, Marcia (1992): «Novel Function Discovered for the Cystic Fibrosis Gene», *Science*, vol. 256, pp. 444-445.

[24] Knox, Richard A. (1990): «Researcher Disputes Location of Alzheimer's Gene Defect», *Boston Globe*, julio, 25, p. 3.

vasculares e incluso para afecciones del comportamiento como el alcoholismo.

Desde una perspectiva terapéutica, tiene poco sentido tratar de seleccionar los genes responsables de afecciones genéticas complejas, incluso si hay ADN implicado al mismo nivel. Sin embargo, la fe que hay en que puedan identificarse y aislarse genes para todo tipo de afecciones que causan algún problema, junto con la esperanza de que esto conducirá a pruebas de diagnóstico útiles, es probable que continúen alimentando la búsqueda de fragmentos relevantes de ADN. No obstante, esto no sólo no curará o prevendrá las afecciones, sino que creará un nuevo grupo de gente estigmatizada, los *asintomáticos* o *enfermos sanos* que, aunque no tienen síntomas, se considera probable que tengan una determinada discapacidad en algún momento de su vida.

CAPÍTULO 4

UN BREVE REPASO DE GENÉTICA

Herencia y genes

Nuestras ideas sobre herencia y el modo en el que funcionan nuestros genes se han visto influidas por el modo en el que nos miramos los unos a los otros. Tendemos a fijarnos en las diferencias en lugar de en las similitudes entre nosotros. Si se nos pide comparar a un escandinavo con alguien de África occidental, diremos que los escandinavos son altos, de tez blanca, rubios y de ojos azules, mientras que los de África occidental son de piel oscura, con pelo rizado y ojos oscuros. No mencionamos que ambos poseen dos piernas y dos brazos unidos al torso, con una cabeza que tiene una boca, una nariz, dos orejas y dos ojos, porque sabemos el aspecto que tienen los seres humanos; por eso, cuando comparamos grupos humanos, describimos aquello en lo que difieren.

Este método de descripción por diferencias sólo funciona si uno conoce las similitudes. Para una criatura que nunca haya visto a una persona, uno tendría que describir a escandinavos y africanos utilizando casi los mismos términos. Empezar la descripción diciendo que un tipo de persona es de piel oscura y la otra de piel clara, sin explicar antes qué es una «persona», transmitiría muy poca información.

Y, sin embargo, ésta es la base de la genética. Desde sus primeros días, esta ciencia se ha centrado en aquello en lo que difieren los organismos, no en sus similitudes. Si las mutaciones no hubieran ocurrido, si los caracteres no hubieran surgido inesperadamente, los científicos nunca se habrían hecho el tipo de preguntas que les llevaron a postular la existencia de genes o no los habrían buscado en las sustancias químicas que constituyen las células.

Como escribió el genetista británico J. B. S. Haldane hace medio siglo:

> La genética es la rama de la biología que estudia las diferencias innatas entre organismos similares [...] Al igual que muchas otras ramas de la ciencia, la genética ha alcanzado sus éxitos limitando su campo. Ante un ratón negro y uno blanco, el genetista se pregunta cómo y por qué difieren, no cómo y por qué se parece el uno al otro[1].

Recientemente los biólogos moleculares también han empezado a estudiar semejanzas, como por ejemplo cómo los conejos han conseguido producir siempre conejos. Sin embargo, históricamente los genetistas sólo se han preguntado por qué dos conejos negros a veces producen un conejo blanco, no por qué producen conejos en lugar de cerdos.

Los comienzos: Gregor Mendel, «caracteres» y «factores»

Hacer un recorrido por la historia de la genética nos ayudará a entender el origen de los conceptos y los hechos de la genética contemporánea, así como a descubrir de dónde viene el concepto de gen. La historia comienza con Gregor Mendel, un monje checo, y sus experimentos de cultivos de plantas de guisante en el jardín del monasterio de Brünn. En 1865 Mendel publicó sus resultados en un ya clásico artículo en el que presentaba lo que se

[1] Haldane, J. B. S. (1942): *New Paths in Genetics*, Nueva York, Harper and Brothers, p. 11.

ha venido a llamar *las leyes de Mendel*[2]. El artículo de Mendel despertó poco interés en aquel tiempo, pero fue redescubierto en torno a 1900, y a partir de entonces pasó a convertirse en la base de la genética moderna.

Mendel no descubrió el gen, como algunas veces se ha dicho. Cuando cuidaba de sus guisantes, no estaba interesado en lo que pasaba dentro de ellos. No se preguntó cómo o por qué producían otros guisantes iguales a sí mismos. No describió herencia; describió cambio. Intentó comprender los patrones de las diferencias entre progenitores y descendencia, y no se preocupó por las causas.

Mendel, concentrado en los caracteres visibles que exhibían sus plantas —los colores de sus flores y las formas y texturas de sus semillas—, sólo se refirió una vez a «factores» hipotéticos presentes en las plantas que podrían corresponder a estos caracteres. Su interés radicaba en lo que el botánico danés Wilhelm Johannsen llamó *fenotipo*, las características externas de los organismos, no en su *genotipo*, la composición genética que subyace bajo esas características que pueden pasar a sus descendientes.

Mendel realizó su trabajó antes de que los científicos pensaran en la existencia de cromosomas o genes. Él estaba interesado en los patrones de descendencia de híbridos, y sus leyes son descripciones matemáticas del alcance de ciertos caracteres en generaciones sucesivas. Se dio cuenta de que las plantas del guisante con flores rojas eran de dos tipos. Cuando cruzaba dos plantas de la primera clase, siempre se producían plantas con flores rojas: *línea pura*. Sin embargo, cuando cruzaba la otra clase de plantas de flores rojas, una cuarta parte de la descendencia tenía flores blancas. Por el contrario, las plantas de flor blanca eran siempre líneas puras: sólo producían otras plantas de flor blanca.

Para explicar este y otros fenómenos similares Mendel simbolizó las plantas de línea pura con una *A* para las de flor roja y con una *a* para las de flor blanca. Asumió que las plantas de flor roja

[2] Mendel, Gregor (1950): *Experiments in Plant Hybridisation,* traducción realizada por la Royal Society of London [1865], Cambridge, Harvard University Press.

que podían dar plantas de flor blanca eran híbridos y las llamó *Aa*. Él explicaba el fenómeno que observaba diciendo que cuando se cruzan dos plantas *A*, toda su descendencia será *A* (flor roja) y, de modo similar, cuando se cruzan dos plantas *a*, toda su descendencia será *a* (flor blanca); pero cuando se cruzan híbridos rojos *(Aa)* entre sí, una cuarta parte de su descendencia será *A* (línea pura roja), dos cuartas partes (la mitad) serán *Aa* (híbridos rojos) y una cuarta parte será *a* (línea pura blanca). La relación que él observó de tres plantas de flor roja frente a una de flor blanca enmascaraba la existencia de tres clases de plantas, *A, Aa* y *a*, en una proporción de 1:2:1. Tres cuartas partes de las resultantes del cruce eran plantas *A* o *Aa*, que eran externamente iguales. Uno sólo las podría distinguir cultivándolas. (La genética moderna, para clarificar este concepto, llama *AA* a las plantas *A,* y llama *aa* a las plantas *a*.)

Desde el redescubrimiento de las leyes de Mendel en torno a 1900 a los caracteres que son transmitidos de esta manera tan directa y predecible se les llama *caracteres mendelianos simples*. En la actualidad se han descrito muchos de estos caracteres, pero es importante advertir que constituyen tan sólo una pequeña fracción de los caracteres observados.

En el lenguaje de la genética moderna, decimos que los patrones mendelianos de herencia son mediados por diferentes *alelos*, o variantes, de un mismo gen. En el ejemplo de las flores rojas y blancas de Mendel, *A* y *a* son alelos del gen que determina el color de las flores. El alelo *A* determina la habilidad de la plantas para sintetizar el pigmento rojo, mientras que el alelo *a* deja a las flores sin pigmento. Las plantas que tengan alelo *A*, tanto si son *AA* como si son *Aa*, producirán flores rojas.

Mendel llamó *dominantes* a los caracteres que se comportaban como *A*, porque enmascaraban la alternativa *a*. A los caracteres que se comportaban como *a*, que sólo aparecían cuando no estaban enmascarados (como en el caso de las plantas *aa*), los llamó *recesivos.* Más tarde los científicos, que se concentran en el estudio de los genes en lugar de en el de los caracteres, han aplicado la misma nomenclatura para los genes, de modo que ahora hablamos de alelos dominantes y recesivos de un determinado gen.

Aunque la mayoría de los caracteres no siguen los patrones de herencia descritos por Mendel, los científicos, creyendo que de todos modos muchos de éstos están determinados por genes, han desarrollado explicaciones genéticas bastante más complicadas. Una es que el carácter es *poligénico*, es decir, «controlado» por tantos genes que el patrón mendeliano queda anulado. Esta hipótesis según la cual cuando un solo gen no explica las observaciones es porque hay varios implicados, fue criticada al principio por el genetista americano Thomas Hunt Morgan. Escribió en un artículo para la American Breeders Association (Asociación Americana de Criadores): «En la interpretación moderna del mendelismo se han transformado a gran velocidad los hechos en factores. Si un factor no explica los hechos, entonces se proponen dos; si dos son insuficientes, quizá funcionará con tres»[3].

Morgan y sus colegas también dijeron que «un único factor podría tener varios efectos y un único carácter podría depender de muchos factores»[4]. Será importante recordar esta advetencia cuando analicemos afecciones de las que se dice que siguen patrones complejos de herencia que implican muchos genes.

De Mendel a la doble hélice

El artículo de Mendel despertó poco interés y pronto fue olvidado. Con el cambio de siglo, cuando el artículo fue redescubierto, empezó a cambiar la línea principal del interés científico de los biólogos, que pasaron de describir organismos y sus partes (taxonomía y anatomía) a intentar comprender cómo funcionan los organismos (fisiología y embriología). El científico alemán August

[3] Morgan, Thomas Hunt (1909): «What Are "Factors" in Mendelian Explanations?», *American Breeders Association*, vol. 5, p. 365.
[4] Morgan, Thomas Hunt, y otros (1915): *The Mechanism of Mendelian Heredity*, Nueva York, Henry Holt and Co., p. 210.

Weismann postuló la existencia de lo que él llamó el *plasma germinal*, una sustancia material presente en óvulos y espermatozoides que de algún modo porta material hereditario de padres a hijos.

A finales del siglo XIX los científicos habían aprendido a teñir células y, por lo tanto, a hacer visibles ciertas estructuras dentro de ellas, a las que llamaron *cromosomas*, y a observar las transformaciones que sufrían dichos cromosomas a lo largo del ciclo celular. Observaron que, justo antes de que se divida la célula, los cromosomas se alinean y se duplican. Ambos juegos de cromosomas se van separando a medida que se divide la célula, de modo que cada nueva célula tiene su juego de cromosomas completo.

Weismann sugirió que estos cromosomas eran los portadores de la herencia. En 1909 Johannsen acuñó la palabra *gen* para denominar unas partículas hipotéticas que portan los cromosomas y que determinan la herencia. Aunque estos genes son algo más específicos que los *factores* de Mendel, esta nueva palabra todavía representaba una idea más que un objeto. Como escribió Morgan en 1926: «Con el mismo criterio con el que los químicos dan por reales átomos invisibles y los físicos electrones, el estudioso de la herencia apela a unos elementos invisibles llamados genes»[5].

Los cromosomas contienen proteínas y ADN *(ácido desoxirribonucleico)*. Durante varias décadas se suscitó un agitado, y a menudo encendido, debate sobre cuál de estas dos moléculas era la portadora de la herencia. Muchos científicos defendían a las proteínas, porque su estructura es más variada y compleja que la del ADN y, por lo tanto, parecían ser los mejores candidatos a portadores de la amplia variedad de caracteres que se transmiten a las generaciones sucesivas.

Experimentos realizados a mediados de los años cuarenta y principios de los cincuenta dieron la respuesta. Mostraron que cuando se introduce ADN procedente de bacterias o virus en células bacterianas, éste puede transformar dichas células de modo que

[5] Morgan, Thomas Hunt (1926): *The Theory of the Gene*, New Haven, Yale University Press, p. 1.

exhiban caracteres propios de las células donantes del ADN. En 1953, cuando James D. Watson y Francis Crick propusieron su modelo de la estructura del ADN, la «doble hélice», los biólogos ya estaban de acuerdo en que es el ADN el que determina la herencia.

Esto no significaba que habían «encontrado» a los hipotéticos genes. Se analice como se analice el ADN, no hay pequeñas bolitas discretas que porten los caracteres hereditarios. Más bien los caracteres específicos parecen estar determinados por segmentos de ADN, que es una molécula larga y filiforme. Llamar a estos segmentos «genes» es una forma de facilitar la forma de referirnos a ellos, ya que parecen desempeñar las funciones que los genetistas asignaron a dichas partículas teóricas.

En cierto modo, el «gen» ya no tiene un significado físico para los biólogos moleculares. La realidad material es el ADN. Pero como los genes todavía mantienen su «estatus» dentro de la ciencia de la genética, así como de la cultura en general, los experimentos con ADN son comunicados en términos de genes. Algunas veces esto conlleva problemas, como cuando lo que observan los científicos no encaja en el modelo de partículas discretas. Todavía hoy los biólogos moleculares piensan que es más fácil comunicar su trabajo si perpetúan el modelo de pequeñas bolitas sobre una cuerda que pasan de padres a hijos.

Mejor nos iría si la gente entendiera lo que los científicos saben y lo que no saben sobre el papel que desempeña el ADN en el metabolismo y en el crecimiento de los organismos, sin empañar este conocimiento con discursos sobre genes. Sin embargo, los genes y el ADN están tan interrelacionados en la imaginación popular y científica que no siempre es fácil saber de cuál estamos hablando.

Genes y proteínas

Todos sabemos a ciencia cierta que la función del ADN consiste en que cada uno de sus segmentos especifica la secuencia lineal de *aminoácidos,* que son los componentes básicos de las proteínas, y que otras regiones del ADN ayudan a especificar cuándo se sintetizarán esas proteínas y la rapidez con la que lo harán. La razón por la que esto es importante es que las proteínas influyen en todo lo que ocurre en los organismos vivos.

Las células contienen diferentes tipos de proteínas en cada nivel de su estructura: hay proteínas en las membranas que envuelven a la célula, en el protoplasma que rodea al núcleo, en el propio núcleo y en los cromosomas. También hay proteínas de otro tipo en los fluidos corporales que bañan nuestras células y tejidos.

Todas estas proteínas son diferentes y tienen distintas funciones. Algunas proporcionan soporte estructural, otras ayudan a interpretar el mensaje del ADN y otras actúan como canales que ayudan a que diferentes sustancias (algunas veces se trata de otras proteínas) puedan entrar y salir de la célula. El pelo, las uñas y las plumas están hechas de *queratina*, una proteína. La clara del huevo consiste fundamentalmente en *albúmina*, una proteína. Los músculos se contraen o se expanden gracias al movimiento de proteínas dentro de sus células. La hemoglobina, el pigmento rojo de la sangre que transporta oxígeno y dióxido de carbono, es una proteína, al igual que los anticuerpos de nuestro sistema inmune y muchas de nuestras hormonas.

Cuando Frederick Engels escribió en 1878 que «la vida es el modo de existencia de las sustancias albuminosas [proteínas]»[6], hablaba desde una perspectiva reduccionista; pero lo que sí es verdad es que las proteínas están implicadas en todo lo que pasa dentro de un organismo vivo. Los científicos creen que las proteínas y el ADN existían antes de la vida y que fueron las reacciones entre ellas las que produjeron las primeras formas vivas.

Cuando la gente habla de genes que intervienen en caracteres como el color de los ojos o la herencia de cierta afección médica, quieren decir que esos caracteres surgen de actividades de proteínas cuya composición está especificada en esos genes en concreto.

[6] Engels, Frederick (1939): *Herr Eugen Dühring's Revolution in Science (Anti-Dühring)* [1878], Nueva York, International Publishers, p. 91 [ed. cast. (1978): *Anti-Dühring o La revolución de la ciencia de Eugenia. Dühring*, Madrid, Ayuso].

Sin embargo, no sólo los caracteres más simples implican varias proteínas, sino también otros factores, tanto de dentro como de fuera del organismo. Decir que un gen es «el gen para» tal carácter supone un exceso de simplificación. Cada gen simplemente especifica una de las proteínas implicadas en el proceso.

Cómo se duplican los cromosomas y los genes

Los seres humanos reciben un juego de 23 cromosomas de cada progenitor. Estos cromosomas difieren entre sí en forma y tamaño, y se identifican con números que van del 1 al 23. Dentro del núcleo de cada célula de nuestro cuerpo se encuentra un juego idéntico de 46 cromosomas que portan las unidades funcionales llamadas genes. Eso significa que heredamos dos juegos completos de genes.

Cuando se fusionó el núcleo del óvulo de mi madre con el núcleo del espermatozoide de mi padre, el núcleo de esta célula nueva, que finalmente llegaría a ser Ruth, contenía 46 cromosomas en 23 parejas. En cada división celular se fueron transmitiendo estos cromosomas, por lo que cada núcleo celular en mi cuerpo contiene no sólo el mismo número, sino el mismo tipo de cromosomas y genes que tenía el núcleo del óvulo fecundado.

En realidad, las cosas no siempre salen tan bien. Algunas veces, cuando se duplican los cromosomas, se produce algún ligero error en algún gen. Dichos errores se llaman mutaciones. Vivo en un mundo lleno de radiaciones y compuestos químicos que pueden producir cambios —mutaciones— en mi ADN, que se duplica en cada división celular. Debido a estas mutaciones, en algunas partes de mi cuerpo habrá un núcleo ligeramente diferente del núcleo de la original futura Ruth, pero en general todos mis núcleos son semejantes.

Por supuesto, eso no significa que todas mis células son semejantes. Tengo células epiteliales, células sanguíneas, células musculares, células hepáticas y otras. El hecho fascinante es que, aunque estas células tengan un aspecto distinto y realicen diferentes funciones, todas tienen los mismos cromosomas y ADN en sus núcleos. Esto es posible porque, en cada célula, todos los genes no son llamados a participar en un determinado momento, o quizá nunca.

Dado que mi padre y mi madre eran personas diferentes, debía de haber diferencias en el ADN que cada uno aportó para formar el núcleo de la futura Ruth. Explicándolo de otro modo, contribuyeron con los mismos genes, pero a veces con diferentes alelos; del mismo modo que ocurría con las plantas del guisante de Mendel, que todas tenía el gen asociado al color de la flor pero con alelos diferentes para colores distintos.

Para cada gen que he heredado, puedo haber obtenido el mismo alelo de cada uno de mis padres o dos diferentes. Si ambos me legaron el mismo alelo, se dice que soy *homocigótica* para ese gen (*homo* en griego significa «mismo»). Si me transmitieron dos alelos diferentes, se dice que soy *heterocigótica* para ese gen (*hetero* en griego significa «diferente»). Por lo tanto, tengo una mezcla de pares de genes homo y heterocigóticos en los núcleos de todas mis células, y esta mezcla es igual en cada una de mis células.

X e Y: los cromosomas del sexo

De los 23 pares de cromosomas que se encuentran en nuestras células, 22 tienen el mismo aspecto en todos nosotros; éstos son llamados *autosomas*. El par número 23 es el de los *cromosomas sexuales,* que tienen dos formas diferentes, siendo distintos en el hombre y la mujer. En mujeres, los dos cromosomas sexuales tienen la misma forma, y se les llama cromosomas X, mientras que los hombres tienen un cromosoma X y un cromosoma Y. El cromosoma Y es mucho menor que el cromosoma X y contiene muchos menos genes. Al igual que los otros pares de cromosomas, heredé un cromosoma X de mi madre y el otro de mi padre, pero si yo fuera un hombre habría heredado un cromosoma X de mi madre y un cromosoma Y de mi padre. Esto se debe a que todos los óvulos contienen 22 autosomas y un cromosoma X, pero los espermatozoides contienen 22 autosomas y un cromosoma X o un cromosoma Y.

Los llamamos cromosomas sexuales, los cromosomas X e Y, no están implicados únicamente en diferenciación sexual, sino que, al igual que todos los demás, portan varios genes. Mientras que el cromosoma Y no porta muchos genes, el cromosoma X porta genes asociados con numerosos caracteres, como la visión en color, la coagulación de la sangre y la calvicie.

Cromosomas y división celular

Aunque hay 46 cromosomas en cada una de nuestras células, dispuestos en 23 parejas, tan sólo transmitimos un único juego, de 23 cromosomas, a cada uno de nuestros hijos. El proceso mediante el cual se gesta esta división se llama *meiosis,* y se produce siempre que se forma un óvulo o un espermatozoide. Como veréis, tiene consecuencias importantes para la herencia entre generaciones y para las variaciones que se observan entre los hijos de una misma pareja.

Durante la división celular ordinaria *(mitosis)*, se desintegra la membrana que rodea al núcleo y los pares de cromosomas se alinean a lo largo de la línea media de la célula. Cada cromosoma se duplica y, conforme la célula se constriñe por su línea media, un juego completo de 46 cromosomas migra a cada extremo. El proceso finaliza con dos *células hijas*, cada una con su propio núcleo recién formado.

A medida que se van duplicando los cromosomas, se debe duplicar el ADN dentro de ellos. Esta replicación se produce de la siguiente manera: se desenlazan las dos cadenas de la doble hélice de cada cromosoma y cada cadena (llamémoslas *A* y *B*) se convierte en el molde para la síntesis de su compañera. Esto quiere decir que cada célula utiliza la cadena *A* como molde para hacer una nueva cadena complementaria, idéntica a *B*, mientras que la cadena *B* vieja sirve de molde para una nueva cadena complementaria *A*. Entonces la cadena *A* vieja se enrolla con la cadena *B* nueva, y la cadena *B* vieja se enrolla con la cadena *A* nueva, creando dos dobles hélices idénticas donde antes sólo había una. Cuando se ha terminado el proceso de división celular, cada célula hija tiene un juego idéntico de cromosomas hijos, con dobles hélices de ADN idénticas. Así, en mitosis, la dotación completa de 23 pares de cromosomas, con sus genes, pasa de cada generación celular a la siguiente.

La meiosis, que viene de la palabra griega que significa «disminuir», se da sólo en la formación de *gametos*, es decir, los óvulos y espermatozoides. En meiosis, los 23 pares de cromosomas en la célula parental se replican como antes, pero luego la célula parental se divide no una sola vez, sino dos. Esto se llama *división de reducción*, porque cada una de las cuatro células hijas recibe sólo un juego de 23 cromosomas en lugar de un par.

En la generación de espermatozoides, cada una de las cuatro células pasa a convertirse en espermatozoide funcional; sin embargo, durante la formación del óvulo, tres de los cuatro núcleos que se forman durante la meiosis son expelidos como *cuerpos polares* y decaen; sólo uno se incorporará como óvulo. Cuál de los cuatro termina siendo el núcleo del óvulo depende del azar.

Un punto que hay que tener en cuenta es que los cromosomas que heredamos de cada padre no viajan en juegos. En consecuencia, durante la meiosis, cuando los 46 cromosomas en una célula se replican y se dividen en cuatro juegos de 23, cada juego contiene una mezcla de cromosomas paternos y maternos. Cada uno de mis óvulos contiene un juego completo de todos mis cromosomas, del 1 al 23, pero depende del azar que cada uno de dichos cromosomas provenga de mi madre o de mi padre.

De hecho, la historia es aún más fortuita, porque en el momento en el que cada par de cromosomas se separa y pasa a una célula hija, a veces ocurre que intercambian entre sí segmentos equivalentes de ADN. Por lo tanto, incluso el ADN de cada cromosoma de mis óvulos puede consistir en una mezcla de genes heredados de mis dos progenitores.

El hecho de que cada uno de los 23 cromosomas sean independientes entre sí a la hora de dividirse en grupos durante la división de reducción, además del hecho de que partes de los mismos pueden haberse intercambiado entre ambos componentes del par, hacen que sea altamente improbable que dos de mis óvulos contengan un juego idéntico de cromosomas o genes. Todos los genes procederán de uno de mis padres (excepto las mutaciones aleatorias), pero la mezcla de los genes de mis padres dentro de cada uno de mis óvulos es una cuestión de azar.

Del ADN al ARN y a la proteína

Podemos dibujar las dos cadenas del ADN como dos cintas consistentes en moléculas de azúcar y fosfato alternadas: azúcar-fosfato-azúcar-fosfato. Estas cintas están entrelazadas en una doble hélice y conectadas a intervalos regulares por travesaños horizontales, cada uno de los cuales está formado por dos *bases*, cada una unida a una cinta. En el ADN hay cuatro clases de bases: *adenina (A), timina (T), citosina (C)* y *guanina (G)*. En ambas cadenas de la doble hélice pueden aparecer las cuatro bases formando cualquier secuencia, pero sus formas son tales que, para poder encajar en los travesaños, cada *A* de una cadena debe tener enfrente una *T* de la otra cadena, y cada *C* debe tener enfrente una *G*.

Este requerimiento geométrico es lo que siempre hace complementarias las dos cadenas de la doble hélice. Cada cadena hace de molde para la síntesis de la otra cadena, y la secuencia lineal de las bases es copiada en cada división celular. Si la secuencia de una región de una cadena es —A-C-C-A-T-G—, automáticamente eso significa que su cadena complementaria debe tener la secuencia –T-G-G-T-A-C— en la región correspondiente. En la figura 1 se muestra la doble hélice y su replicación, pero debemos entender que, al centrarnos sólo en el ADN, esta figura deja fuera todo lo que hace posible la replicación (enzimas, otras moléculas y muchas de las actividades metabólicas interrelacionadas).

La secuencia de bases en una unidad funcional concreta de ADN (un gen) se traduce en una secuencia de aminoácidos que constituirá una proteína. Cada aminoácido está especificado por un grupo de tres bases. A estos grupos se les llama *codones*. Por ejemplo, la secuencia de bases —CAAGTAGAC— se traduce en una secuencia de aminoácidos especificada por los codones CAA, GTA y GAC. Los aminoácidos, a su vez, se alinean en secuencias de cien o más para formar diferentes proteínas. Los codones no se pueden solapar, por lo que —CAAGTAGAC— puede dar los aminoácidos especificados por los codones AAG y TAG, pero no puede dar simultáneamente aquellos especificados por CAA, AGT y GTA.

Como el ADN contiene cuatro bases diferentes, secuencias de tres bases pueden especificar 4^3 —es decir 64— aminoácidos posibles; no obstante, sólo 20 aminoácidos, dispuestos en combinaciones diferentes, forman todas las proteínas naturales. De hecho, muchos de los codones son sinónimos y especifican el mismo aminoácido.

El mensaje codificado en el ADN es traducido a las proteínas correspondientes en varios pasos. Primero se transcribe la secuencia de bases del ADN en la secuencia de bases de una molécula lineal similar, llamada *ARN (ácido ribonucleico)*. Este proceso se asemeja al modo en que se copian las cadenas de ADN durante la división celular, excepto que sólo una de las dos cadenas complementarias del ADN será el molde para la correspondiente molécula de ARN. Este tipo de ARN se llama *ARN mensajero (ARNm)* porque transporta el mensaje codificado en el ADN a otras partes de la célula, concretamente a unas partículas pequeñas dentro del citoplasma de la célula llamadas *ribosomas*, donde tiene lugar la traducción a proteínas.

Cuando los biólogos moleculares estudiaron por primera vez cómo se transcribe el «mensaje» del ADN en ARNm y después se traduce a la secuencia de aminoácidos de proteínas, estaban analizando el metabolismo de bacterias. En bacterias, esta transcripción ocurre de forma lineal y regular, pasando de una base nucleotídica

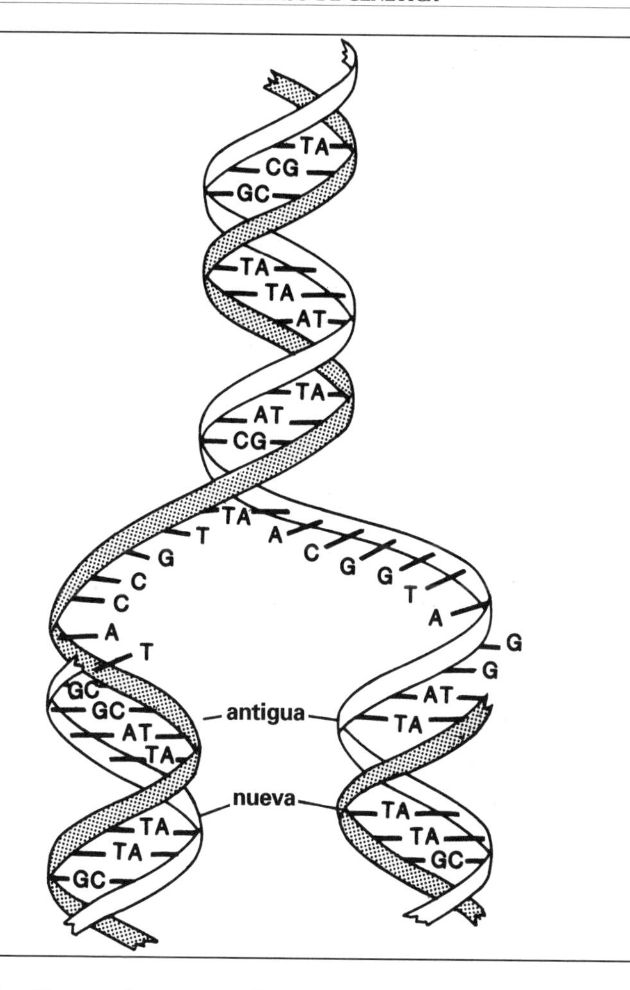

FIGURA 1. *Diagrama de un segmento de ADN.* Las cintas que forman las dos cadenas de la doble hélice consisten en una secuencia invariable y regular de moléculas de fosfato y azúcar. Los travesaños que conectan las cintas están formados por las bases, que se proyectan desde la cinta hacia el eje de la hélice. Para que las dos cintas puedan encajar, siempre que haya una *A* en una cinta, la otra debe tener una *T* en el sitio equivalente, y siempre que haya una *C* en una cinta, ésta se debe proyectar hacia una *G* de la otra cinta. Cuando se está copiando el ADN, la doble hélice comienza a desenrollarse y la secuencia de bases de cada cadena sirve de molde para la síntesis de una nueva cadena complementaria. (Ilustración de Marie Youk-See.)

a la siguiente. Por consiguiente, los biólogos moleculares esperaban que analizando el ARNm, serían capaces de deducir la secuencia de bases del ADN a partir del cual fue transcrito.

Resultó que estas deducciones sólo eran válidas en bacterias y virus. En organismos cuyas células contienen núcleo, primero se transcribe la secuencia de bases de ADN entera a ARNm, pero luego este ARNm se modifica mediante la eliminación de algunas partes y uniendo el resto en un ARNm final maduro, que se traducirá a proteína. Las porciones de la secuencia original de ADN que se han eliminado en este proceso se llaman *intrones,* y las porciones que se traducirán en la proteína final se llaman *exones.* En la figura 2 vemos diagramas esquemáticos de tres genes y, en dos de ellos, el *mensaje* de ARN que se traduce a la proteína correspondiente. Aquí, de nuevo debemos recordar que, como la figura se centra únicamente en el ADN y ARN, el grueso de la historia se queda fuera.

Las secuencias de ADN que constituyen un gen no sólo se fragmentan de este modo, en intrones y exones, sino que porciones de una secuencia codificante, los exones, pueden funcionar en más de un gen. También un intrón que interrumpe la secuencia codificante de un gen a veces contiene partes de otros genes que no están relacionados, o incluso otro gen entero. Por esta razón digo que los científicos generan cierta confusión al continuar aferrándose al concepto de gen en lugar de explicar simplemente cómo funciona el ADN.

Los biólogos moleculares piensan que menos del 10 por ciento del ADN del genoma humano (la totalidad de los genes humanos) es ADN codificante. Se piensa que una fracción aún menor regula el modo en que los genes están implicados en las actividades metabólicas de las células. Los biólogos moleculares no saben si el resto del ADN tiene otras funciones, y mucho menos cuáles serían éstas. Por este motivo se refieren a él como «ADN basura» o simplemente *basura.*

Podría ser que el genoma represente una acumulación histórica de ADN, con segmentos que se transcriben a ARN y se traducen a

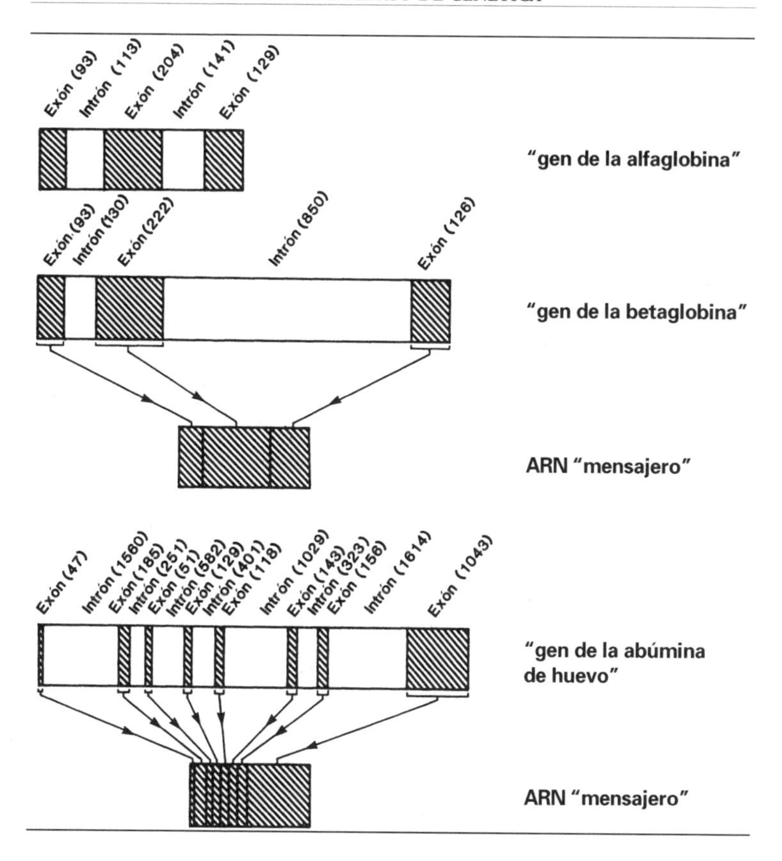

FIGURA 2. *Diagramas esquemáticos de los genes implicados en la síntesis de las cadenas alfa y betaglobina de la hemoglobina humana y de la albúmina de huevo.* El ADN que especifica la secuencia de aminoácidos de la cadena alfa de la globina humana consta de 426 bases, agrupadas en tres exones y separadas por dos intrones que contienen 113 y 141 bases. El ADN que especifica la cadena beta es similar, excepto que sus tres exones, con un total de 441 bases, están separados por un intrón de 130 bases y otro mucho más largo de 850 bases. (El alelo del drepanocito es una forma mutada de este gen.)

El ADN que especifica la secuencia de aminoácidos de la albúmina de huevo es mucho más largo que el ADN que especifica la de las globinas. Consiste en ocho exones y siete intrones que difieren considerablemente en longitud. En cada caso, los intrones son eliminados durante el proceso de maduración del ARN mensajero, de modo que el «mensaje» ARN sólo contiene la secuencia de bases que especifica para la secuencia aminoacídica en la proteína correspondiente. (Ilustración de Marie Youk-See.)

proteínas entremezclados con segmentos que una vez tuvieron una función pero que ya no la tienen.

Inicialmente se pensó que el proceso mediante el cual el ADN es transcrito a ARN y luego traducido a la secuencia de aminoácidos de una proteína operaba sólo en ese sentido. Esta hipótesis cambió cuando se descubrió que hay enzimas (llamadas *transcriptasas reversas*) que pueden transcribir ARN a ADN. También ciertas proteínas pueden inhibir o aumentar la síntesis del ADN o ARN, o afectar al proceso de otras maneras. Necesitamos pensar en el ADN, ARN y las proteínas interactuando todas entre sí en lugar de asumir una línea unidireccional de ADN a proteína.

También hay otros factores en la ecuación. Las proteínas consisten en una o más cadenas de aminoácidos pero, al contrario que el ADN, que forma una larga hélice filamentosa, la mayoría de las proteínas están plegadas en formas tridimensionales. Estas formas dependen de la composición de las proteínas y también de la concentración de diferentes sales y la presencia de metales (como hierro, magnesio, cobre o cobalto) y de otras moléculas (como azúcares o grasas). Cómo funcionan las proteínas depende de su forma, así como de su secuencia de aminoácidos. Por lo tanto, aunque el ADN es esencial para el proceso, tan sólo es una parte de la historia.

Cómo funcionan los genes

Los genes difieren ampliamente en la cantidad de ADN que contienen. Mientras que la mayoría de los genes suelen contener entre cinco y diez mil pares de bases, algunos tiene varios cientos de miles.

Cualquiera que sea su tamaño, cada gen especifica la secuencia de aminoácidos de una proteína. De hecho, eso es lo que define a un gen. Los organismos requieren miles de diferentes clases de proteínas para poder funcionar bien, de modo que incluso organismos relativamente simples deben tener muchos genes. Un cambio en la secuencia funcional del ADN constituye una mutación génica y normalmente produce un cambio en la secuencia de aminoácidos de la proteína correspondiente.

Sin embargo, y esto es crucial, como la síntesis de cada proteína requiere la participación de varias enzimas, cada una de las cuales es una proteína diferente, son muchas las clases diferentes de genes implicados en la síntesis de cada proteína. La correspondencia uno a uno entre genes y proteínas, que se expresa normalmente diciendo que cada gen *codifica, determina* o *interviene en* la síntesis de una proteína, sólo significa que especifica la secuencia lineal de aminoácidos de esa proteína. El proceso completo por el cual se sintetizará dicha proteína sólo se dará si funciona correctamente el conjunto del aparato metabólico de la célula. Esto siempre requiere muchas proteínas diferentes y, por lo tanto, muchos genes diferentes.

Los genes y las proteínas tienen una relación del tipo de la del huevo y la gallina. En la síntesis de cada proteína hay implicados muchos genes, y en la síntesis y funcionamiento de cada gen hay implicadas muchas proteínas. Analicemos el proceso más de cerca, tomando como ejemplo la síntesis de la hemoglobina. La hemoglobina es el constituyente principal de los glóbulos rojos de la sangre que corren por nuestro torrente sanguíneo y transportan oxígeno de nuestros pulmones a nuestros tejidos. La hemoglobina está compuesta por una proteína incolora llamada *globina*, combinada con un *hemo*, pigmento que hace que la sangre sea roja. La globina contiene dos clases de subunidades, alfa y betaglobina, cada una especificada por un gen diferente (*véase* figura 2). Cuando los científicos hablan de los genes de la globina están hablando de las secuencias de bases en el ADN que especifican la secuencia lineal de aminoácidos de las alfa y betaglobinas.

Aún así, para que se forme hemoglobina es necesario que funcione correctamente todo el sistema encargado de formar sangre. Esto requiere no sólo una organización de genes y enzimas (proteínas), cuyas secuencias de aminoácidos especifican dichos genes, sino también muchos otros tipos de moléculas, así como una constelación de circunstancias. Los genes de la globina no *causan* o *determinan* la síntesis de hemoglobina; tan sólo especifican que, si el organismo funciona adecuadamente, las globinas que se sinteticen tendrán la secuencia de aminoácidos adecuada.

La razón por la que estoy explicando esto es porque normalmente es ignorado. Cuando los científicos hablan de genes *para* esta o aquella molécula, carácter o enfermedad, no están siendo realistas. Atribuyen un excesivo control y poder a los genes y al ADN en lugar de considerarlos una parte del funcionamiento global de las células y organismos.

Los experimentos recientes para explorar cómo funcionan los genes han deparado una serie de sorpresas. Por ejemplo, ahora los científicos creen que un alelo de un mismo gen puede ejercer diferentes efectos dependiendo de si ha sido aportado por la madre o por el padre. Ésta debe ser la razón por la que algunas personas desarrollan la enfermedad de Huntington a una edad temprana mientras que otras no la manifiestan hasta que alcanzan la mediana edad.

El tamaño de un alelo también marca una diferencia. De acuerdo con un estudio reciente, las personas con distrofia miotrónica, la forma de distrofia muscular más común, parecen tener un número alto de repeticiones de la secuencia CTG en el alelo implicado. Aparentemente, el número de repeticiones aumenta de generación en generación y los síntomas de la enfermedad se van agudizando conforme se incrementa el número de repeticiones de la secuencia[7].

Por el momento, todo lo que pueden hacer los biólogos moleculares es tratar de relacionar cambios en genes específicos con diferencias en caracteres. Apenas pueden predecir desde un punto de vista teórico si una determinada mutación en un gen afectará a una célula u organismo o cómo lo hará. Incluso algo tan básico como el número de cromosomas o la cantidad de ADN que un organismo tiene en el núcleo de cada célula no nos dice mucho

[7] Mahadevan, Mani, y otros (1992): «Myotonic Dystrophy Mutation: An Unstable CTG Repeat in the 3' Untranslated Region of the Gene», *Science*, vol. 255, pp. 1253-1255. Fu, Y. H., y otros (1992): «An Unstable Triplet Repeat in a Gene Related to Myotonic Muscular Dystrophy», *Science*, vol. 255, pp. 1256-1258.

sobre la complejidad de dicho organismo o sobre las relaciones entre distintos tipos de organismos. Por ejemplo, mientras que los humanos tienen 46 cromosomas (dos juegos de 23) en el núcleo de sus células, las vacas tienen 60, los perros y gallinas tienen 78 y las carpas tienen 104. En ningún caso la cantidad de cromosomas de un organismo corresponde a la cantidad de ADN de sus núcleos. Las ranas, que sólo tienen 26 cromosomas, tienen mucho más ADN que los humanos.

Estas cifras no explican nada. Sólo demuestran que estas características no afectan de manera directa al aspecto de los organismos o a su funcionamiento. Los científicos y los médicos tienen que ser extremadamente cautelosos a la hora de hacer predicciones genéticas. El ADN y sus unidades funcionales desempeñan un papel esencial pero limitado. Muchas cosas que no tienen nada que ver con los genes afectan al modo en el que nos desarrollamos y funcionamos día a día.

Secuenciando el genoma humano

Como vimos anteriormente, la creencia de que los genes causan caracteres de forma directa y predecible ha animado a los biólogos moleculares a emprender el monumental proyecto de determinar la secuencia de bases del ADN de los 23 cromosomas humanos. El Proyecto del Genoma Humano pretende, en primer lugar, producir un mapa de *marcadores* genéticos asociados a caracteres específicos y, finalmente, una secuencia completa de bases nucleotídicas para un «prototipo humano», que será una composición de regiones cromosómicas obtenidas de células y tejidos de diferentes personas.

Uno podría preguntarse para qué querría alguien emprender la hercúlea tarea de identificar los entre 50.000 y 100.000 genes que se estima constituyen el genoma humano y secuenciar las aproximadamente 3.000 millones de bases nucleotídicas que los componen. La respuesta más fácil es «porque está ahí» y porque los biólogos moleculares no tienen ninguna duda de que aprenderán algo interesante mientras hacen este tipo de ciencia. Pero con esas razones no obtendrán el tipo de financiación necesaria para este inmenso proyecto. En consecuencia, los científicos prometen que tener la secuencia de ADN completa les permitirá diagnosticar y finalmente curar un gran número de enfermedades asociadas a genes. James Watson y otros biólogos moleculares ofrecen una respuesta aún más grandiosa; dicen que «esto al final nos dirá qué es el ser humano»[8]. Ambas afirmaciones están sólidamente asentadas en las asunciones reduccionistas de que los genes causan caracteres y de que cuanto más sepamos de su composición, más sabremos de cómo funcionan los organismos.

Ninguna de estas teorías está justificada. La relación entre genes y caracteres es más complicada de lo que se afirma y por esta razón no tiene sentido obtener la secuencia de bases completa de un «prototipo» del genoma humano. Dicha secuencia ofrecería poca información sobre las relaciones entre características anatómicas, fisiológicas y genes específicos. Para obtener dicho tipo de información sería mucho mejor comparar la composición de la secuencia de ADN de uno o más genes específicos de muchos individuos diferentes. Esto haría posible averiguar qué correlaciones entre secuencias de bases y caracteres son significativas y cuáles son puras coincidencias.

La única manera de hacer este tipo de trabajo analítico con ADN humano es detectando diferencias en secuencias de bases específicas entre distintas personas y tratando de averiguar cuáles están ligadas de forma consistente a caracteres específicos. En los pocos estudios en los que los científicos han empezado a hacer este tipo de comparaciones, han visto que, dentro del mismo gen, las secuencias de bases pueden variar en gran medida sin que se observe ningún cambio aparente en el carácter correspondiente.

Tomemos un ejemplo: un equipo internacional de científicos ha revisado recientemente todos los datos publicados recogidos en

[8] Zurer, Pamela (1989): «Panel Plots Strategy for Human Genome Studies», *Chemical and Engineering News*, 9 de enero, p. 5. Hall, Stephen S. (1990): «James Watson and the Search for Biology's "Holy Grail"», *Smithsonian Magazine*, febrero, pp. 41-49.

Europa, Norteamérica y Japón sobre gente a la que se le ha diagnosticado *hemofilia B*. En personas que padecen esta afección, una de las proteínas requeridas para que coagule la sangre no funciona como debería. Se ha establecido la composición del factor de coagulación y del gen implicado en su síntesis, y se sabe que el gen contiene 33.000 bases, agrupadas en ocho exones.

Los científicos detectaron, entre las 216 personas estudiadas que tenían hemofilia B, que las mutaciones en el gen se daban en 115 posiciones diferentes a lo largo del ADN[9]. Esto significa que al menos 115 cambios en la secuencia de bases pueden dar resultados indistinguibles. Con tal intervalo de variabilidad será imposible saber qué significado habrá que asociar a una secuencia de bases específica hasta que no la hayamos observado en muchas personas distintas. Esto convierte en pantomima la noción de que uno puede construir un prototipo significativo del genoma humano.

El significado científico de la secuenciación del genoma humano es tan cuestionable como el significado científico de poner un hombre en la luna, pero tiene la misma apariencia heroica. El problema es que, al margen del derroche de dinero y personal científico, el proyecto del genoma humano tendrá desafortunadas consecuencias prácticas e ideológicas. Aunque no explique lo que «hacen» los genes, aumentará la mítica importancia que nuestra cultura da a los genes y a la herencia.

RFLPs: asociando patrones de ADN con caracteres

Por supuesto, no todos los biólogos moleculares trabajan haciendo mapas y secuenciando el genoma humano. Muchos están concentrados en genes específicos o grupos de éstos y tratan de averiguar cómo están ligados a un carácter particular o una afección de salud. En el pasado, los genetistas fueron capaces de hacer *mapas*

[9] Gianelli, F., y otros (1990): «Haemophilia B: Data Base of Point Mutations and Short Additions and Deletions», *Nucleic Acis Research*, vol. 18, pp. 4053-4059.

de ligamiento que identificaban la posición relativa de genes sobre los cromosomas en virtud del hecho de que ciertos caracteres parecen viajar juntos. Esto es, si dos caracteres casi siempre se suelen heredar juntos, se asume que los genes correspondientes se encuentran el uno cerca del otro en el mismo cromosoma, y cuanto más consistentemente aparecen los caracteres juntos, más juntos se considera que se encuentran los genes. Esto ha proporcionado un mapa genético rudimentario que los biólogos moleculares están tratando ahora de perfeccionar.

Para identificar un alelo asociado a un carácter (digamos, la enfermedad de Huntington), los genetistas miran el ADN de personas que tienen la afección y tratan de averiguar en qué difiere su secuencia de bases respecto a la secuencia de bases de dicho gen en personas que no la padecen. Dado que el total del genoma humano contiene unos 3.000 millones de pares de bases y que la secuencia de bases funcional estimada es de 100.000 genes, eso no es fácil.

Para encontrar dicha aguja genética en el pajar genómico, los biólogos moleculares empiezan desenrollando la doble hélice de los cromosomas en cadenas simples de ADN. Entonces se aprovechan de la existencia de una familia de enzimas bacterianas, llamadas *enzimas de restricción*. Hay muchos tipos diferentes de enzimas de restricción, cada una de las cuales corta una cadena de ADN allí donde encuentra una secuencia específica de entre cuatro y seis bases.

De este modo se pueden usar enzimas de restricción para reducir los cromosomas a pequeños fragmentos de ADN, llamados *fragmentos de restricción*. Los fragmentos son introducidos en un gel y sometidos a un campo eléctrico, que los alineará por tamaños. Usando este procedimiento con el ADN de cualquier persona los científicos pueden establecer un patrón de fragmentos de restricción que es característico de dicha persona. Como los cortes se dan independientemente del significado funcional de una sección de ADN, el patrón de fragmentos no nos dirá nada sobre los genes de esa persona, pero será una característica única, como una huella dactilar. (Hablaremos más sobre este tema en el capítulo 11, cuando veamos los sistemas de identificación basados en ADN.)

Como las mutaciones resultan en cambios en las secuencias de bases, es probable que varíen el modo en el que las enzimas de restricción cortan el ADN. En consecuencia, es posible que una mutación resulte en el cambio del número y tamaño de fragmentos de restricción. Estas variaciones en el número y tamaño de fragmentos de restricción se llaman *polimorfismos de longitud de fragmentos de restricción*, o RFLPs (un «polimorfismo» es algo que puede tener varias formas o colores). Como diferentes mutaciones cambian la secuencia de bases de diferentes maneras, ocasionan los diferentes patrones de RFLPs.

El aspecto práctico de esta técnica es que uno no necesita saber nada sobre los genes que están implicados en un determinado carácter. Todo lo que uno tiene que hacer es tratar de encontrar diferencias entre los patrones RFLP de personas que manifiestan el carácter y los de las que no lo manifiestan. Pero hay un problema, y es que hay muchas variaciones entre las secuencias de bases del ADN de diferentes personas. Así, si alguien compara tu patrón RFLP y el mío, encontrará muchas diferencias entre nosotros. Si poseo un carácter particular que se piensa que es hereditario y tú no, no habrá forma de saber cuál —si es que hay alguna— de entre todas las diferencias de nuestros RFLPs es la que tiene algo que ver con ese carácter.

La única manera en que se pueden usar los RFLPs para establecer correlaciones significativas es trabajar dentro de un grupo de individuos que están relacionados genéticamente entre sí, es decir, una familia grande o una población altamente endogámica, y entre los cuales se encuentren individuos que manifiestan el carácter o la afección e individuos que no. Entonces uno puede intentar determinar si hay correlaciones significativas entre un patrón concreto de RFLP y un carácter. La pregunta es: ¿puede un determinado fragmento de restricción o grupo de fragmentos obtenerse de todas las personas que presentan el carácter, pero de ninguna que no lo presente?

Estos ensayos se han mostrado muy sensibles a pequeños cambios. Por ejemplo, se podría encontrar una correlación que parezca ser estadísticamente significativa: todas las personas observadas que exhiben el carácter en estudio tienen el mismo patrón de RFLP; pero de repente aparece el tío Juan, que no presenta el carácter pero tiene el patrón supuestamente asociado al mismo. Con este resultado, la correlación se va al garete y hay que comenzar de nuevo.

Hace unos años sucedió esto con un gen que se pensaba que estaba correlacionado con un tipo de trastorno maníaco-depresivo que se da entre los miembros de una amplia familia de amish. Durante un tiempo se dio mucha publicidad a este «gen de la maníaco-depresión», pero un día, de repente, desapareció. Dos personas, cuyos RFLPs pertenecían a los de los miembros «sanos» de la familia, desarrollaron la afección. Además, se amplió el examen a otros miembros de la familia que no encajaron en el patrón establecido. Con eso, la probabilidad de 10.000 contra uno de que dicho trastorno estuviera asociado a cierta región del cromosoma 11 se desvaneció y, de hecho, se transformó en una probabilidad de 1.000 a uno contra dicha asociación[10].

Que nuevos datos contradigan la conclusión a la que ha llegado uno forma parte del proceso científico normal. Después de todo, uno no puede garantizar que todos sus resultados pasen las pruebas de investigaciones futuras. Sin embargo, con el actual interés en los genes y su relación con enfermedades humanas cada nuevo «descubrimiento» alcanza un alto nivel de publicidad. En el caso de caracteres complejos, como los que explicaré en los próximos capítulos, toda la investigación se encuentra aún en sus primeras etapas, por lo que la publicidad probablemente sea engañosa.

[10] Egeland, Janice A., y otros (1987): «Bipolar Affective Disorders Linked to DNA Markers on Chromosome 11», *Nature*, vol. 325, pp. 783-787. Kelsoe, John R., y otros: «Re-evaluation of the Linkage Relationship Between Chromosome's 11 Loci and the Gene for Bipolar Affective Disorder in the Old Order Amish», *Nature*, vol. 342, pp. 238-243.

CAPÍTULO 5

GENES EN CONTEXTO

Definiciones de salud y enfermedad

Antes de considerar las relaciones entre genes y afecciones hereditarias con más detalle, necesitamos examinar más de cerca a lo que nos referimos por salud y enfermedad. Nuestra cultura tiende a observarlos como fenómenos biológicos, pero nuestra salud no es solamente un asunto biológico. Las circunstancias sociales y económicas tienden a afectar al estado de nuestro cuerpo y también dan forma a la manera de percibirlo y categorizarlo. La biología no se puede separar de las realidades sociales y económicas, porque están interrelacionadas de forma compleja y se basan unas en otras. No podemos aislar los factores biológicos y cuando lo hacemos, estamos simplificando y distorsionando la realidad en exceso.

Las categorías de salud y enfermedad describen una continuidad de estados. En ocasiones nos sentimos exultantes, otras nos sentimos terriblemente mal, y entre medias hay muchos estados. En qué punto a lo largo de esa línea decidimos que comienza la enfermedad y cuándo decidimos que necesitamos consejos de otros, y quiénes son esos otros, depende de las prácticas culturales y del coste de la asistencia médica o de otro tipo.

Si visitamos a un experto, un médico o una enfermera «sintiéndonos mal», nos topamos con un fenómeno que es típico en nuestra cultura médica: a menudo hay una diferencia entre el modo en que nos sentimos y nuestro «diagnóstico» médico. La medicina generaliza formas de sentirse individuales y las sitúa en categorías de diagnóstico preestablecidas, como si las enfermedades fueran entidades discretas con una existencia por sí mismas. Esto alienta a los científicos a buscar causas y curas definidas sin preguntarse cómo encajan dichas enfermedades en las circunstancias de vida de cada individuo específico.

La noción de que las enfermedades no son atributos específicos de cada individuo, sino que pueden ser determinadas y categorizadas como si fueran independientes de nuestras vidas y sentimientos, suscitó vigorosos desacuerdos y debates en el siglo XIX. Escritores de finales del siglo XVIII y principios del siglo XIX, como Tolstoy y Rilke, protestaron sobre el hecho de que la nueva medicina científica estaba separando nuestras relaciones existenciales de nuestras enfermedades y, por lo tanto, de nosotros mismos. El Ivan Ilyich de Tolstoy se quejaba de que su médico le ignoraba y sólo estaba interesado en sus riñones[1]. El Malte Laurids Brigge de Rilke se quejaba de que los hospitales hacían imposible que las personas murieran sus muertes, aunque agonizantes, de forma personal[2].

La idea de la enfermedad como una esencia diagnosticable no se incorporó a nuestra cultura sin una disputa, pero se incorporó. Ahora, aunque nos quejamos cuando vamos con nuestro malestar al médico y él o ella nos dice que «nada está mal», aceptamos el veredicto. Igualmente, hemos aprendido a visitar al médico para hacernos chequeos, incluso cuando nos sentimos bien. En esas ocasiones básicamente lo que estamos haciendo es preguntarle si es legítimo sentirnos bien. Tanto si se nos diagnostica salud como enfermedad, tendemos a valorar más sus juicios que cómo nos

[1] Tolstoy, Leo (1981): *The Death of Ivan Ilyich* [1886], Nueva York, Bantam Books [ed. cast. (1996): *La muerte de Iván Ilich*, Madrid, Lucan].
[2] Rilke, Rainer Maria (1983): *The Notebooks of Malte Laurids Brigge* [1910], Nueva York, Random House.

sentimos. De hecho, a veces un diagnóstico de «nada está mal» nos hace sentir mejor y un diagnóstico de que algo no funciona puede hacer que nos sintamos mal aunque nada haya cambiado.

En el caso de enfermedades infecciosas, la búsqueda de causas únicas ha ayudado a los científicos a identificar bacterias y virus, y a estudiar su transmisión, de modo que se puedan tomar medidas de higiene o salud pública para minimizar o prevenir su aparición, y a tratarlas con medicinas o vacunas antibacterianas o antivíricas. Sin embargo, como ha dicho la científica y política Sylvia Tesh: «Incluso en estos casos la solución está lejos de ser simple y requiere muchas conjeturas políticas correctas»[3].

Al contrario de lo que normalmente se nos enseña en las escuelas, los índices de mortalidad de casi todas las enfermedades infecciosas conocidas ya estaban disminuyendo en el mundo industrializado muchas décadas antes de que se identificaran los agentes bactericidas o virales. Muertes por epidemias tan serias como tuberculosis, escarlatina, sarampión y tos ferina ya eran cada vez más infrecuentes mucho tiempo antes de que se desarrollaran las vacunas o medicamentos contra estas enfermedades[4]. Thomas McKeown, un científico de poblaciones británico, atribuía esta disminución a las innovaciones en agricultura y transporte, que aumentaron la disponibilidad de alimentos, y por tanto mejoraron la alimentación de las personas, y a las medidas sanitarias que proporcionaron agua más sana y mejores sistemas de alcantarillado y viviendas.

El otro lado de la moneda es que el cuidado médico no es suficiente para mantener a la gente sana. Datos recogidos en Gran Bretaña en los años setenta (incluso antes de que los conservadores comenzaran a desmantelar el National Health Service [Servicio de Salud Nacional]) muestran que, a pesar de que 25 años de acceso universal a una asistencia médica gratuita mejoró la salud de la

[3] Tesh, Silvia Noble (1988): *Hidden Arguments: Political Ideology and Disease Prevention Policy*, New Brunswick, Rutgers University Press.

[4] McKeown, Thomas (1976): *The Modern Rise of Population*, Nueva York, Academic Press.

gente, los índices de mortalidad todavía estaban estrechamente relacionados con la pertenencia a una determinada clase social: cuanto más baja era la clase social de una familia, mayor era la mortalidad de los hombres y mujeres de dicha clase. Esto se cumplía en el caso de enfermedades infecciosas tratables; en afecciones crónicas, como el cáncer o enfermedades del sistema circulatorio o digestivo; o cuando la causa de muerte tenía un clarísimo origen social, como accidentes, envenenamientos y violencia[5].

En Estados Unidos estamos asistiendo a epidemias de varias enfermedades infecciosas graves que pensábamos que habían desaparecido hace tiempo o al menos que estaban bajo control, entre las que se encuentran: tuberculosis, sarampión, sífilis y gonorrea[6]. Muchas de estas epidemias pueden ser atribuidas a factores sociales específicos, como superpoblación o falta de fondos para vacunaciones u otras medidas de salud pública. Sin embargo, los investigadores biomédicos tienden a concentrarse en resolver problemas en lugar de en cómo hacer accesibles las soluciones existentes. Dirigiendo nuestra atención a microorganismos o genes, los científicos han logrado apartar nuestra atención de las influencias sociales. También aseguran su propio monopolio, manteniendo la prevención de enfermedades en los institutos científicos y laboratorios.

Salud y enfermedad quedan definidos como problemas científicos para los que debemos buscar respuestas científicas. Como señala Tesh, los científicos médicos crean la ilusión de que la salud es un problema técnico en lugar de un problema social que requiere remedios sociales en, al menos, igual proporción que médicos. Prometen desentrañar los misterios implicados en afecciones crónicas del mismo modo que han conseguido erradicar enfermedades infecciosas. Descartan hipótesis sobre orígenes sociales de enfermedades por considerarlas no científicas y «políticas»[7].

[5] Tesh, Silvia Noble: *Hidden Arguments*, op. cit., p. 35.
[6] Kong, Dolores (1991): «Age-old Illnesses Making Comback», *Boston Globe*, 9 de septiembre, pp. 41, 46.
[7] Tesh, Silvia Noble: *Hiddeen Arguments*, op. cit., p. 39.

Individualización de la salud y la enfermedad

Mientras que los científicos médicos a menudo rechazan las explicaciones sociales de estados biológicos, aceptan los estudios biológicos que pretenden explicar las situaciones sociales. Por ejemplo, Daniel Koshland, biólogo molecular y editor de la revista *Science*, profetiza que el Proyecto del Genoma Humano «ayudará a los pobres, los débiles y los menos privilegiados», ya que mejorará las habilidades de los médicos para diagnosticar y presumiblemente curar «enfermedades mentales». En un editorial de *Science*, Koshland afirma, como si se tratase de un hecho sin contexto, que la enfermedad mental está «en la raíz de muchos problemas sociales actuales» y que la comprensión del genoma humano nos permitirá avanzar más allá «del actual almacenamiento o abandono de esta gente»[8].

En este análisis, Koshland no sólo está haciendo falsas promesas, sino que está alejando la atención de las realidades económicas y políticas que convierten a la gente en víctima. Califica a los pobres y desvalidos de enfermos, y considera que un mejor conocimiento de los genes supondrá la cura de lo que claramente son enfermedades económicas, políticas y sociales.

Koshland está dando un nuevo giro a una idea muy vieja: que la gente es intrínsecamente pobre o rica y no por injusticias sociales. En el siglo XIX, cuando nació la ciencia de la genética, era común decir: «la sangre dirá». Héroes de ficción como Oliver Twist exhibían las virtudes y honestidad de sus padres de clase media a pesar de su cruel crianza en la clase trabajadora. La clase comerciante atribuía su éxito a una superioridad natural sobre aquellos que fracasaron en su intento de salir de la pobreza. Ahora los genetistas han traducido dichas percepciones a términos científicos.

En nuestros días ya no es aceptable decir que los pobres son genéticamente inferiores, pero Koshland parece sentirse a gusto

[8] Koshland, Daniel E. (1989): «Sequences and Consequences of the Human Genome», *Science*, vol. 246, p. 189.

dando a entender que la gente es pobre porque está mentalmente enferma. Al igual que la explicación genética, esta explicación proporciona un argumento médico e individualizado a los problemas que subyacen a la situación actual de los pobres y los vagabundos. Éste es un proceso que a todos nosotros nos es familiar. Cuando los médicos y las aseguradoras tratan el tabaquismo, alcoholismo, cáncer o enfermedades del corazón como problemas de salud individuales, están ignorando los factores sociales y ambientales que contribuyen a dichas afecciones.

Por supuesto tiene sentido, hasta cierto punto, pensar en la salud propia en términos personales, incluso individuales, ya que cada uno de nosotros está más interesado en ella y en la de sus seres queridos. Sin embargo, nuestro estado de salud no sólo depende de lo que está pasando dentro de nuestro cuerpo sino también de las condiciones en las que vivimos y trabajamos. Las susceptibilidades individuales pueden desempeñar algún papel, pero muchas de las predisposiciones están más allá de nuestro control excepto para unos pocos privilegiados.

Esta dialéctica se encuentra en el corazón del viejo debate entre los médicos que hacen hincapié en una medicina curativa y aquellos que alaban las medidas de salud pública. Necesitamos ambas, pero una preocupación excesiva por las consideraciones y responsabilidades individuales va en detrimento de la salud al animarnos, como sociedad, a descuidar los males sistémicos que nos afectan a todos.

Debe haber un equilibrio entre las medidas de salud pública y el cuidado médico individual, y los recursos se deben distribuir entre ambos. En una barriada urbana de Guatemala, en donde las sucias calles están rodeadas de canales abiertos de aguas residuales y la única agua limpia es distribuida por un grifo para 1.000 habitantes, tiene poco sentido analizar las susceptibilidades individuales de los niños a organismos infecciosos. Sólo cuando se hayan reducido en gran medida las fuentes de infección que afectan a toda esa gente tendrá sentido determinar qué personas necesitan un cuidado especial.

FIGURA 1. Sala de embalaje de algodón, Watershoals, Carolina del Sur. La endeble máscara no protege a este trabajador, ni a ningún otro que entre en contacto con su ropa, de inhalar polvo y fibras de algodón. (© fotografía: Earl Dotter.)

Del mismo modo, no tiene sentido identificar las susceptibilidades individuales de los empleados de una fábrica al polvo industrial u otras sustancias tóxicas si antes no se han reducido los peligros con los que trabajan. No obstante, la propaganda publicitaria, que habla de los genes como «causas» de un número creciente de caracteres, enfermedades y discapacidades, dirige nuestra atención hacia los individuos afectados y la aparta de las condiciones que provocan sus problemas.

Estas condiciones —y sus efectos— deben estar claras para cualquier persona que esté dispuesta a juzgarlas. Por ejemplo, en 1988 (última fecha en la que se ha recogido esta información) la relación de mortalidad infantil para bebés afroamericanos en Boston era tres veces mayor que la de los bebés euroamericanos. Esta «Meca» de la medicina, que se jacta de tener 16 hospitales de formación, ostentaba el tercer índice de mortalidad más alto de niños negros en Estados Unidos (24,4 muertes por 1.000 nacimientos)[9].

La mortalidad infantil no es sólo un problema urbano ni está limitado a personas de color. Desde 1950, cuando Estados Unidos tenía uno de los índices de mortalidad infantil más bajos del mundo, EE.UU. ha descendido hasta el puesto 25. El índice de mortalidad infantil actual de EE.UU. es mayor que el de cualquier otra nación industrializada, excepto Sudáfrica e Israel, y es comparable con varios de los índices de las naciones más pobres del llamado Tercer Mundo, como Cuba o Barbados. Mientras tanto, con todos los avances médicos y tecnológicos del siglo XX, el Fondo Infantil de las Naciones Unidas informa de que en todo el mundo «más de un cuarto de millón de niños pequeños está muriendo *cada semana* de enfermedades que son fáciles de prevenir y de malnutrición»[10].

Con una orientación diferente, un artículo reciente del *American Journal of Public Health* documenta la existencia de una exposición masiva al plomo, no declarada, en los lugares de trabajo de varias industrias en las que incluso no se hacen los seguimientos rutinarios de niveles de contaminación. Los trabajadores afectados no saben que han estado expuestos y, sin un seguimiento, no hay forma de que lo averigüen, a pesar de que una lesión neurológica grave producida por envenenamiento con plomo puede revertir si se trata en las primeras etapas. Además, no sólo corren riesgo los propios trabajadores contaminados, sino que pueden llevar los contaminantes a casa en el pelo, la piel o la ropa, lo que afecta también a sus familias[11].

Veamos otros efectos de este veneno ambiental. Un equipo de expertos formado recientemente por el Centers for Disease Con-

[9] Reid, Alexander (1990): «Death Rates Differ for Black, White Infants», *Boston Globe*, 7 de septiembre, p. 13. Kong, Dolores (1990): «Black Infant Mortality Soars: Race, Economics Drive Boston Rates», *Boston Sunday Globe*, 9 de septiembre, p. 1.

[10] Grant, James P., y The United Nations Children's Fund (1990): *The State of the World's Children*, Oxford, Oxford University Press, p. 4.

[11] Rudolph, Linda, y otros (1990): «Environmental and Biological Monitoring for Lead Exposure in California Workplaces», *American Journal of Public Health*, vol. 80, pp. 921-925.

trol (Centro de Control de Enfermedades; CDC) en Atlanta estima que más de seis millones de niños en Estados Unidos corren riesgo de envenenamiento con plomo procedente de pinturas, gasolina y otras fuentes a niveles que probablemente impidan su crecimiento y limiten sus habilidades para tener éxito en el colegio[12]. Además, el plomo es sólo uno entre los numerosos contaminantes ambientales que se sabe son dañinos para la salud. Cuando en 1990 el secretario de salud y servicios humanos de EE.UU., Dr. Louis W. Sullivan, enumeró las medidas de prevención necesarias para mejorar la salud de los americanos, a la cabeza de su lista figuraba la necesidad de una mayor participación en programas de ejercicio, educación física y pérdida de peso; todas soluciones individuales, fácilmente accesibles a gente con dinero y tiempo libre. La necesidad de reducir la mortalidad infantil ocupa un puesto poco relevante en su lista, y ni siquiera menciona la necesidad de registrar y disminuir las exposiciones a peligros ambientales en el lugar de trabajo y otros sitios.

Irónicamente, un artículo del periódico, hablando sobre el programa del Dr. Sullivan, se publicó bajo el titular: «Se han marcado los objetivos de salud para el año 2000; *se hace hincapié en la prevención*» [la cursiva es mía][13]. El escritor de esta historia y, aparentemente, el mismo Dr. Sullivan parecen pensar que «prevención» implica básicamente oprtar por comportamientos que la gente relativamente rica está en posición de realizar en lugar de por medidas económicas, de salud pública y médicas que reducirían riesgos innecesarios y mejorarían la oportunidad de todo el mundo para estar sanos.

Los genes como programas de acción

Los factores heredados pueden tener un impacto sobre nuestra salud, pero sus efectos quedan imbuidos en una red de relaciones

[12] Tye, Larry (1990): «Lead Poisoning Risk Greater than Thought», *Boston Globe*, 19 de julio, p. 3.
[13] Mesce, Deborah (1990): «Health Goals Are Set for the Year 2000; Prevention Stressed», *Boston Globe*, 7 de septiembre, p. 3.

biológicas y ecológicas. Los genes son parte del aparato metabólico de los organismos que interaccionan de múltiples formas con sus ambientes. Nosotros respiramos nuestro «ambiente», nos lo comemos, sudamos y excretamos sobre él y nos movemos a través de él y con él.

Ésta es la razón por la que incluso afecciones mendelianas «simples» manifiestan varios grados de severidad. Conceptos como «el organismo», «el gen» o «el ambiente» son útiles como formas para organizar nuestra comprensión del mundo, pero debemos tener en mente que no describen el mundo como es. Sirven llanamente para separar los aspectos específicos en los que queremos centrar nuestra atención.

Como hemos visto, los genes afectan a nuestro desarrollo porque especifican la composición de proteínas, pero es más realista pensar en los genes como meros participantes de las reacciones y no como controladores. Debido a su complejidad y habilidad para adaptarse al cambio, los organismos a veces pueden desarrollar formas para compensar el fallo de reacciones específicas, bien porque no se den, bien porque ocurren demasiado deprisa o demasiado despacio. Por lo tanto, cuando un biólogo molecular habla de genes como «centros de control» o «programas de acción» nos está mostrando los modelos jerárquicos que usa en lugar de describirnos el funcionamiento de los organismos.

Cada proteína, y por tanto cada gen, puede afectar a muchos de los caracteres de un organismo. Al contrario, cada carácter recibe contribuciones de muchas proteínas y, por lo tanto, de muchos genes. Por ejemplo, cuando el gen que especifica la estructura de la hormona de crecimiento humano (una proteína) fue transferido a un embrión de ratón, el ratón creció el doble de su tamaño normal; pero cuando se insertó en un embrión de cerdo, el tamaño del animal no cambió o se redujo con respecto a lo normal.

Los modelos de funcionamiento de este gen dependieron de otras cosas que ocurrían en el organismo. Decir que el gen «causó» los efectos evade la pregunta de por qué dichos efectos fueron diferentes. Obviamente, el gen desempeñó algún papel en ambos casos, pero igualmente obvio era que no fue el único factor. Los biólogos moleculares resaltan el papel de los genes en esta situación porque están más interesados en los genes que en el desarrollo de ratones o cerdos.

Del mismo modo, dentro de una especie el mismo gen puede contribuir con efectos diferentes en diferentes individuos. En muy pocos casos se puede decir que un gen sea legítimamente «para» una cosa. Ahora los científicos conocen la estructura molecular concreta del alelo asociado a la anemia drepanocítica y, desde hace varias décadas, el cambio molecular específico en la hemoglobina del drepanocito que es responsable de esta afección. No obstante, este conocimiento no les ha permitido comprender por qué algunas personas con anemia drepanocítica están seriamente enfermas desde principios de su infancia mientras que otras sólo muestran síntomas moderados y mucho más tarde; tampoco les ha ayudado a desarrollar curas o incluso tratamientos efectivos. Las mejores terapias médicas para personas con anemia drepanocítica todavía se basan en antibióticos, que controlan las frecuentes infecciones que acompañan a la afección.

Resulta engañoso por parte de los defensores del Proyecto del Genoma prometer que el conocimiento de la secuencia y composición de todos los genes de los cromosomas humanos conducirá a la cura de un gran número de enfermedades. Es muy fácil encontrar proteínas asociadas a afecciones específicas, y con las técnicas actuales se ha hecho posible identificar genes que especifican la composición de estas proteínas. Dichos descubrimientos pueden ser útiles, ya que hacen posible producir grandes cantidades de proteínas, lo que facilitará la investigación de dichas afecciones. Sin embargo, esto no explicará necesariamente sus «causas» ni las curará.

Raramente se puede, de forma fácil, traducir información sobre secuencias de ADN en información útil para las células, los tejidos o el organismo completo. En el pasado, los científicos dedujeron la presencia de genes, así como sus funciones, observando cómo diferían unos organismos de los otros. No hay ninguna razón para dar por hecho que este argumento puede invertirse y que ahora los científicos van a ser capaces de identificar una función —o funciones— crítica de un gen una vez que lo hayan localizado, aislado y secuenciado. La «predicción de un diagnóstico genético» puede funcionar en algunas situaciones especiales en las que una secuencia de ADN concreta responde a características específicas y especiales que se dan sólo en pocas proteínas, pero la mayoría de las secuencias de ADN no contendrán tanta información.

Genetización

Se ha puesto de moda buscar explicaciones genéticas para la salud y la enfermedad. El discurso es el siguiente: los factores ambientales influyen en muchos aspectos de nuestra salud, pero al margen del hecho de que la gente que fuma corre mayor riesgo de contraer cáncer de pulmón que la que no fuma, no todo el que fuma tiene cáncer de pulmón y, al contrario, no todo el que tiene cáncer de pulmón fuma. Por lo tanto, algo ajeno al hecho de fumar distingue a las personas que tienen cáncer de las que no. Para los científicos que consideran que los genes son la base de toda nuestra biología, los genes son los principales acusados.

Conforme se vaya analizando el genoma humano con un mayor nivel de detalle, inevitablemente irán apareciendo correlaciones entre ciertas secuencias de ADN y enfermedades concretas u otros caracteres. Pero hasta que no se hayan analizado las secuencias de ADN en un gran número de personas será imposible distinguir correlaciones significativas de correlaciones accidentales. Desafortunadamente, en este punto cada correlación que aparece publicada en un artículo científico tiende a convertirse en un titular en las noticias. Cuando, pasado un tiempo, las publicaciones científicas constatan que la correlación era falsa, algunas veces la noticia se convierte en titular, pero a menudo no es así[14].

[14] Koren, Gideon, y Noami Klein (1991): «Bias Against Negative Studies in Newspaper Reports of Medical Research», *Journal of the American Medical Association*, vol. 266, pp. 1824-1826.

La confusión ya es bastante grande. En los últimos años se han anunciado genes «para» la maníaco-depresión, esquizofrenia, alcoholismo y cáncer asociado al tabaquismo. Las afirmaciones acerca de genes para la maníaco-depresión y la esquizofrenia se retiraron poco después de ser publicadas, y el gen del alcoholismo siguió la misma suerte más adelante, aunque se ha colado otro en las noticias. Estas supuestas identificaciones siempre se obtienen en un número reducido de personas, y cada «descubrimiento» de ese tipo viene acompañado de demasiada publicidad. Aunque, como los espejismos, muchos de estos genes desaparecen cuando uno trata de mirarlos más de cerca, resulta inevitable una confusión de afirmaciones y desmentidos, y hay demasiadas historias que han dejado a la gente con la impresión de que nuestros genes lo controlan todo.

En capítulos posteriores veremos con más detalle las pruebas que respaldan la contribución de los genes a distintos tipos de afecciones. Ahora lo que quiero es considerar la forma en que la imagen de los genes como centros de control ha expandido la categoría de «enfermedad genética».

En adición a las relativamente pocas y raras afecciones cuyos patrones de herencia pueden describirse por las leyes de Mendel, los científicos y médicos cada vez hablan más de «tendencias» o «predisposiciones» hereditarias a desarrollar afecciones complejas y generalizadas. En la mayoría de estos casos simplemente están usando la palabra «gen» como expresión abreviada de su creencia de que la afección es biológicamente hereditaria, aunque no estén seguros de que lo sea y no puedan predecir quién la heredará. Las afecciones complejas son variables e impredecibles, e implican una gran variedad de factores biológicos y ambientales. No está claro que la identificación de genes vaya a proporcionar una idea más clara de qué está ocurriendo.

Considerando la variedad de riesgos económicos y sociales a los que nos enfrentamos, parece una distracción de nuestros problemas obvios cotidianos centrarnos en los riesgos que podríamos almacenar en nuestros genes. Aún peor es la sugerencia de que sería un gesto de irresponsabilidad ir por la vida sin este conocimiento, aunque, una vez que lo tenemos, poco se puede hacer. Sí, podemos seguir una dieta más sana, pero sólo si nos podemos permitir pagarla, y sí, podemos decidir dejar de fumar y de beber, pero sólo si las circunstancias de nuestras vidas hacen posibles dichos cambios. De cualquier modo, estos cambios serían buenos para todos al margen de nuestras «predisposiciones» genéticas. La injustificada individualización de la responsabilidad sobre nuestra propia salud y la de nuestros hijos y el fatalismo que las pruebas genéticas pueden generar podrían apartarnos de hacer cosas que en otras circunstancias haríamos para mantenernos sanos.

En un artículo reciente, publicado en la revista científica *Genome*, el médico genetista Arno Motulsky asegura que «en el futuro aumentará la posibilidad de realizar predicciones concretas de enfermedades somáticas [es decir, físicas] y algunas psiquiátricas», aunque agrega que «en muchas afecciones las predicciones no serán cien por cien exactas», sino que sólo significarán que «una enfermedad determinada se dará con mayor probabilidad estadística que la esperada en la población general»[15]. Éste es un tipo curioso de «predicción exacta». Hace precisamente lo que Sylvia Tesh sugiere que hacen los científicos cuando tratan de apropiarse de nuestra salud: prometen grandes beneficios que en realidad aportan poco.

Al margen de los problemas científicos que rodean a la identificación de genes «para» determinadas afecciones y de los problemas sociales y personales que dichas predicciones pueden acarrear, nuestra infatuación actual de la genética sitúa a los genes en primer plano. Los pronunciamientos científicos y la manera en que son comunicados por la prensa a menudo dan a entender que, con un chasquido de dedos, los científicos pasarán de identificar un gen que sospechan que está asociado a alguna condición desventajosa, como el cáncer, a predecir si un individuo desarrollará dicha afección y, aún más, a curarla o prevenirla.

[15] Motulsky, Arno G. (1989): «Societal Problems in Human and Medical Genetics», *Genome*, vol. 31, pp. 870-875.

Veamos un ejemplo: en septiembre de 1990 una noticia publicada en la *Associated Press* anunciaba que «los científicos [...] han clonado un gen que participa en la comunicación entre las células del cerebro, un paso que podría llevar a obtener mejores medicinas contra la esquizofrenia y [...] podría algún día ayudar a los médicos a diagnosticar esquizofrenia y enfermedad de Parkinson antes de que aparezcan los síntomas»[16]. Éste es el tipo de cosas que los científicos y los escritores científicos dicen para suscitar interés. Todos hemos oído hablar de la esquizofrenia y de la enfermedad de Parkinson, y clonar «un gen que ayuda a comunicarse a las células del cerebro» suena impresionante. La afirmación puede ser verdad, pero la realidad puede ser mucho más complicada de lo que ellos defienden. Los científicos han identificado una secuencia de ADN, implicada en la síntesis de una proteína llamada *receptor de dopamina*, que se encuentra en las células del cerebro. La dopamina es una de las varias moléculas pequeñas que son liberadas por algunas células nerviosas en el cerebro y recogidas por otras. Esto es lo que quieren decir con la palabra «comunicar». Los científicos no saben lo que estas células del cerebro se «dicen» unas a otras ni tampoco cómo se transmiten exactamente lo que sea que se están comunicando. Simplemente saben que la dopamina y otros neurotransmisores están implicados.

También se piensa que la dopamina está implicada de algún modo en la enfermedad de Parkinson, ya que los temblores y otros síntomas en algunas personas que padecen esta afección, aunque no en todas, se reducen cuando toman dopamina o compuestos relacionados químicamente. De nuevo no se entiende lo que está funcionando, aunque la hipótesis es que mediante la unión y liberación de dopamina los receptores de ésta podrían regular la concentración y actividad de este compuesto químico en el cerebro. Si eso es así, el gen que especifica la estructura del receptor podría afectar a la actividad de la dopamina. La historia

[16] Ritter, Malcolm (1990): «Gene is Cloned in Search for Schizophrenia Drug», *Boston Globe*, 6 de septiembre, p. 9.

de la *Associated Press* cita a científicos que sugieren que una vez que este gen haya sido aislado podrán ser capaces de estudiar el receptor de la dopamina con mayor detalle y desarrollar medicamentos que modifiquen las interacciones del receptor con la dopamina.

En otras palabras, los científicos tratan de usar el gen como una herramienta bioquímica para estudiar el metabolismo de la dopamina y tratar de desarrollar medicamentos que imiten o neutralicen su acción. Éste es un plan razonable de experimentación bioquímica, pero lo que lo hace interesante para el público es su asociación con enfermedades familiares e historias sobre el funcionamiento del cerebro. Los biólogos moleculares también se sienten atraídos por estas asociaciones. Les gusta sentir que están llegando a la raíz del pensamiento y la acción de los humanos. Hemos vuelto al reduccionismo: la función del cerebro se explica en términos de la actividad de moléculas en el cerebro, así como de los genes que participan en la síntesis de dichas moléculas. De este modo, el comportamiento de la gente se explica en términos de función cerebral, así como de dichas moléculas y genes.

Necesitamos comprender los patrones que sustentan las grandilocuentes noticias científicas y el modo en que son plasmadas en la prensa, porque dan la impresión de que cada vez es más fácil para los científicos aislar genes y producirlos en cantidad. Se ha producido una multitud de reclamaciones terapéuticas debidas a la idea de que identificar una secuencia de ADN y la proteína cuya composición especifica conduciría a la cura de una afección asociada a dicha proteína. Siempre que se aísla una secuencia de ADN que especifica la composición de una proteína implicada en la habilidad de las células de multiplicarse o permanecer juntas los científicos dicen que están en vías de curar el cáncer. La localización de un gen que especifica una proteína implicada en el metabolismo del colesterol los coloca en posición de vencer la hipertensión, los infartos y las enfermedades cardíacas; y así otros tantos casos. Pero las relaciones metabólicas y sus desarreglos son demasiado complejos para permitir soluciones tan simplistas.

Calificación a partir de diagnósticos

Hay un argumento aún más rotundo contra la investigación que busca identificar genes «para» esta o aquella afección. El desarrollo de ensayos para detectar genes, o sustancias que afectan a su metabolismo, abre las puertas a la invención de un número ilimitado de discapacidades y enfermedades nuevas. Para cualquier metabolito u otro carácter que tenga una distribución normal en la población, a algunas personas se les puede calificar de tener «demasiado» y a otras de no tener «suficiente». (En términos matemáticos, *distribución normal* significa simplemente que la mayoría de la gente se agrupa en torno a algún valor medio que gradualmente va cayendo hacia cero a ambos lados del promedio o *media*; en sentido coloquial, «normal» significa aquello que la sociedad quiere que signifique.) Las empresas farmacéuticas y los médicos esperan hacer un buen negocio inventando nuevas enfermedades tan rápido como vayan apareciendo nuevas herramientas de diagnóstico que puedan descubrir o predecir su caso.

Veamos un ejemplo. Genentech, una de las empresas de biotecnología de primera generación, comercializa una forma de la hormona de crecimiento humana hecha por ingeniería genética. Antes esta hormona sólo podía obtenerse en cantidades mínimas, mediante su aislamiento a partir de glándulas pituitarias de cadáveres humanos. Cuando el suministro era limitado, la hormona de crecimiento humano se empleaba solamente para tratar niños con *enanismo pituitárico*, causado por una secreción reducida de esta hormona por la glándula pituitaria. Una vez que se pudo disponer de ella en cantidad, los médicos empezaron a recetarla para tratar a personas que secretan cantidades normales de hormona del crecimiento.

En una serie de experimentos se administró hormona del crecimiento a unos chicos que se consideraba que eran «demasiado bajos» para su edad. Una historia de portada del *New York Times Magazine* sobre estos experimentos cuenta que los científicos de Genentech han sugerido que es conveniente considerar a cualquier niño cuya altura recaiga en el tres por ciento inferior de la población como candidato al tratamiento[17]; pero está en la naturaleza de características como la altura que, al margen de cual sea la distribución promedio, siempre habrá un tres, cinco o diez por ciento de población más baja o más alta. El médico John Lantos y sus colegas señalaron que «de los tres millones de niños que nacen en EE.UU. al año, 90.000 estarán, por definición, por debajo del tres percentil para la altura». Este «tratamiento» no está libre de riesgo. No se ha dicho cómo se verá afectada la salud de estos niños por la inyección diaria de hormona del crecimiento. Sin embargo, como el tratamiento con hormona del crecimiento cuesta unos 20.000 dólares al año por niño, si cada uno de estos niños recibe un tratamiento durante cinco años, los ingresos potenciales para Genentech serán de unos 9.000 millones de dólares al año[18].

La altura no es la única característica para la que se está usando la hormona del crecimiento. Recientemente han estado circulando rumores de que los atletas la han estado usando para aumentar sus músculos. Como el nivel de hormona del crecimiento varía de una persona a otra, es más difícil detectar estos suplementos artificiales que los de los esteroides metabólicos que algunos atletas han venido usando con este propósito. Pero un exceso de hormona de crecimiento humano no es en absoluto inocuo. Las personas cuya glándula pituitaria secreta demasiada hormona de crecimiento a menudo desarrollan *acromegalia*, una afección que implica un crecimiento excesivo de los huesos de las manos, pies y cara. Por este motivo el uso de esta hormona para «tratar» a personas sanas parece difícilmente justificable.

Los investigadores también han sugerido que la administración de hormona de crecimiento a personas mayores podría ralentizar el proceso de envejecimiento. En julio de 1990 apareció un informe sobre el uso de hormona de crecimiento humana sintética con

[17] Worth, Barry (1991): «How Short Is too Short?», *New York Times Magazine*, 16 de junio, pp. 13-17, 28-29 y 47.

[18] Lantos, John; Mark Siegler y Leona Cuttler: «Ethical Issues in Growth Hormone Therapy», *Journal of the American Medical Association*, vol. 261, pp. 1020-1024.

este propósito. El experimento, publicado por diez médicos en Milwaukee y Chicago, implicaba a 21 hombres entre los 61 y los 81 años de edad[19]. Estos hombres no presentaban síntomas y fueron seleccionados simplemente porque, en dos mediciones sucesivas, sus niveles de hormona estaban en el tercio inferior del intervalo normal. A doce de ellos se les suministró suficiente cantidad de hormona de crecimiento humana para alcanzar los niveles del intervalo encontrado en «adultos jóvenes sanos». Los otros nueve sirvieron como «controles».

Como todos estos hombres estaban sanos desde un principio, los beneficios del tratamiento se midieron por los «síntomas» siguientes: masa de tejido adiposo, que tiende a aumentar con la edad; masa muscular total, que tiende a disminuir; y grosor de piel y densidad de huesos, que tienden a disminuir. El experimento mostró que, con un coste de 14.000 dólares al año, estos índices podían ser situados en un intervalo más «juvenil». Sin embargo, el autor de un editorial que lo acompaña señala que la administración a largo plazo de hormona de crecimiento puede producir diabetes, artritis, hipertensión, edema y fallo cardíaco congestivo[20]. Quizá una cuestión más importante es determinar si el hecho de que la hormona del crecimiento humano se pueda producir ahora en grandes cantidades justifica convertir el proceso normal de envejecimiento en enfermedad.

Historias como éstas demuestran que en una economía capitalista es virtualmente imposible desarrollar productos que sólo beneficien a unas pocas personas. Una vez que dicho producto pasa a estar disponible, y especialmente si su obtención ha sido cara, los productores harán lo que puedan para expandir su comercialización, incluso si su uso encierra peligros conocidos.

El mercado de «mejoras» artificiales dependerá simplemente de dónde decida cada uno trazar la línea para lo que se califica como

[19] Rudman, Daniel, y otros (1990): «Effects of Human Growth Hormone in Men Over 60 Years Old», *New England Journal of Medicine*, vol. 323, pp. 1-6.
[20] Vance, Mary Lee (1990): «Growth Hormone for the Elderly?», *New England Journal of Medicine*, vol. 323, pp. 52-54.

«anormal»; esto es lo que ocurre con cualquier carácter numérico: altura, peso, cantidad de grasa en el cuerpo, velocidad metabólica y otros. Ahora las empresas de biotecnología están produciendo hormonas del crecimiento; el paso siguiente obviamente es producir una «antihormona de crecimiento» que prometa ralentizar el crecimiento. Quizá las empresas puedan vendérsela a padres, especialmente de niñas a las que se les haya predicho pertenecer al tres por ciento más alto de la población.

Si un chico es «demasiado bajo» o una chica «demasiado alta», si los senos de una mujer son «demasiado grandes» o «demasiado pequeños», si un hombre desea haber nacido mujer o una mujer haber sido un hombre, sólo necesitan encontrar un médico que pueda administrar la sustancia adecuada y sus problemas desaparecerán; excepto que sus problemas, y los nuestros, sólo habrán empezado. Siempre habrá personas a las que les gustaría cambiar a sus hijos o a sí mismos, y los nuevos tratamientos médicos no curarán tales inseguridades. Mientras que cada desviación del estándar (norma preconcebida) sea considerada «anormal», los médicos, genetistas y empresas de biotecnología no se quedarán sin clientes.

CAPÍTULO 6

«TENDENCIAS HEREDITARIAS»: AFECCIONES CRÓNICAS

Algunas asunciones implícitas

Los intentos médicos para averiguar las raíces de futuras enfermedades en individuos sanos no comenzaron con la introducción de las pruebas genéticas. A finales de los años sesenta y primeros de los setenta el grupo Kaiser-Permanente y otras organizaciones para el mantenimiento de la salud (HMOs) intentaron instituir «programas de detección multifásica» a través de los cuales se solicitaba a clientes sanos, como parte de sus chequeos médicos, que se hicieran baterías de pruebas médicas cuyos resultados se introducían en bases de datos para generar «perfiles de predicción de enfermedades». Lo que los médicos esperaban obtener con la disponibilidad de estos perfiles era la ventaja de ser capaces de instituir medidas preventivas que mantuvieran sanas a las personas, en lugar de esperar a que contrajeran enfermedades para aplicarles algún tratamiento. Esto beneficiaría tanto a las HMOs como a los clientes, ya que no sólo se prevendrían enfermedades sino que se ahorraría mucho dinero en tratamientos.

Pronto se demostró el error de tales expectativas. Hasta los mejores ensayos producen un número significativo de resultados falsos, por lo que muchas clases diferentes de pruebas en decenas de miles de personas inevitablemente resultarían en una gran cantidad de diagnósticos incorrectos. Como resultado, incluso si el número de diagnósticos erróneos en cualquiera de las pruebas estuviera por debajo del uno por ciento, mucha gente sería tratada de manera inapropiada, lo que es peligroso para ellos y caro para la HMO. A pesar de estos problemas, la predicción de diagnósticos vuelve a estar en boga ahora que científicos y empresas de biotecnología están preparados para producir pruebas genéticas de predicción.

Cuando los resultados son correctos, los diagnósticos tempranos pueden parecer beneficiosos, pero, desafortunadamente, a menudo esto no es más que una ilusión. Por ejemplo, cuando se nos dice que los programas preventivos y diagnósticos tempranos han prolongado la vida a mujeres diagnosticadas de cáncer de pecho, debemos comprender que esto no significa necesariamente que vivan más tiempo de lo que habrían vivido en cualquier caso. Un diagnóstico temprano, por definición, aumenta el tiempo que una persona vive a partir del momento en que se le ha diagnosticado la afección, tanto si los tratamientos ayudan como si no. Por este motivo, se debe analizar con cuidado la publicidad sobre el aumento de las expectativas de vida gracias a la predicción presintomática y detección temprana antes de aceptarlas como un beneficio real de las pruebas de predicción.

Exponer a un gran número de personas a pruebas de diagnóstico siempre es arriesgado. Las susceptibilidades individuales varían de unas personas a otras, e incluso es probable que procedimientos de relativamente bajo riesgo sean peligrosos para ciertas personas. Por ejemplo, investigadores de la Universidad de Carolina del Norte sugieren que las mamografías inducen cáncer de pecho en muchas más mujeres de las que se suponía. Han detectado que, aparentemente, cerca del uno por ciento de euroamericanas hereda una susceptibilidad a radiación que las pone en situación de riesgo, incluso con dosis relativamente bajas, como es el caso de los rayos X liberados en las mamografías[1].

Como no hay forma de identificar a las personas que tienen esta hipersusceptibilidad, los investigadores sugieren a las mujeres, por seguridad, rigurosos exámenes periódicos en lugar de mamografías. Pero ¿qué pasaría si se hubiera desarrollado un ensayo para identificar a mujeres portadoras del gen que supuestamente les confiere una mayor susceptibilidad a la radiación? ¿Empezarían los médicos entonces a revisar a las mujeres para detectar a aquellas que podrían correr riesgos en pruebas posteriores, es decir, en las mamografías? Si vamos a instituir pruebas genéticas para detectar susceptibilidades a efectos potencialmente adversos de otras pruebas destinadas a detectar susceptibilidad a cáncer u otras afecciones, ¿dónde nos detenemos?

Algunas personas preguntan: «¿pero qué pasa si realmente tengo una tendencia genética a desarrollar una afección, como por ejemplo la hipertensión?, ¿no me ayudaría el hecho de saberlo?». Sí y no. Por un lado, tener esa u otra «tendencia» cualquiera no significa que se vaya a desarrollar esa afección y, por el contrario, no tener esa «tendencia», no significa que no se vaya a desarrollar. Es mejor seguir una dieta y realizar otros ajustes pertinentes para reducir la probabilidad de desarrollar hipertensión, independientemente de si se nos ha predicho esa «tendencia». Si no se puede o no se quiere realizar estos ajustes, descubrir una «tendencia» hereditaria probablemente no sirve de ayuda.

Desde hace poco, los médicos expertos en el tema han empezado a preguntarse si realmente merece la pena intentar reducir los niveles de colesterol y de presión sanguínea a valores dentro de un intervalo «normal» en personas sanas, mediante una dieta estricta, mucho ejercicio y, en algunas ocasiones, mediante medicamentos específicos para disminuir la presión sanguínea. Esta discusión fue provocada por la publicación en el *Journal of the American Medi-*

[1] Swift, Michael, y otros (1991): «Incidence of Cancer in Families Affected by Ataxia-Telangiectasia», *New England Journal of Medicine*, vol. 325, pp. 1831-1836.

cal Association de un estudio a largo plazo de 1.222 hombres finlandeses, ejecutivos de empresa, con edades comprendidas entre 40 y 53 años, que estaban bien físicamente pero tenían factores de riesgo para desarrollar enfermedades del corazón[2]. De entre estos hombres, 612 fueron tratados médicamente, mientras que los otros sirvieron de controles. Para su sorpresa, los científicos que realizaban el estudio encontraron que la proporción de muertes por ataque al corazón fue 2,4 veces superior en el grupo que recibió el tratamiento «preventivo» y un 45 por ciento más por alguna otra causa que entre los controles.

Un médico americano, al que el *Boston Globe* le pidió su opinión, dijo que «una desventaja de la estrategia de prevención masiva es que para salvar a unos pocos o ayudar a unos pocos hay que someter a un gran número de personas a medicación u otras intervenciones»[3]. Éste es un punto importante. Otro, como he dicho antes, es que para cualquier carácter numérico —altura, peso, presión sanguínea o niveles de colesterol— lo que se considera «normal» no es más que un asunto de definición. Quizá lo que en el estudio finlandés se consideraron niveles altos de colesterol y presión sanguínea eran normales para algunos de los hombres analizados.

Incluso en los casos en los que tomar medidas preventivas pudiera ser favorable, las circunstancias de nuestras vidas, como ingresos, trabajo y situación familiar, podrían hacer difícil o imposible «seguir las órdenes del médico». Que nos digan que tenemos una u otra «tendencia» no nos sirve de nada si no hay nada que podamos hacer con esa información. Las predicciones médicas, y sobre todo genéticas, no incrementan el control individual, sino que sitúan el origen de todas nuestras afecciones en nuestra biología, otorgando a médicos y científicos autoridad sobre ellas.

[2] Strandberg, Timo E., y otros (1991): «Long-term Mortality After 5-Year Multifactorial Primary Prevention of Cardivascular Diseases in Middle-aged Men», *Journal of the American Medical Association*, vol. 266, pp. 1225-1229.

[3] Knox, Richard A. (1991): «Study Finds Heart Deaths Rose Despite Care for Risks», *Boston Globe*, 4 de septiembre, pp. 1 y 6.

Mediante la eliminación del contexto social, las predicciones y calificaciones genéticas individualizan nuestros problemas, echan la culpa a la víctima («si te pones enfermo es porque tienes malos genes») y son autoritarias («¡deberías mirarte los genes y hacer lo que diga el médico!»). Sin embargo, las pruebas de predicción contienen muy poca información, ya que las respuestas que ofrecen casi siempre están expresadas en términos de probabilidades y dependen de otros factores.

Afecciones que se dan en familias

La manifestación de afecciones hereditarias puede variar considerable e impredeciblemente de un individuo a otro. La razón es que son muchos los factores, internos y externos, que afectan a nuestro desarrollo y funcionamiento. Esto es cierto tanto para nuestras características biológicas como para las psicológicas y sociales. Incluso afecciones como la enfermedad de Huntington, la fibrosis quística y la anemia drepanocítica, que siguen patrones de herencia predecibles, pueden exhibir un amplio espectro de síntomas que además difieren en severidad en distintas personas.

Se está atribuyendo cada vez más a los genes otras afecciones, que no muestran patrones de herencia predecibles pero parecen «darse en familias». Antes de examinar algunos ejemplos concretos recordemos el caso de la pelagra —deficiencia nutricional provocada por la carencia de nicotinamida—, que se pensó que era genética porque la carencia de esta vitamina se daba en familias pobres del sur de Estados Unidos (véase capítulo 2). Del mismo modo, a mediados del siglo XIX Francis Galton, el padre de la eugenesia, atribuyó tanto la superioridad intelectual y los logros profesionales de varias generaciones de ingleses de clase alta como los deplorables hábitos de «paupérrimos» y «criminales» a su constitución biológica hereditaria[4].

[4] Galton, Francis (1869): *Heredity Genius*, Londres, Macmillan.

En estos días cada vez se oye hablar menos de la transmisión biológica de la criminalidad —aunque en 1992 investigadores de la Universidad de Maryland anunciaron una conferencia sobre «factores genéticos en el crimen» financiada por el Proyecto del Genoma Humano, pero debido a las objeciones que suscitó, se les retiró la financiación[5]—, pero oímos muchas cosas sobre la posibilidad de que el alcoholismo y otras adicciones se hereden biológicamente, achacando a estas afecciones una panoplia de comportamientos socialmente inaceptables.

No nos debe sorprender que los biólogos moleculares establezcan asociaciones entre genes y afecciones o comportamientos complejos. Por supuesto que los genes participan en dichos procesos, ya que el ADN especifica la secuencia de aminoácidos de las proteínas implicadas en todas las funciones biológicas. Lo que ocurre es que dichos componentes «genéticos» serán, como mucho, parte de los factores implicados, y no debemos esperar que las afecciones con las que están asociados exhiban patrones de herencia predecibles.

Todos los caracteres biológicos son lo que, empleando la jerga genética, se describe como «poligénicos y multifactoriales»: implican muchos genes y procesos que tienen lugar dentro y fuera del organismo. El interés actual por descifrar dichos procesos se debe a la creencia de que la transmisión y el desarrollo de cualquier carácter pueden ser modelados por una jerarquía de «causas» presididas por el gen. A los médicos investigadores les gusta este modelo porque promete que, una vez que «el gen» haya sido identificado, será más fácil diagnosticar la afección y les ayudará a comprender sus bases moleculares y posiblemente a curarla. Según eso, serán capaces al menos de predecir una afección antes de que sus síntomas sean evidentes, en cuyo caso podrán intentar retrasar o prevenir sus manifestaciones.

En este y en el próximo capítulo veremos ejemplos de afecciones que algunas veces «se dan en determinadas familias» y el modo

[5] Hilts, Philip J. (1992): «Agency Rejects Study Linking Genes to Crime», *New York Times*, 6 de septiembre, p. 1.

en que los científicos esperan identificar secuencias de ADN que puedan servir como «marcadores» genéticos para predecir dichas afecciones. La posibilidad de que este proyecto se pueda realizar es cuestionable, ya que las poblaciones humanas son muy variables. Una secuencia de ADN, que es un marcador para un determinado carácter en una familia, podría no estar relacionado con ese carácter en otra familia. Aún así, dichos marcadores tenderán a generar miedos innecesarios o, por el contrario, a ofrecer una confianza sin garantías.

Diabetes

La diabetes es una perturbación del metabolismo de los carbohidratos caracterizada por la presencia de altas concentraciones de *glucosa* en sangre. Del dos al cuatro por ciento de la población en los países industrializados y del 0,1 al uno por ciento en los países más pobres padece diabetes[6]. Los investigadores médicos reconocen dos formas de diabetes: diabetes tipo 1 y diabetes tipo 2. Cerca del diez por ciento de las personas con diabetes manifiestan el tipo 1. En Escandinavia, donde la incidencia es mayor, esto supone cuatro de cada 1.000 personas. La diabetes tipo 1 aparece normalmente durante la adolescencia, aunque puede iniciarse antes o más adelante y surgir de repente. Por el contrario, la diabetes tipo 2 tiende a aparecer gradualmente y no hasta que las personas han alcanzado la mediana edad. A menudo, las personas que desarrollan diabetes tipo 2 son considerablemente más gruesas que la media para su estatura.

Los patrones metabólicos que encierran estas dos formas de diabetes son muy diferentes. La diabetes tipo 1 resulta de la destrucción de células del páncreas, que son las que normalmente producen insulina —hormona implicada en el metabolismo del

[6] Bell, G. I., y otros (1987): «The Molecular Genetics of Diabetes Mellitus», en *Molecular Approaches to Human Polygenic Diseases*, Chichester (Inglaterra) y Nueva York, Ciba Foundation Symposium, John Woley and Sons, pp. 167-183.

azúcar. Se piensa que la diabetes tipo 1 implica al sistema inmune, siendo el resultado de una respuesta alérgica a compuestos químicos tóxicos del ambiente, a una infección viral o a otro estímulo sin identificar. Como las personas que tienen este tipo de diabetes pierden la capacidad de producir insulina, esencial para el metabolismo de carbohidratos, deben recibir con regularidad la cantidad necesaria de esta hormona.

Por el contrario, las personas con diabetes tipo 2 secretan cantidades normales o por encima de lo normal de insulina, pero sus tejidos desarrollan una insensibilidad a ella, por lo que la insulina pierde su eficacia metabólica. La diabetes tipo 2, con diferencia la más común de las dos formas, a menudo puede ser aliviada con una dieta baja en carbohidratos y grasas, en especial cuando se acompaña de una práctica moderada de ejercicio. De hecho, un estudio realizado con 6.000 hombres de mediana edad, publicado en el *New England Journal of Medicine*, demostró que la práctica regular de ejercicios como correr, montar en bicicleta y nadar reducía considerablemente la incidencia de diabetes tipo 2[7].

Informando sobre este estudio, Dolores Kong escribió en el *Boston Globe* que «los más beneficiados por la práctica de ejercicio físico fueron hombres que se encontraban en situación de alto riesgo debido a su obesidad o a que tenían antecedentes familiares de diabetes». Cita al Dr. Evans, del Human Nutrition Research Center (Centro de Investigación de Nutrición Humana) del Departamento de Agricultura de EE.UU., situado en la Universidad de Tufts, quien afirma que «durante muchos años hemos pensado que esta clase de insensibilidad a la insulina era una consecuencia inevitable de hacerse mayor, [pero ahora] parece que no es más que el resultado de la falta de actividad física durante toda la vida. Esto significa que el proceso es totalmente reversible»[8]; aun-

[7] Helmrich, Susan P., y otros (1991): «Physical Activity and Reduced Occurrence of Non-Insulin-Dependent Diabetes Mellitus», *New England Journal of Medicine*, vol. 325, pp. 147-152.

[8] Kong, Dolores (1991): «Exercise Can Help Prevent Diabetes, Large Study Says», *Boston Globe*, 18 de julio, p. 9.

que ello no descarta la posibilidad de que la diabetes de tipo 2 tenga un componente genético, reconoce que hay otros factores que claramente desempeñan un papel importante.

Los biólogos moleculares creen que hay varias proteínas implicadas en el desarrollo de diabetes tipo 2, entre las que se encuentran la insulina y el «receptor de la insulina» —proteína situada en la superficie de las células a la que se tiene que unir la insulina para poder ejercer su efecto metabólico. Por el momento, la búsqueda se centra en la localización, identificación y secuenciación de los genes que especifican la secuencia de aminoácidos de la insulina y de su receptor.

Los biólogos moleculares piensan que el gen de la insulina se encuentra en el cromosoma 11, y el gen implicado en la síntesis del receptor de la insulina, en el cromosoma 19, aunque el receptor de la insulina podría estar constituido por más de una proteína. Una vez que se tenga suficiente información sobre la estructura y localización de estos dos genes, los científicos serán capaces de desarrollar pruebas para detectar diferencias en sus secuencias de bases. De este modo, dichas pruebas podrían ser empleadas para predecir una «predisposición» a desarrollar diabetes tipo 2 en personas sanas pertenecientes a familias con antecedentes de dicha afección.

Sin embargo, no todas las diferencias en las secuencias de bases de estos genes darán como resultado cambios en el funcionamiento de las proteínas que especifican, y no hay forma de saber por adelantado cuáles serán los cambios significativos. Hasta la fecha, los científicos han identificado varias mutaciones en ambos genes, el «gen de la insulina» y el «gen del receptor», pero ninguna de ellas parece estar relacionada con la incidencia de diabetes tipo 2[9].

Toda esta investigación se ha realizado con la esperanza de obtener una prueba para predecir la «predisposición» a desarrollar una afección que mucha gente podría evitar cambiando su dieta y

[9] Helmrich, Susan P., y otros: «Physical Activity and Reduced Occurrence of Non-Insulin-Dependent Diabetes Mellitus», op. cit.

haciendo ejercicio con regularidad. Seguramente, sería más efectivo educar a todo el mundo sobre la importancia de la dieta y del ejercicio, y trabajar para crear las condiciones económicas y sociales que puedan permitir a más gente vivir de forma sana, en lugar de gastar tiempo y dinero en intentar encontrar alelos «aberrantes» e identificar individuos cuya constitución genética podría (o no) ponerlos en una situación especial de riesgo.

Por otro lado, ¿qué pasa con la diabetes tipo 1? La susceptibilidad a diabetes tipo 1 parece agruparse en familias y en poblaciones específicas, como por ejemplo entre personas de origen norteeuropeo. Si un niño tiene diabetes tipo 1, la probabilidad de que la desarrolle otro de sus hermanos es del seis por ciento, o 20 veces mayor que la de la población general. Aunque esto parezca indicar un componente genético, resulta que un gemelo idéntico de alguien que desarrolla diabetes tipo 1 tiene tan sólo una probabilidad del 36 por ciento de desarrollar la afección[10]. Esta probabilidad es superior que para hermanos que no son gemelos, pero prueba que los genes no pueden ser el único factor determinante. En cualquier caso, desde que se piensa que agentes ambientales tóxicos e infecciones virales provocan diabetes tipo 1, las correlaciones familiares no necesitan apuntar a un origen genético, ya que hermanos que viven juntos a menudo están expuestos a los mismos agentes ambientales.

Aún así, los biólogos moleculares están intentando desarrollar pruebas genéticas para predecir esta afección. En este caso, no están rastreando el «gen de la insulina», sino genes implicados en la síntesis de proteínas que participan en reacciones inmunes, los cuales se piensa que están localizados sobre el cromosoma 6. Fuere lo que fuere que encontrasen, podemos estar seguros de que el diagnóstico de predicción será, en el mejor de los casos, incierto, tanto por las complejidades del sistema inmune como porque nadie sabe qué factores disparan esta respuesta inmune concreta.

[10] Todd, John A., y otros (1991): «Genetic Analysis of Autoimmune Type 1 Diabetes Mellitus in Mice», *Nature*, vol. 351, pp. 542-547.

Soy profundamente escéptica con respecto a esta línea de investigación. No es útil, ni incluso posible, traducir las complejas relaciones entre los muchos factores que participan en el metabolismo, crecimiento y desarrollo en jerarquías de causas con los genes a la cabeza. Sin embargo, lo que me preocupa no es que dichos proyectos de diagnóstico y terapia puedan fallar. Los fracasos son parte integral de la investigación y a menudo son educativos. El problema es que, al margen de los fallos prácticos, los proyectos triunfarán simplemente por el hecho de reforzar la ideología genética. Dichas creencias, especialmente cuando se asocian a afecciones como la diabetes, cuya incidencia probablemente se podría reducir con medidas educativas y de salud pública, apoyan la negligencia endémica de nuestro sistema de salud pública y política actual.

Hipertensión, enfermedades cardíacas e infartos

Un gran número de personas en las regiones industrializadas del mundo sufren afecciones asociadas a la acumulación de sustancias grasas en la parte interna de las paredes de los vasos sanguíneos o en las válvulas encargadas de guiar el flujo sanguíneo por las cavidades del corazón. El término médico general para este conjunto de afecciones es *arteriosclerosis* —*arter* se refiere a los depósitos de grasas, y *esclerosis*, a la reducción de la flexibilidad de las paredes de los vasos sanguíneos o de las válvulas del corazón. La excesiva rigidez de estos músculos, ordinariamente flexibles, puede dar lugar a problemas de salud tan comunes como presión sanguínea alta (también llamada *hipertensión*), ataques al corazón e infartos.

Ciertas sustancias grasas, llamadas *lípidos*, están implicadas en la producción de arteriosclerosis. Al ser grasas, no se mezclan con el agua, medio básico de nuestro organismo, por lo que para moverse por el cuerpo tienen que combinarse con una clase especial de proteínas formando unos complejos llamados *lipoproteínas*. Por otro lado, otras proteínas situadas sobre la superficie de algunas células en las que las lipoproteínas realizan sus funciones sirven como receptores de dichas lipoproteínas y, además, hay numerosas enzimas implicadas en el metabolismo de lípidos y lipoproteínas. En consecuencia, como las secuencias de aminoácidos de todas estas proteínas están especificadas en el ADN, numerosas secuencias de ADN podrían estar implicadas en el desarrollo de este tipo de problemas de salud.

Al igual que muchas afecciones crónicas, la hipertensión y otras alteraciones relacionadas se suelen agrupar en familias. Por este motivo la mayoría de los médicos, al margen de que todo el mundo reconozca factores de riesgo como el «estilo de vida», una dieta inapropiada, falta de ejercicio o fumar, asumen que hay implicados «factores de riesgo genéticos», especialmente en familias cuyos miembros presentan estos problemas a una edad relativamente temprana.

Empleando el término «estilo de vida» no quiero asumir que estos factores sean siempre el resultado de una libre elección. Muchos factores económicos, culturales y sociales, incluyendo los esfuerzos corporativos para promover el consumo de tabaco y otros hábitos claramente insanos, afectan a lo que la gente come o bebe, el tiempo y la energía que pueden dedicar a realizar un ejercicio sano y si se hacen adictos a cigarrillos, alcohol u otras drogas que aumentan el riesgo de ataque al corazón o infarto.

Al igual que la diabetes, los problemas de salud relacionados con arteriosclerosis resultan de la interrelación entre factores genéticos y ambientales. Se conocen algunas —aunque no todas— de las proteínas implicadas en el transporte y metabolismo de lípidos, pero por el momento nadie ha identificado las secuencias de ADN implicadas en su síntesis. Actualmente, la investigación a nivel molecular se centra en la identificación de los RFLPs que se pueden relacionar con la aparición de alguna de estas afecciones (véase capítulo 4).

Como hemos visto, dichos estudios de correlación requieren una amplia base de datos que catalogue variaciones dentro de familias extensas. Podría ser que los investigadores encontraran marcadores genéticos asociados a afecciones específicas, pero por el momento dichos estudios de predicción tienen un escaso valor, si es que tienen alguno, para personas concretas, que, después de todo, es lo que la gente quiere.

Incluso si los investigadores consiguen dar con una prueba que permita demostrarles a algunas personas en particular que tienen una probabilidad mayor que la media de desarrollar arteriosclerosis, surgiría de nuevo la cuestión de si beneficiará a dichas personas el hecho de saber, mucho antes de que experimenten los síntomas, que están en una situación especial de riesgo. El argumento a favor de proporcionar ese tipo de información es que podría permitir a las personas tomar precauciones como, entre otras, la de comer menos grasas saturadas y menos carne roja y la de dejar de fumar. Sin embargo, es igual de probable que el hecho de advertir a la gente de futuras enfermedades los haga fatalistas como que los estimule a la acción.

A la gente le cuesta mucho mantener sus buenos propósitos, tanto si saben que corren un riesgo como si no. Nuestras «decisiones» están determinadas por muchos factores personales y culturales. Así, por ejemplo, resulta difícil convencer a personas, que han crecido creyendo que la mantequilla, la leche entera y la carne roja son buenas para ellos, de que una dieta basada en tofu, arroz integral y lentejas es mucho más sana. No importa el resultado de las pruebas de predicción; no es raro que la gente fracase a la hora de realizar los cambios necesarios en sus hábitos de vida y, si son capaces de cambiarlos, vivir de una forma saludable es beneficioso para cualquiera. Como los riesgos de futuras enfermedades no se pueden predecir fácilmente, sería mejor ayudar a todo el mundo a comer y vivir de una forma más sana en lugar de segregar a unos pocos individuos tachándolos de sujetos de «alto riesgo».

Recientemente, algunos médicos han sugerido que se examine el nivel de colesterol de los niños para identificar a aquellos que podrían correr el peligro de desarrollar hipertensión y enfermedades cardíacas a una edad adulta; otros médicos no están de acuerdo[11]. Que yo sepa, por el momento nadie ha sugerido que se hagan pruebas prenatales, pero estoy segura de que alguien lo hará dentro de muy poco tiempo. Ninguna de estas predicciones tiene sentido en el caso de afecciones como éstas, que son muy variables tanto en la edad de aparición como en su duración y que se ven influidas por muchos factores no genéticos.

Antes de dejar este tema querría mencionar un asunto que ha surgido en repetidas ocasiones. La hipertensión es más frecuente entre afroamericanos que entre euroamericanos, como lo son casi todas las afecciones médicas agudas y crónicas. Se han alegado muchas razones económicas y sociales para explicar esta disparidad, todas ellas obviamente relacionadas con el racismo; sin embargo, como siempre, algunos expertos se las han apañado para salir con explicaciones genéticas.

Finalmente, se acaba diciendo que los afroamericanos son negros y que los euroamericanos son blancos, y eso es claramente genético. Entonces, ¿por qué no asumir que hay diferencias genéticas en otras facetas biológicas, como puede ser la susceptibilidad a varias afecciones? Pues bien, este razonamiento está basado en una falacia. «Negro», en Estados Unidos, es más una definición política que genética. Pocos afroamericanos, si es que hay alguno, constituyen una línea pura africana. Violaciones, coacciones e incluso elecciones personales de mujeres negras han resultado en una gran mezcla genética. Pero como cualquier rasgo físico de descendencia africana es suficiente para que a uno lo etiqueten de negro, Estados Unidos está lleno de gente «negra» que genéticamente es tan europea como africana. Su «negritud» es un asunto de definición arbitraria, no de biología. De hecho, hay más diferencias genéticas entre africanos o entre europeos que entre «blancos» y «negros» en Estados Unidos[12].

[11] Newman, Thomas B.; Warren S. Browner y Stephen B. Hulley (1990): «The Case Against Chilhood Cholesterol Screening», *Journal of the American Medical Asociation*, vol. 264, pp. 3039-3043.

[12] Lewontin, Richard (1982): *Human Diversity*, Nueva York, Sientific American Books, cap. 8 [ed. cast. (1984): *La diversidad humana,* Barcelona, Prensa Científica].

Recientemente Thomas Wilson y Clarence Grim, del *Hypertension Research Center* (Centro de Investigación de la Hipertensión) de la Universidad Charles R. Drew, Los Ángeles, han ofrecido una nueva explicación de por qué los afroamericanos son más susceptibles a desarrollar hipertensión que los euroamericanos o africanos. Sugieren que algunos de los cautivos africanos tenían alelos que les hacían retener más sal que la retenida por individuos sin esos alelos, hecho que les permitió sobrevivir a la dureza del calor, así como a las fiebres altas, vómitos y diarreas que experimentaron en los barcos de esclavos y en las plantaciones. Estos investigadores dicen que esas presiones selectivas han resultado en la tendencia hereditaria de retener sal, hecho que en las condiciones de vida actuales es un inconveniente, ya que produce hipertensión y otras alteraciones relacionadas[13].

Me muestro escéptica ante esta explicación. Para que se den efectos notables, las presiones evolutivas selectivas deben actuar a lo largo de muchas generaciones. Incluso en el caso de cataclismos como fueron el transporte de esclavos y la esclavitud, no es probable que hayan afectado a la distribución de genes en la población de esta forma. La bióloga y antropóloga Fatimah Jackson ha dicho que «los sucesos históricos que acompañan a la esclavitud, tanto el estrés como la mezcla de poblaciones anteriormente separadas, aumentaron probablemente la diversidad genética entre afroamericanos en lugar de reducirla»[14]. Parece claro que las desventajas sociales y económicas, así como otros efectos del racismo, inducen niveles crónicos de estrés, lo que, combinado con el alto contenido en sal de la actual dieta americana, predispone a los afroamericanos a la hipertensión y a alteraciones asociadas[15].

[13] Wilson, Thomas W., y Clarence E. Grim (1991): «Biohistory of Slavery and Blood Pressure Differences in Blacks Today: A Hypothesis», *Hypertension*, vol. 17, suplemento I, pp. 122-128.
[14] Jackson, Fatimah Linda Collier (1991): «An Evolutionary Perspective on Salt, Hypertension, and Human Genetic Variability», *Hypertension*, vol. 17, suplemento I, pp. 129-132.
[15] Fackelmann, Kathy A., «The African Gene?», *Science News*, vol. 140, pp. 254-255.

Cáncer

Los biólogos están fascinados con el cáncer, no sólo porque es un problema de salud serio, sino porque es la manifestación de un crecimiento celular anómalo. Si los científicos entendieran cómo se desarrollan los tumores, entenderían mucho mejor de lo que lo hacen ahora cómo funcionan otros tejidos y cómo se mantienen a sí mismos.

Como vimos en el capítulo 4, todas las células de mi cuerpo surgieron de una única célula que se generó por la fusión de uno de los óvulos de mi madre y uno de los espermatozoides de mi padre. Por este motivo, todas mis células contienen el mismo conjunto de cromosomas y genes. Sin embargo, mis células musculares tienen un aspecto y función diferente de los de mis células epidérmicas, células del cerebro o células sanguíneas y linfáticas. Todas estas células tienen el mismo contenido de ADN, pero día tras día cada una se comporta como se supone que se tiene que comportar. Esto sucede a pesar del hecho de que todas ellas tuvieron una vez, y todavía tienen en gran parte, el potencial genético para comportarse como cualquiera de las otras.

Normalmente, las células de un tejido se dividen siguiendo la pauta característica de ese tejido. De este modo, incluso una vez que dejé de crecer, las *células epiteliales* de la superficie externa de mi piel han continuado dividiéndose a un buen ritmo, y lo mismo ha ocurrido con las células epiteliales de mis pulmones, tracto digestivo y conductos de la leche de mis pechos. Por el contrario, mis células nerviosas y musculares dejaron de crecer mucho antes de que yo lo hiciera. El caso de las células de mi hígado es un caso intermedio, ya que, desde que dejé de crecer, sólo se han dividido en raras ocasiones, pero podrían dividirse para responder a demandas especiales.

Si se da una mutación en una célula de un tejido especializado, esa célula podría dejar de comportarse como un miembro característico de ese tejido y empezar a dividirse siguiendo su propio programa individual. Esto podría iniciar un crecimiento que no está integrado en la función ni en el patrón metabólico normal del tejido. El crecimiento puede convertirse en un nódulo o un pólipo y dar paso a un tumor. Si el crecimiento permanece confinado dentro del tejido en el que ha surgido, normalmente es considerado benigno. Cuando un tumor benigno se hace demasiado grande o empieza a interferir con la función de ese tejido se puede extirpar por cirugía —éste es el caso de los tan comunes cánceres de células basales de la piel.

En los tipos de cánceres que preocupan a la gente, no todas las células que forman el tumor se quedan en el sitio donde se originaron. Algunas de ellas se desprenden y pasan al torrente sanguíneo o a la linfa, lo que les permite viajar hasta tejidos lejanos, adherirse a ellos y formar nuevos tumores. A este estado de colonización se le llama *metástasis*. La metástasis puede hacer que el cáncer sea mortal si invade órganos vitales, como el hígado o el cerebro, o si los tumores llegan a ser demasiado numerosos como para poder extirparlos. La progresión desde las primeras etapas del cáncer hasta las últimas puede durar varios años. En la vida normal de un tejido este proceso se inicia varias veces, pero lo normal es que se interrumpa de repente y no llegue a formar ningún cáncer. Para controlar los efectos del cáncer los biólogos necesitan aprender mucho más, no sólo de cómo evitar que se produzca la mutación inicial sino de cómo impedir que las células mutadas crezcan y proliferen.

Al igual que las células epiteliales y las células musculares se dividen a velocidades muy diferentes, también difieren en la probabilidad de desarrollar cáncer. En general, cuanto mayor es la velocidad a la que se dividen las células de un tejido, más fácil será que se desarrolle un cáncer en dicho tejido. Esto se debe a que es más probable que los errores (mutaciones) surjan durante la división celular, cuando se duplica el ADN; por un lado, porque el proceso de duplicación no es perfecto; por otro, porque en ese momento el ADN es más sensible a carcinógenos. Como las células epiteliales se dividen a lo largo de toda la vida, los cánceres surgen con relativa frecuencia en la piel, pulmones, tracto digestivo, vejiga y pechos[16].

¿Dónde se sitúa la genética en nuestra comprensión de los mecanismos del cáncer? En este punto, la mayoría de los científicos están de acuerdo en que hay implicadas mutaciones genéticas en el cáncer, pero las mutaciones relevantes se dan casi siempre en células diferenciadas del individuo. Normalmente, cuando los científicos hablan de «genes del cáncer» no se refieren a genes que los padres transmiten a los hijos en sus óvulos y espermatozoides; sin embargo, tal y como se habla en los medios de comuicación de «genes del cáncer», a menudo implica lo contrario, y es importante que entendamos esto bien. Los científicos están hablando de genes que pasan de una célula madre, procedente de cualquiera de los tejidos del individuo, a sus dos células hijas cuando ésta se divide; por ejemplo, cuando se caen las células muertas de la piel, éstas son reemplazadas por células epiteliales nuevas. Cuando oigamos los términos «genética del cáncer» o «genes del cáncer» deberemos tener presente que sólo en raras ocasiones se dan mutaciones cancerosas en óvulos o espermatozoides, de modo que no es corriente que se transmita de padres a hijos. De hecho, no es más probable que gemelos idénticos desarrollen el mismo cáncer que lo hagan otros hermanos, a pesar de haber nacido con el mismo material genético[17].

Todos los científicos están de acuerdo en que la presencia de agentes causantes del cáncer, o *carcinógenos*, en el ambiente aumenta la probabilidad de que se den mutaciones que desencadenen la afección. Los carcinógenos ambientales, como compuestos químicos, radiaciones y probablemente virus, son responsables del 70 al 90 por ciento de los cánceres[18]. La American Cancer Society

[16] Albanea, Demetrius, y Myron Winnick (1988): «Are Cell Number and Cell Proliferation Risk Factors for Cancer?», *Journal of the National Cancer Institute*, vol. 80, pp. 772-775.

[17] Cairns, John (1978): *Cancer: Science and Society*, San Francisco, W. H. Freeman y cols., p. 53.

[18] Epsteis, Samuel S. (1978): *The Politics of Cancer*, San Francisco, Sierra Club Books, p. 23. Doll, Richard, y Richard Preto (1981): «The Causes of Cancer: Quantitave Esti-

informó de que en los cinco años comprendidos entre 1984 y 1989 se dobló el porcentaje de muerte por cáncer en Alaska y aumentó un 50 por ciento en Nevada, Hawai y Puerto Rico. Claramente, esta tendencia no refleja un cambio repentino en los patrones de herencia, sino que está relacionada con la industrialización y urbanización y, en el caso de Nevada, con pruebas nucleares, con el consiguiente aumento de carcinógenos en el ambiente.

Presumiblemente, los factores ambientales desempeñan un cierto papel en el origen del cáncer mediante el aumento de la probabilidad de mutaciones, pero nadie cree que una simple mutación sea suficiente para producir un cáncer. Según la interpretación actual de los científicos, una vez que se ha dado una mutación que puede iniciar un patrón de divisiones celulares descontroladas, en esa misma célula tendrá que darse una serie de sucesos posteriores antes de que se desarrolle un tumor canceroso y se extienda más allá de su sitio de origen. Se piensa que hay factores en el ambiente que provocan mutaciones posteriores capaces de promover o restringir el paso de alteración «precancerosa» a cáncer.

Oncogenes y antioncogenes

Hoy en día los biólogos moleculares reconocen dos clases de genes implicados en el origen del cáncer: los *oncogenes* y los *antioncogenes* (*onco* viene del griego y significa «masa o tumor»). Se piensa que los oncogenes están implicados en la síntesis de las proteínas que promueven la división celular mientras que los antioncogenes están implicados en la síntesis de las proteínas que inhiben, o contrarrestan, los efectos de los oncogenes[19]. Actualmente ya se han aislado segmentos de ADN que parecen cumplir estas funciones.

mates of Avoidable Risks of Cancer in the United States Today», *Journal of the National Cancer Institute*, vol. 66, pp. 1191-1308 (p. 1205).

[19] Weinberg, Robert A. (1983): «A Molecular Basis of Cancer», *Scientific American*, vol. 249, noviembre, pp. 126-142. Weinberg, Robert A. (1988): «Finding the AntiOncogene», *Scientific American*, vol. 259, septiembre, pp. 44-51.

A partir de una línea celular cultivada en laboratorio, obtenida de células de cáncer de vejiga humana, los científicos han aislado un gen muy semejante a un gen humano ordinario pero con algunas diferencias mínimas que le permiten iniciar un crecimiento descontrolado: el principio de un cáncer. En ciertos casos, al gen que puede mutar pasando a ser un oncogén se le llama *protooncogén*, pero no está claro si sólo clases especiales de genes pueden transformarse en oncogenes o si cualquier gen puede ser un protooncogén; aparentemente, el cambio de una sola base puede convertir a un gen en protooncogén. Por otro lado, parece que si un mismo gen se transforma en oncogén en diferentes tejidos, da tumores característicos del tejido donde la mutación ha tenido lugar.

Además de cambios de bases, hay otras transformaciones que pueden convertir genes en oncogenes; por ejemplo, la transposición de un gen de un cromosoma a otro. Algunos oncogenes no parecen haber sufrido ningún cambio en su secuencia de bases, sino que la «mutación» consiste en que la célula tiene muchas más copias de ese gen de las dos normales, lo que parece determinar que la célula se divida demasiado a menudo e inicie un tumor canceroso. Cuáles son las proteínas que están asociadas con la estimulación o con la obstaculización de dichos cambios es todavía un misterio, pero es probable que sus actividades distorsionen el patrón normal de crecimiento.

Los antioncogenes, también llamados «genes supresores de tumores», intervienen en este proceso en virtud del hecho de que el crecimiento normal es resultado del equilibrio entre las actividades metabólicas que estimulan el crecimiento y las que lo limitan. Se piensa que los antioncogenes especifican la síntesis de proteínas que impiden que ciertos genes actúen de oncogenes, siendo éste el modo de impedir que se forme un cáncer. Por esta razón, una mutación carcinogénica en un antioncogén suprime sus efectos metabólicos normales. Hay otra diferencia en el modo en que oncogenes y antioncogenes se relacionan con el desarrollo del cáncer: mientras que los oncogenes parecen generarse por una mutación de un gen precursor (un protooncogén) en el tejido en el que aparece el tumor, razón por la que no se pueden transmitir de padres a hijos, hay algunas pruebas que demuestran que antioncogenes mutados pueden pasar a formar parte de la línea germinal.

Un alelo mutado de un gen llamado p53, que se cree que es un antioncogén, parece estar asociado a una gran variedad de cánceres, incluyendo los cánceres de colon, pecho y pulmón. En estudios de familias, hubo un mayor número de personas que desarrollaron cáncer entre los portadores de este alelo que entre sus familiares portadores del alelo p53 normal[20]. No obstante, es importante tener presente que muchas de las personas con el alelo mutante no desarrollaron cáncer y, por el contrario, la mayoría de las personas que desarrollan cáncer no portaban el gen p53 mutado.

Como he dicho, hay razones para creer que hace falta más de una mutación para iniciar el crecimiento de un tumor. La producción de un oncogén o un antioncogén defectuoso es sólo un suceso dentro de una serie de sucesos necesarios. Los biólogos moleculares especulan con que diferentes oncogenes podrían entrar en la cadena en diferentes etapas, pero, de nuevo, tienden a pensar en términos de secuencias lineales, que podrían no ser en absoluto el modelo apropiado. Como el cáncer representa un cambio en el patrón de crecimiento y desarrollo, genes, proteínas y otros metabolitos, y varios factores ambientales, están sin duda interrelacionados de diferentes modos complejos.

Prevención y control del cáncer

Si los cánceres son el resultado de varias mutaciones sucesivas y otros incidentes, esto explicaría por qué suele haber un lapsus de

[20] Toguchida, Junya, y cols. (1992): «Prevalence and Spectrum of Germline Mutations of the p53 Gene Among Patients with Sarcoma», *New England Journal of Medicine*, vol. 326, pp. 1301-1308. Malkin, David, y otros (1992): «Germline Mutations of the p53 Tumor-Suppressor Gene in Children and Young Adults with Second Malignant Neoplasms», *New England Journal of Medicine*, vol. 326, pp. 1309-1315.

varias décadas entre el cambio inicial y la aparición de una lesión cancerosa. Probablemente, ésta sea la razón por la que, en general, el cáncer es una enfermedad que se da en personas mayores. También explicaría por qué los cánceres que se dan en niños y personas jóvenes tiende a progresar con rapidez, ya que los cambios iniciales ocurren a edad temprana, cuando todavía hay divisiones celulares frecuentes en todos los tejidos.

Debido a que la historia natural de la mayoría de los cánceres comprende un tiempo de retardo tan largo entre el suceso inicial y la aparición de síntomas, los médicos y biólogos especializados en terapia del cáncer (los oncólogos) creen que si pudieran detectar una proliferación celular aberrante podrían detenerla, o al menos ralentizarla, antes de llegar a degenerar en cáncer. Por desgracia, excepto en el caso de cérvix y piel, la mayoría de los epitelios (que, como vimos, es donde los cánceres aparecen con mayor frecuencia) son relativamente inaccesibles: pulmones, pecho, tracto digestivo, páncreas, próstata y otras glándulas, lo que hace que la detección temprana sea difícil.

Como el 80 por ciento de los cánceres son de origen ambiental, no nos debe sorprender que la mayoría de ellos (56 por ciento) se den en el epitelio que está en contacto con el medio externo: piel, colon, estómago, pulmones y cérvix; otro 36 por ciento se da en el epitelio interno del pecho, próstata, ovarios, vejiga y páncreas, y sólo el ocho por ciento restante aparece en huesos y tejidos de soporte asociados y en los órganos que generan sangre (estos cánceres son las leucemias y los linfomas). Aunque los médicos reconocen unas 200 variedades de cáncer, tan sólo una docena de éstos son los responsables de cuatro quintos de las muertes por esta enfermedad, siendo los cánceres de colon, pulmón y pecho los responsables de la mitad de estas muertes[21].

Es importante darse cuenta de que dichas estadísticas oscurecen tanto como aclaran. La incidencia de los distintos tipos de cáncer ha variado enormemente a lo largo del tiempo, y entre los

[21] Cairns, John: *Cancer: Science and Society*, op. cit., p. 22.

distintos países y regiones. La incidencia mundial de algunos cánceres comunes puede variar tanto como 300 veces de una región a otra. El cáncer de pulmón era poco común en el siglo XIX, pero ahora es la forma de cáncer más común en muchos países, incluyendo Estados Unidos.

En Estados Unidos, los porcentajes más altos de muerte por cualquier forma de cáncer se dan en el noreste (Nueva York, New Jersey, Connecticut, Massachusetts, Rhode Island), y los más bajos, en Utah, Wyoming e Idaho. El biólogo molecular John Cairns ha escrito que «la deducción es que cerca de un tercio de las muertes que se dan por cáncer en los estados de alto riesgo no habrían ocurrido si las víctimas hubieran vivido en el oeste»[22]. Incluso se dan mayores variaciones en los porcentajes de cáncer cuando se analiza el fenómeno a nivel individual. En Estados Unidos, el porcentaje de muerte por cáncer entre la gente pobre es un 10 por ciento superior al de la gente rica (como ocurre con la mayoría de las enfermedades), pero la incidencia de algunos cánceres comunes, como el cáncer de pecho o próstata, es mayor entre los ricos. En el caso concreto del cáncer de próstata, esta disparidad aparente podría ser resultado de mejores diagnósticos en las personas ricas. El cáncer de próstata se desarrolla con lentitud, y por lo general se manifiesta tarde en la vida. Es indudable que muchos hombres que por lo general no gozan de cuidados médicos tienen cáncer de próstata, pero mueren de otras causas sin que aquél haya llegado a ser detectado.

Los cigarrillos y componentes del tabaco son responsables del 30 por ciento de todos los cánceres, y el cáncer de pulmón constituye una cuarta parte de los cánceres diagnosticados. Para poner esto en perspectiva: el tabaco es el mayor cultivo del mundo de cosecha no alimenticia con fines económicos. Las seis empresas principales de cigarrillos en EE.UU. producen 6.000 millones de cigarrillos al año y dirigen su publicidad fundamentalmente a la gente joven y a la gente pobre. Además del tabaco y los contaminantes industriales, se

[22] Cairns, John: *Cancer: Science and Society*, op. cit., p. 46.

piensa que la dieta y la nutrición provocan hasta el 35 por ciento de todos los cánceres, especialmente los de colon y recto[23].

Cáncer de pecho

Vamos a pararnos un momento a considerar lo que se sabe sobre el cáncer de pecho, ya que es del que más oímos hablar. En 1991 la American Cancer Society publicó una estadística en la que se mostraba que, en Estados Unidos, la probabilidad de que una mujer tenga cáncer de pecho es de una entre nueve. Como estos números han sido ampliamente divulgados, merece la pena dedicar un momento a explicar lo que significan.

Los artículos populares sobre el cáncer de pecho tienden a hacer hincapié en la necesidad de que las mujeres empiecen a vigilar la aparición de signos de esta enfermedad a partir de los 30 años, de modo que muchas mujeres jóvenes piensan que la cifra de uno a nueve tiene una relación inmediata con sus vidas. Sin embargo, el cáncer de pecho es, en general, una enfermedad de mujeres mayores. El *New York Times* publicó que «la probabilidad *acumulativa* de que cualquier mujer desarrolle cáncer de pecho en algún momento entre su nacimiento y los 110 años de edad» es de una entre nueve [la cursiva es mía][24]. «Acumulativa» significa que ésa es la probabilidad a lo largo de toda su vida, no en un momento concreto. De hecho, la probabilidad de que una mujer de 35 años de edad tenga cáncer de pecho cuando tenga 55 años es de una entre 40, y la probabilidad de que muera de él a los 55 años es de sólo uno entre 180[25]. Incluso en mujeres de mayor edad, la probabilidad en ningún momento se acercará a un valor tan alto como una entre nueve. Para entender mejor lo que quieren decir estos números vamos a

[23] LeMaistre, Charles A. (1988): «Reflections on Disease Prevention», *Cancer*, vol. 62, pp. 1673-1675.
[24] Blakeslee, Sandra (1992): «Faulty Math Heightens Fears of Breast Cancer», *New York Times*, 15 de marzo, sección 4, p. 1.
[25] Ibíd.

mirar el patrón de diagnóstico de cáncer de pecho en un grupo de mujeres de mediana edad. La tabla 1 muestra el seguimiento de un grupo teórico de cien mujeres con un riesgo acumulativo de uno entre nueve de desarrollar cáncer de pecho, teniendo en cuenta la incidencia de esta enfermedad durante varias décadas en mujeres con edades comprendidas entre los 30 y los 110 años.

Tabla 1. Incidencia de cáncer de pecho en un grupo hipotético de cien mujeres

Edad	Incidencia de cáncer de pecho	Número de mujeres vivas en esa década	Probabilidad de desarrollar cáncer
30-40	1	100	1 entre 100
40-50	1	100	1 entre 100
50-60	2	100	1 entre 50
60-70	2	90	1 entre 45
70-80	2	70	1 entre 35
80-90	2	50	1 entre 25
90-100	1	30	1 entre 30
00-110	0	2	sin definir
Total	11	100	1 entre 9

NOTA: A lo largo de las ocho décadas, de los 30 a los 110 años de edad, once de las 100 mujeres (una entre nueve) desarrollará cáncer de pecho. Así, aunque la probabilidad de desarrollar este cáncer en la primera década estudiada sea de una entre en 100 y en ningún caso excede de una entre 25, para este grupo la probabilidad acumulativa de desarrollar cáncer de pecho a lo largo de toda su vida es de uno entre nueve. (Esto no es un análisis de cifras de población real.)

Considerando a este grupo en períodos de 10 años, encontramos que sólo una mujer desarrolla cáncer de pecho entre los 30 y los 40 años, por lo que podemos decir que la probabilidad de padecer cáncer de pecho en dicha década está en torno al uno por ciento. En edades comprendidas entre los 50 y 60 años, dos contraen la enfermedad, por lo que la probabilidad para esa década ha ascendido al dos por ciento. En las edades comprendidas entre 80 y 90 años, sólo dos mujeres tienen cáncer de pecho, aunque la mitad de las mujeres han muerto de esta u otras causas; no obstante, estas dos representan una probabilidad del cuatro por ciento para mujeres en ese intervalo de edad. Mirando al cuadro completo, vemos que 11 de las 100 mujeres iniciales contrae cáncer de pecho en algún momento de sus vidas, lo que mantiene la cifra de una entre nueve. Sin embargo, en ningún momento de su vida la probabilidad que tiene una mujer de contraer la enfermedad en los 10 años siguientes es mayor del cuatro por ciento.

Es importante comprender estas relaciones porque cuando un médico le dice a una mujer que tiene una posibilidad entre nueve de contraer cáncer de pecho, ella podría pensar que hay una posibilidad entre nueve de que una mamografía realizada en ese momento le demostrase que tiene la enfermedad. De hecho, si tiene 40 años la probabilidad de que contraiga cáncer de pecho ese año es de sólo una entre 1.000. Incluso cuando tenga 60 años, su probabilidad de contraer cáncer de pecho en el año siguiente es de sólo una entre 500[26].

Es más, todos estos valores están calculados para la «mujer promedio». La probabilidad de que cualquier mujer concreta tenga cáncer de pecho dependerá de sus, así llamados, «factores de riesgo». La mayoría de las mujeres que contraen cáncer de pecho no tienen factores de riesgo evidentes, pero una mujer con todos los factores de riesgo clásicos tiene de algún modo una probabilidad mayor de desarrollar cáncer de pecho que una mujer sin factores de riesgo. Los factores de riesgo incluyen haber tenido una madre o una hermana con cáncer de pecho, un comienzo temprano de menstruación o una menopausia tardía, no tener un hijo antes de los 30 años y, al menos en algunos casos, un alto consumo de alcohol o grasas en la dieta[27]. No obstante, estos factores de riesgo no

[26] Blakeslee, Sandra: «Faulty Math Heightens Fears of Breast Cancer», op. cit.
[27] Love, Susan M., y Karen Lindsey (1990, 1991): *Dr. Susan Love's Breast Book*, Reading, Addison-Wesley, caps. 11 y 12.

deben ser tomados al pie de la letra. Como dice el artículo del *Times* citando a la Dra. Patricia Kelly, directora de la consultora de genética médica y riesgo de cáncer en Salick Health Care, Berkeley, California: «Incluso tener dos parientes cercanos que hayan muerto de cáncer de pecho no es una garantía de muerte [...] Si, por ejemplo, los familiares murieron con más de ochenta años, el riesgo de esa mujer no sería superior al normal». Respecto a no tener un embarazo pronto, Kelly señala que «hay muchas razones por las que una mujer no tiene un hijo, y no todas aumentan el riesgo»[28]. Nancy Krieger, epidemióloga del cáncer, ha sugerido que, antes de aceptar la lista actual de factores de riesgo, necesitamos aprender mucho más sobre la biología del pecho y su relación con el modo de vida de las mujeres: cuándo empiezan a menstruar; sus hábitos sexuales; si ha tenido, y a qué edad, un aborto o su primer hijo; si da el pecho y durante cuánto tiempo; entre otros[29].

Entonces, ¿por qué publica la American Cancer Society la cifra de una entre nueve? El *Times* cita a Joann Schellenback, portavoz de la sociedad, que dice: «Lo que intentamos con la cifra de una entre nueve es impactar; la usamos para recordar a la gente que el problema no ha desaparecido». Schellenback continúa diciendo que «muchas mujeres jóvenes miran a nueve de sus amigas y piensan "una de nosotras va a tener cáncer de pecho este año". La verdad es que una de ellas *tendrá* cáncer en su vida, pero probablemente no hasta que supere los 65 años de edad»[30]. Incluso expresado de este modo, el ejemplo suena más aterrador de lo necesario. Sería mejor decir que las nueve mujeres morirán en algún momento, y ocho de ellas morirán sin incluso haber tenido cáncer de pecho. La novena desarrollará cáncer de pecho, pero tiene una probabilidad de dos entre tres de sobrevivir al cáncer y morir más tarde de cualquier otra causa. Lo que es más, tanto el

[28] Blakeslee, Sandra: «Faulty Math Heightens Fears of Breast Cancer», op. cit.
[29] Krieger, Nancy (1989): «Exposure, Susceptibility, and Breast Cancer Risk», *Breast Cancer Research and Treatment*, vol. 13, pp. 205-223.
[30] Blakeslee, Sandra: «Faulty Math Heightens Fears of Breast Cancer», op. cit.

ejemplo de Schellenback como el mío son engañosos, ya que es muy posible que ninguna de las nueve mujeres llegue a tener cáncer de pecho; aunque también es posible que lo tengan dos de ellas. La cifra de una de nueve no es una ley, sólo es una probabilidad promedio y por lo tanto tiene poco poder de predicción.

La American Cancer Society está usando la cifra de una de nueve para «empujar» a las mujeres a hacerse exámenes regulares de pecho y mamografías. El problema es que estas tácticas del miedo podrían inducir a las mujeres a hacerse mamografías demasiado pronto en la vida o con demasiada frecuencia y, como dije al comienzo de este capítulo, esta prueba por sí misma podría aumentar el riesgo de desarrollar cáncer en algunas mujeres.

Hay otro problema. Un estudio realizado con el material de los archivos de las consultas de problemas de pecho en el hospital de la ciudad de Ottawa, publicado en 1989 en la revista médica *Lancet*, detectó que el 93 por ciento de las mamografías que mostraban «signos o señales de cáncer de pecho» resultaron ser falsas alarmas[31]. No estoy sugiriendo que las mamografías sean inútiles, pero las mujeres tienen que tener más y mejor información que la que tienen ahora. Deben ser capaces de evaluar el riesgo que afrontan en un determinado momento y tomar sus decisiones en consecuencia. Generalizaciones sobre «mujeres promedio» y cifras aterradoras sobre «riesgos acumulativos» no ayudan en nada.

El cáncer de pecho no es una amenaza para la vida siempre que esté confinado en su lugar de origen. Lo que lo hace realmente peligroso es la posibilidad de que alcance el nivel de metástasis e invada pulmones, hígado y huesos. Ésta es la razón por la que detectar el cáncer de pecho antes de que se extienda supone una diferencia vital. Desafortunadamente, con las técnicas actuales esto no es siempre posible. El cáncer de pecho no es simplemente una enfermedad, sino una familia de enfermedades. Algunas formas del cáncer de pecho se expanden incluso antes de que se

[31] Devitt, J. E. (1989): «False Alarms of Breast Cancer», *Lancet*, vol. 2, 25 de noviembre, pp. 1257-1258.

pueda detectar una lesión en la mamografía. Otras permanecen bien localizadas en el pecho hasta bastante después de la aparición de un bulto suficientemente grande como para ser detectado mediante un examen personal o un chequeo médico rutinario.

Como la detección temprana no funciona en todos los casos, es tentador buscar «terapias preventivas». El National Cancer Institute, instituto de investigación que pertenece al National Institutes of Health, acaba de financiar una propuesta de estudio para administrar el medicamento *tamoxifén* a 8.000 voluntarias sanas, de 35 años de edad en adelante, de las que se piensa que, por sus antecedentes, tienen factores de riesgo especiales. La incidencia de cáncer de pecho entre estas mujeres será comparada con la encontrada en un grupo equiparable al que se habrá administrado píldoras falsas y que servirá como «control» del estudio[32].

El tamoxifén es un antagonista del estrógeno y durante muchos años se ha usado para tratar mujeres con cáncer de pecho o para prevenir la reaparición del cáncer después de extirparlo. Se piensa que actúa bloqueando los receptores del estrógeno en cánceres cuyo crecimiento está promovido por éste y también hay alguna evidencia de que quizá retarde el crecimiento de otras formas de cáncer de pecho.

Algunos defensores de la salud de la mujer abogan por el estudio del tamoxifén por sus beneficios potenciales, pero otros se han manifestado en contra. En marzo de 1992 el Medical Research Council de Gran Bretaña retiró su apoyo a un estudio comparable, quedando pendientes futuros experimentos toxicológicos[33]. Los que se oponen al estudio consideran demasiado arriesgado suministrar a mujeres sanas un medicamento tan fuerte como el tamoxifén, que puede provocar problemas de coagulación de sangre y se piensa que aumenta la incidencia de cáncer de hígado y útero y de

[32] Marx, Jean (1991): «Efforts to Prevent Cancer Are on the Increase», *Science*, vol. 253, p. 613. Foreman, Judy (1992): «U.S. to Begin a wide Test of Breast Cancer Drug», *Boston Globe*, 29 de abril, pp. 1 y 12.
[33] Raloff, Janet (1992): «Tamoxifen Quandary», *Science News*, vol. 141, 25 de abril, pp. 266-269.

otras enfermedades del hígado, causando también accesos repentinos de calor, sangrado vaginal, irregularidades menstruales y posiblemente cataratas.

En el ensayo del tamoxifén, los investigadores predicen que, aunque el medicamento prevendrá unos 62 cánceres de pecho y 52 ataques al corazón, causará 38 cánceres de útero y varias muertes por coagulación de sangre en los pulmones[34]. En una argumentación en contra de esta clase de experimento, la Dra. Adriane Fugh-Berman, hablando para la National Women's Health Network (Red Nacional para la Salud de la Mujer), dice que «cualquier programa dirigido a una población sana "en riesgo" debe ser extremadamente seguro; preferiblemente promotor de la salud y [...] al menos no tóxico [...] Nos preocupa que estas pruebas del tamoxifén sienten precedente de experimentos en sustitución de enfermedades; el concepto no nos gusta»[35].

Yo cuestiono seriamente la ética de este estudio y estoy especialmente preocupada porque, una vez más, una parte interesada en el debate es una compañía farmacéutica. ICI Pharma, el fabricante de tamoxifén, obtendría enormes beneficios si este medicamento no sólo fuera recetado al subgrupo de mujeres con cáncer de pecho, sino también como «tratamiento preventivo» a mujeres sanas con algunos supuestos «factores de riesgo».

Prevención del cáncer frente a terapia del cáncer

Los cánceres se desarrollan despacio, probablemente a lo largo de décadas y, como hemos visto, para que se desarrollen es necesario que se den un cierto número de sucesos. Así, tiene sentido pensar que si se pudieran detectar durante las primeras etapas de su desarrollo y se pudiera impedir la activación y promoción de células en cánceres, el crecimiento canceroso se podría detener. De hecho,

[34] Devitt, J. E.: «False Alarms of Breast Cancer», op. cit.
[35] Marx, Jean: «Efforts to Prevent Cancer», op. cit.

como ya he dicho, probablemente a lo largo de la vida de toda persona se han iniciado y detenido rápidamente pequeños cánceres en repetidas ocasiones sin que nunca nos hayamos dado cuenta de ello. Se piensa que las células de nuestro sistema inmune liquidan las células precancerosas suficientemente pronto, de modo que no llegan a formar focos de crecimiento y no se desarrolla ningún cáncer.

Un diagnóstico temprano podría ser útil, pero desafortunadamente sólo lo es en la mayoría de los cánceres de piel, fácilmente accesibles, y en los cánceres de cervicales. Es mucho más problemático en los casos de cáncer en las capas profundas del epitelio, en donde los mismos métodos de diagnóstico pueden ser hostiles o peligrosos. Por consiguiente, nuestros esfuerzos tienen que ir más allá y prevenir los incidentes iniciales; esto significa reducir los niveles de radiación y contaminantes ambientales a los que la gente está expuesta. Las especulaciones sobre «predisposiciones» genéticas distraen la atención de la necesidad de hacer tales cambios ambientales.

La naturaleza, frecuentemente política, de tales genetizaciones se hace obvia cuando analizamos los numerosos informes y noticias sobre investigación que atribuyen diferencias de salud o características psicológicas y sociológicas entre afroamericanos y euroamericanos a «tendencias» biológicas hereditarias. Sólo excepcionalmente algún científico o periodista reconoce que el racismo afecta a todos los aspectos de aquel que crece y vive con piel oscura y, por este motivo, tratar de cuantificar y hacer científico cualquier parámetro biológico con intención de «explicar» dichas diferencias es infructuoso.

Los datos demuestran que la mayor causa de mortalidad por cáncer entre afroamericanos no es atribuible a la raza; es debida a que un número desproporcionado de afroamericanos son pobres y por lo tanto no tienen acceso a asistencia médica ni a una dieta y educación adecuadas[36]. Esto ha llevado a algunos científicos a apo-

[36] Gibbons, Ann (1991): «Does war of Cancer equal War on Poverty?», *Science*, vol. 253, p. 260.

yar mejoras para el acceso a la asistencia médica, pero aún es más importante darles la oportunidad de mantenerse sanos. Ello requiere profundos cambios en la distribución de los ingresos y de la riqueza, y de las estructuras de educación y empleo.

Mientras tanto los biólogos moleculares continúan promoviendo la idea de que sólo se puede «resolver» el problema del cáncer aprendiendo más de los mecanismos moleculares implicados. Cuando I. Bernard Weistein, del Institute of Cancer Research (Instituto para la Investigación del Cáncer) de la Universidad de Columbia, dirigió el congreso anual de la American Asociation for Cancer Research (Asociación Americana para la Investigación del Cáncer), en el que recibió un premio honorífico, dijo:

> Estudios epidemiológicos proporcionan pruebas de que hay factores ambientales (agentes externos tales como compuestos químicos, radiación y virus) que desempeñan un papel fundamental en la causalidad de la mayoría de los tumores humanos. Éste es un mensaje muy optimista, ya que implica que el cáncer es mayoritariamente una enfermedad que se puede prevenir.

Si tuviéramos que adivinar, ¿qué pensaríamos que dijo después? Lo que dijo fue:

> Sin embargo, para hacer frente a este reto debemos comprender los mecanismos que causan el cáncer a nivel celular y molecular y, en un esfuerzo paralelo, desarrollar nuevos métodos de laboratorio que puedan emplearse para identificar agentes causales específicos en humanos. El abordaje debe ser comprensivo, ya que es probable que los cánceres humanos sean debidos a interacciones complejas entre múltiples factores, incluyendo las acciones combinadas de agentes químicos y virales[37].

No puedo más que preguntarme por qué el Dr. Weinstein no nos insta a hacer todo lo posible para disminuir la exposición a los

[37] Weinstein, I. Bernard (1988): «The Origins of Human Cancer: Molecular Mechanisms of Carcinogenesis and Their Implications for Cancer Prevention and Treatment. Twenty-seven G. H. A. Clowes Memorial Award Lecture», *Cancer Research*, vol. 48, pp. 4135-4143.

carcinógenos ambientales que ha mencionado mediante los cambios económicos, sociales y políticos necesarios. ¿Por qué tenemos que esperar a hacer más investigación científica?; las respuestas son claramente políticas. La mayoría de los comportamientos autodestructivos que degeneran en cáncer son fomentados por corporaciones y gobiernos, que subvencionan, producen, anuncian y comercializan productos que saben que son peligrosos. Disminuir las exposiciones supondría hacer cambios de base generales. Es mucho más fácil y más conveniente para los científicos simular que erradicarán el cáncer mediante el estudio de las transformaciones moleculares de los genes y las células y sacar nuevas pruebas de diagnóstico, aunque muchos planes de salud no cubren las nuevas pruebas de detección y, por supuesto, mucha gente en este país no tiene seguro de ningún tipo. Como siempre, las pruebas serán asequibles principalmente a los sectores más ricos de la población, aunque estén más sanos.

CAPÍTULO 7

«TENDENCIAS HEREDITARIAS»: COMPORTAMIENTOS

¿Qué comportamientos?

Hay una gran diferencia entre asociar genes con afecciones que siguen un patrón de herencia mendeliana y emplear hipotéticas «tendencias» genéticas para explicar afecciones complejas, como es el caso del cáncer y la hipertensión. Pues bien, ahora los científicos dan un salto aún mayor y sugieren que la investigación genética puede ayudar a explicar comportamientos humanos.

En primer lugar, los comportamientos se agrupan en categorías según criterios arbitrarios, y en segundo lugar, la decisión sobre cuáles se consideran normales y cuáles patológicos se basa en asunciones y decisiones. Es cierto que todo lo que hace una persona implica su psicología y en consecuencia su ADN; sin embargo, los científicos sólo buscan componentes genéticos en comportamientos a los que su sociedad considera importantes y probablemente hereditarios.

Los europeos leen de izquierda a derecha, los semitas de derecha a izquierda y muchos asiáticos de arriba abajo, y nadie ha sugerido que éstas sean características raciales hereditarias. Sin embargo, caracteres como la violencia, deshonestidad e inteligencia a menudo se han considerado hereditarios y asociados a la raza. Estas selecciones se han realizado por razones históricas y culturales, y en ningún caso siguiendo criterios científicos; sin embargo, son el punto de partida del discurso sobre los genes y el lugar que ocupan en el comportamiento.

La única relación que hay entre los comportamientos que veremos en este capítulo es que han sido estigmatizados por algún sector de nuestra sociedad y los científicos han propuesto recientemente una base genética para cada uno de ellos. Sin embargo, como se han hecho afirmaciones y se les ha dado una gran difusión, es importante que examinemos las pruebas en las que se basan dichas afirmaciones.

Homosexualidad

Dentro del amplio espectro de posibles comportamientos humanos, las sociedades seleccionan aquellos que aprueban o elogian, otros que aceptan o toleran y otros que no les gustan, condenan y hasta persiguen. Estas elecciones son parte de la malla que mantiene unida a cada sociedad.

Cada uno de nosotros tiene un amplio espectro de sentimientos eróticos. La sociedad define algunos de éstos como sexuales y regula el grado y el modo en que nos es permitido expresarlos. Los comportamientos homosexuales probablemente hayan existido en todas las sociedades, pero nuestra percepción actual de la homosexualidad tiene sus raíces a finales del siglo XIX, cuando la gente empezó a considerar que ciertos comportamientos sexuales eran la característica que identificaba a aquellos que los practicaban. La homosexualidad dejó de ser cómo se comportaba la gente y pasó a ser lo que la gente era. Como escribe Michel Foucault en su libro *History of Sexuality*, hasta entonces «los sodomitas habían sido una aberración temporal, pero el homosexual era ahora una especie»[1].

[1] Foucault, Michel (1980): *The History of Sexuality*, An Introduction, vol. 1, Nueva York, Vintage Books, p. 43 [ed. cast. (1980): *Historia de la sexualidad*, Madrid, Siglo veintiuno de España].

Esta forma de categorizar a las personas oscureció el hecho aceptado hasta la fecha de que muchas personas no tienen relaciones sexuales exclusivamente con uno u otro sexo. Mientras se entendía que las categorías algunas veces podían ser difusas, reformistas de la conducta sexual durante el cambio de siglo, como Havelock Ellis y Edward Carpenter, consideraron a los homosexuales como personas biológicamente diferentes de los heterosexuales. Los homosexuales, o sexualmente «invertidos», fueron considerados como una categoría diferente de la de los heterosexuales que participaban en actos homosexuales. Como dice Jeffrey Weeks en su historia sobre la política homosexual en Gran Bretaña: «Tanto los "invertidos" como los "pervertidos" hicieron las mismas cosas en la cama [...], y la distinción se basa en juicios puramente arbitrarios, tales como si la homosexualidad es hereditaria o adquirida»[2]. Los reformistas creían que los «invertidos» no debían ser castigados por sus actos porque su orientación sexual era biológica y no una elección propia.

Muchos investigadores modernos siguen creyendo que la preferencia sexual tiene una cierta determinación biológica. Ellos basan esta creencia en el hecho de que no hay ninguna explicación ambiental que pueda determinar el desarrollo de la homosexualidad; pero esto no tiene sentido. La sexualidad humana es compleja y se ve afectada por muchos factores. El hecho de que no encuentren una explicación ambiental clara no es sorprendente y no significa que la respuesta esté en la biología.

Sin embargo, mucha gente cree que la homosexualidad tendría mejor aceptación si se demostrara que es de nacimiento. Randy Shilts, un periodista gay, dice que una explicación biológica «reduciría ser gay a algo como ser zurdo, que de hecho es todo lo que es»[3]. Este argumento no es muy convincente. Hasta hace muy poco se forzaba a los zurdos a cambiar y eran castigados si continuaban favoreciendo su mano «mala». Una base biológica no detiene la intolerancia, más bien todo lo contrario. Afroamerica-

[2] Weeks, Jeffrey (1977): *Coming Out: Homosexuality Politics in Britain from the Nineteenth Century to the Present*, Londres, Quartet Books, p. 62.
[3] Gelman, David, y otros (1992): «Born or Bred?», *Newsweek*, 24 de febrero, pp. 46-53.

nos, judíos, personas con discapacidades y también homosexuales han sido acusados de portar «defectos» biológicos, llegándose incluso al intento de exterminación de algunos de ellos para prevenir la expansión de «contaminación» biológica.

La cuestión del origen de la homosexualidad tendría poco interés si no se tratara de un comportamiento estigmatizado. De hecho, no hacemos preguntas comparativas sobre preferencias sexuales «normales», como ciertos tipos físicos o actos sexuales específicos que son comunes entre los heterosexuales. Todavía hay muchas personas gays que acogen con satisfacción las explicaciones biológicas, y, en los últimos años, la mayoría de las investigaciones que buscan componentes biológicos en la homosexualidad han sido llevadas a cabo por investigadores gays.

En 1991 se publicaron dos trabajos de investigación que sugerían la existencia de un componente biológico mayoritario en la homosexualidad masculina. Ambos fueron tema de muchos reportajes en la prensa, incluso portada en el *Newsweek*[4]. En sus artículos científicos ambos autores fueron muy cuidadosos en no hacer afirmaciones sobre una base genética de sus hallazgos; sin embargo, en entrevistas personales decían creer en dicha base y sugerían que sus estudios proporcionaban la prueba de su existencia[5]. En al menos algunos casos también extrapolaron sus resultados a lesbianas, aunque no habían incluido a ninguna en su investigación.

En el primer artículo, Simon LeVay, investigador del Salk Institute for Biological Studies en San Diego, afirma que un área del hipotálamo (región en la base del cerebro) es de menor tamaño en hombres homosexuales y en mujeres heterosexuales que en hombres heterosexuales, y que esa disminución en el tamaño está asociada a la preferencia por hombres como patrones sexuales[6]. Esta

[4] Gelman, David, y otros: «Born or Bred?», op. cit.

[5] Fausto-Sterling, Anne (1992): *Myths of Gender: Biological Theories about Women and Men*, 2.ª ed., Basic Books, Nueva York, cap. 8. Bower, B. (1992): «Gene Influence Tied to Sexual Orientation», *Science News*, vol. 141, 4 de enero, p. 6.

[6] LeVay, Simon (1991): «A Difference in Hypothalamic Structure Between Heterosexual and Homosexual Men», *Science*, vol. 253, pp. 1034-1037.

asociación presume una similitud del tamaño de dicha área en hombres heterosexuales y en lesbianas, pero LeVay no estudió esa parte a la hora de formular su hipótesis.

Dicha omisión fue sólo uno de los defectos del trabajo de LeVay. Todos los tejidos cerebrales que estudió procedían de cadáveres, de modo que no había forma de determinar la clase o el grado de orientación sexual de los hombres. El estudio sólo incluía a 19 hombres «homosexuales» (entre ellos un «bisexual»), 16 hombres «presuntos heterosexuales» y seis mujeres «presuntamente heterosexuales». Todos los hombres homosexuales habían muerto de sida, lo que podría haber afectado a su tejido cerebral. (LeVay incluyó en su estudio a seis hombres heterosexuales que habían muerto de sida para responder a esta crítica. Este cambio redujo la diferencia entre hombres «homosexuales» y «heterosexuales»[7].) Aunque el tamaño promedio del núcleo hipotalámico que LeVay consideró significativo era realmente más pequeño en los hombres que él identificó como homosexuales, los datos que publicó muestran que el intervalo de tamaños que cubrían las muestras individuales era básicamente el mismo que el de los hombres heterosexuales; es decir, el área era mayor en algunos de los hombres homosexuales que en muchos de los heterosexuales y era más pequeña en algunos de los hombres heterosexuales que en muchos de los homosexuales. Esto significa que, aunque los grupos muestran alguna diferencia como grupos, no hay ninguna manera de definir la orientación sexual de un individuo midiendo su hipotálamo.

El segundo estudio trataba de determinar hasta qué punto la homosexualidad es hereditaria mediante el análisis de un grupo de hombres homosexuales (incluyendo a algunos bisexuales) y sus hermanos[8]. Michael Bailey y Richard Pillard, investigadores de la Northwestern University y de la facultad de medicina de la Universidad de Boston respectivamente, estudiaron 56 pares de geme-

[7] Fausto-Sterling, Anne: *Myths of Gender*, op. cit., p. 252.

[8] Bailey, J. Michael, y Richard C. Pillard (1991): «A Genetic Study of Male Sexual Orientation», *Archives of General Psychiatry*, vol. 48, pp. 1089-1096.

© 1992 de Newsweek, Inc., todos los derechos reservados, reimpresión con permiso).

los, 54 pares de mellizos, 142 hermanos no gemelos ni mellizos y 57 pares de hermanos adoptados, y descubrieron que el porcentaje de homosexualidad entre hermanos adoptados o no gemelos era de un 10 por ciento, porcentaje correspondiente al de la población general. El porcentaje para hermanos mellizos era de un 22 por ciento, y para hermanos gemelos, del 52 por ciento.

El hecho de que la probabilidad de que dos hermanos mellizos sean gays sea el doble que la probabilidad de que lo sean dos hermanos biológicos no mellizos indica que hay implicados factores ambientales, ya que los mellizos no son biológicamente más similares entre sí que otros hermanos biológicos. Si ser hermanos mellizos ejerce una influencia ambiental mutua, no nos debe sorprender que esto sea incluso más cierto en el caso de hermanos gemelos, a los que el mundo considera «el mismo», y trata en consecuencia, y que a menudo comparten ese sentimiento de igualdad.

Otro factor ambiental, la homofobia, debe haber tenido un efecto aún más drástico en los resultados de este estudio. Bailey y Pillard no estudiaron una simple muestra aleatoria de homosexuales. Los gays y bisexuales se «reclutaron a través de anuncios que se publicaron en revistas gay en varias ciudades del medio oeste y el suroeste» [de EE.UU.], de modo que todos los que respondieron leen revistas gay y contestaron a anuncios que preguntaban por sus hermanos. Aunque el anuncio pedía un hombre gay «independientemente de la orientación sexual de su(s) hermano(s)», podría ser que hombres con hermanos gays fueran más propensos a participar en este tipo de estudios que hombres con hermanos no gays, especialmente si los hermanos eran homofóbicos o la familia no sabía su condición de homosexual. Como mucha gente cree que la homosexualidad es genética, un hombre no homosexual con un hermano gemelo homosexual debe sentir que su inclinación sexual «está en entredicho» y encontraría el tema amenazador. Por el contrario, cuando los dos gemelos son gays, éstos encontrarían el tema interesante y estarían deseosos de participar en el estudio.

A pesar de estos fallos y de que los autores reconocen algunos de ellos en su artículo, *Science News* los cita diciendo: «Nuestra investigación demuestra que la orientación sexual masculina es sustancialmente genética»[9]. Esto no significa que Bailey y Pillard,

[9] Bower, B.: «Gene Influence», op. cit.

o LeVay, tuvieran ninguna intención de engañar. Su investigación es concienzuda, sus métodos están descritos con detalle y los autores tienen cuidado de no hacer afirmaciones extravagantes en su artículo. Su evaluación de su trabajo sólo se ve traicionada por su disposición a creer resultados que encajan en sus preconcepciones. Realmente, disposición sería una palabra demasiado sutil. *Newsweek* cita a LeVay diciendo: «Si no hubiera encontrado ninguna [diferencia en el hipotálamo], habría dejado toda mi carrera científica»[10]. Bailey y Pillard son menos extremistas y se abstuvieron de mencionar posibles fallos, admitiendo que sus resultados no son del todo concluyentes; no obstante, su trabajo y el de LeVay se refuerzan entre sí. Un artículo en *Science* titulado «Estudio de gemelos asocia la homosexualidad a genes» cita a Bailey diciendo: «Nuestra hipótesis de trabajo es que estos genes [de la homosexualidad] afectan a la parte del cerebro que él [LeVay] estudió»[11].

Más recientemente Bailey y Pillard han escrito que, empleando los mismos métodos de investigación, han obtenido los mismos resultados en un estudio preliminar de gemelas y hermanas adoptivas de lesbianas[12]. También, unos investigadores de la Universidad de California en Los Ángeles afirman haber encontrado otra asociación entre estructura cerebral y orientación sexual[13]. En este último caso los investigadores adscriben las diferencias a influencias hormonales que tuvieron en el útero de la madre y no a genes, pero el estudio presenta muchos de los problemas metodológicos del trabajo de LeVay.

Dada la publicidad que se ha dado a estos estudios, indudablemente se harán muchos más sobre este tema. Los biólogos moleculares están pidiendo participantes que pertenecen a familias

[10] Gelman, David, y otros: «Born or Bred?», op. cit., p. 49.

[11] Holden, Constance (1992): «Twin Study Links Genes to Homosexuality», *Science*, vol. 255, p. 33.

[12] Bower, B. (1992): «Genetic Clues to Female Homosexuality», *Science News*, agosto, 22, p. 117.

[13] Allen, Laura S., y Roger A. Gorski (1992): «Sexual Orientation and the Size of the Anterior Comissure in the Human Brain», *Proceedings of the National Academy of Science*, vol. 89, pp. 7199-7202.

extensas con «al menos tres miembros gays o lesbianas» con la intención de encontrar secuencias de ADN que puedan asociar a la homosexualidad[14]. Debido a las complejidades intrínsecas a este tipo de estudios de asociaciones y al pequeño tamaño de las muestras, dichos estudios están condenados a ofrecer multitud de correlaciones que no son significativas pero que serán posteriormente comunicadas como evidencias de la transmisión genética de la homosexualidad.

Alcoholismo

Antes de meternos en el tema de si hay o no una relación entre los genes y el alcoholismo, necesitamos saber qué es el «alcoholismo»; de hecho, el término es muy elástico. Como dice un artículo publicado en el *Harvard Medical School Mental Health Review:* «Según se va suavizando el estigma social del alcoholismo, cada vez son más las personas definidas, o que tienden a definirse a sí mismas, como alcohólicas»[15].

Mientras escriba sobre este tema, emplearé los términos «alcoholismo» y «alcohólico», pero no desearía que se interpretara que apoyo este tipo de calificativos. Simplemente, empleo estas palabras porque resultan menos complicadas que decir «gente que bebe con regularidad una cantidad excesiva de bebidas alcohólicas»; además, evaluaré sus significados a lo largo de este capítulo.

En primer lugar, revisemos algunos de los razonamientos a favor y en contra de la proposición de que el alcoholismo es una enfermedad y tiene una base biológica. En el habla actual, «sano» y «enfermo» se consideran sinónimos de «bueno» y «malo»; por ejemplo, hablamos de «relaciones sanas» y «bromas enfermizas». De igual manera, convertimos en asuntos médicos lo que son

[14] Hamer, Dean: *Biological Determinants of Human Sexuality.* Volante para solicitar participantes para el estudio del NIH.
[15] Grinspoon, Lester, y James B. Bakalar (1990): «The Nature and Causes o Alcoholism», *The Harvard Medical School Mental Health Review*, n.º 2, pp. 1-6.

comportamientos sociales, como, por ejemplo, el sexo, el amor y los hábitos de trabajo. Por este motivo, no es de extrañar que también convirtamos en un asunto médico el consumo de alcohol o de drogas, especialmente cuando se puede demostrar que producen síntomas fisiológicos de adicción. No obstante, a pesar de que la nicotina es entre seis y ocho veces más adictiva que el alcohol y además genera síndrome de abstinencia, fumar no se considera una enfermedad. Además, fumar provoca más muertes que el alcohol y las drogas juntos. Se estima que, incluyendo muertes por fuego o accidente, una de cada cuatro muertes en Estados Unidos es debida al tabaco[16]; sin embargo, fumar no está tan estigmatizado como beber en exceso. Esto se debe en parte al poder de la industria tabaquera, aunque lo que sí es cierto es que el consumo abusivo de alcohol genera más problemas a la familia y a los amigos que el consumo de tabaco.

Los miembros de Alcohólicos Anónimos (AA) han difundido la creencia de que el alcoholismo no sólo es una enfermedad, sino de que además es incurable. Al igual que a las personas a las que se ha controlado el cáncer, tanto por cirugía como por otras terapias, se les dice que se consideren en «estado de remisión» en lugar de curadas. Alcohólicos Anónimos dice a las personas que han dejado de beber grandes cantidades de bebidas alcohólicas que son, y siempre serán, alcohólicos. Incluso si no vuelven a probar una gota de alcohol en su vida, Alcohólicos Anónimos les aconseja que se vean a sí mismos como «alcohólicos en recuperación».

A juzgar por el éxito de AA como organización de ayuda personal, mucha gente que ha bebido en exceso en el pasado considera que es una forma útil de pensar sobre su relación con la bebida y creen que les ayuda a mantenerse sobrios. No obstante, el filósofo y educador Herbert Fingarette dice que el modelo de alcoholismo de AA está anticuado y que la insistencia de AA en decir que inclu-

[16] LeMaistre, Charles A. (1988): «Reflexiones on Disease Prevention», *Cancer*, vol. 62, pp. 1673-1675. Pollin, William (1984): «The Role of the Addictive Process as a Key Step in Causation of All Tobacco-Related Diseases», *Journal of the American Medical Association*, vol. 252, p. 2874.

so una gota te sitúa no sólo en una cuesta abajo sino en un tobogán engrasado («si has sido alcohólico una vez, siempre lo serás»), limita el éxito que AA podría tener si estuviera dispuesta a dejar que los «alcohólicos» fueran bebedores sociales ocasionales[17].

Tanto si el alcoholismo es una enfermedad como si no lo es, debemos cuestionarnos hasta qué punto están los genes implicados. Después de todo, algunas veces se piensa que comportamientos que no se consideran enfermedades, como el talento para la música o las matemáticas, tienen componentes genéticos.

Sobre la cuestión encontramos que existen dos tipos de pruebas. Por un lado, algunos investigadores han sugerido que el alcoholismo no sólo se da en familias, algo que podría deberse a hábitos y costumbres, sino que además es genético. Por otro lado, hay otros estudios, incluyendo los realizados por investigadores de la Universidad de Michigan durante un período de 30 años[18], que mostraban que «los hijos de grandes bebedores tenían la misma probabilidad de convertirse en bebedores que los hijos de abstemios o casi abstemios»[19]. Es más, «no sólo los hijos de los alcohólicos *no* están condenados a ser alcohólicos, sino que además hay varios estudios que muestran que los hijos de alcohólicos que *han* desarrollado un problema con la bebida moderan su consumo con mayor facilidad [...] que otras personas con problemas de bebida»[20].

Según el *Boston Globe*, Archie Brodsky, coautor de *The Truth About Addiction and Recovery (La verdad sobre la adicción y recuperación)*, dice que «[la creencia de que grandes bebedores producen grandes bebedores] tiene unas profundas raíces en observaciones

[17] Fingarette, Herbert (1988): *Heavy Drinking: The Myth of Alcoholism as a Disease*, Berkeley, University of California Press.

[18] Harburg, Ernest, y otros (1990): «Familial Transmission of Alcohol Use: II. Imitation of an Aversion to Parent Drinking (1960), by Adult Offspring (1977): Tecumseh, Michigan», *Journal of Studies on Alcohol*, vol. 51, pp. 245-256.

[19] Robb, Christina (1991): «Alcolism and Heredity: Study finds Children of Heavy Drinkers Tend Toward Moderation», *Boston Globe*, 28 de mayo, p. 3.

[20] Peele, Stanton, y Archie Brodsky, con Mary Arnold (1992): *The Truth About Addiction and Recovery*, Nueva York, Simon and Schuster (Fireside), p. 69.

sin verificar de clínicos que tratan a alcohólicos, en estudios mal hechos que parecen apoyar la idea y en el éxito que tiene Alcohólicos Anónimos al ofrecer la visión del alcoholismo como una enfermedad»[21]. En un artículo del *New England Journal of Medicine* se ilustra el punto de vista opuesto: que el alcoholismo es una enfermedad que se puede heredar, diagnosticar de una forma determinante y curar con intervención médica. El autor, un médico, señala con optimismo que con pruebas genéticas de predicción sería posible detectar alcoholismo incluso «antes de que el paciente o el médico del paciente se dieran cuenta de su presencia [...] La posibilidad de identificar a personas con riesgo de alcoholismo antes de que empiecen a beber cimienta la promesa de una verdadera prevención primaria»[22]. Aparentemente el autor ni siquiera se cuestiona cómo uno podría saber que estas personas llegarán a ser alcohólicas. Está tan cautivado con la perspectiva de una «genética de predicción» y unas «curas de prevención» que no se da cuenta de los absurdos que encierra su argumento. Incluso no hace la pregunta lógica: ¿Qué pasa con las personas que no se califican como de «riesgo»?, ¿pueden beber tanto como se les antoje sin ni siquiera preocuparse de la posibilidad de convertirse en alcohólicos?

Tales predicciones no ayudan nada y hasta pueden ser peligrosas. Las profecías sobre el comportamiento pueden considerarse ciertas por el mero hecho de haber sido profetizadas. Stanton Peele, psicólogo especialista en comportamientos adictivos, escribe que «adoctrinar a la gente joven en la creencia de que es probable que lleguen a ser alcohólicos *podría llevarlos a esa situación mucho más rápido que cualquier reacción frente al alcohol hereditaria*»[23].

El estudio citado con mayor frecuencia sobre asociación de genes al alcoholismo mostró que la incidencia de alcoholismo entre hijos adoptados con padres biológicos alcohólicos era 3,6

[21] Robb, Christina: «Alcoholism and Heredity...», op. cit.
[22] Reich, Theodore (1988): «Biologic-Marker Studies in Alcoholism», *New England Journal of Medicine*, vol. 318, pp. 180-182.
[23] Peele, Stanton (1990): «Second Thoughts About a Gene for Alcoholism», *Atlantic Monthly*, agosto, pp. 52-58.

veces la incidencia de alcoholismo entre hijos adoptados de padres biológicos no alcohólicos[24]. Como era tres veces más probable que los hijos de los alcohólicos también lo fueran, aunque no hubieran crecido junto a sus padres biológicos, esto hizo creer a mucha gente que debía existir una base genética. Sin embargo, como señala Fingarette, dichos estudios «no garantizan en absoluto la conclusión de que el alcoholismo es una única enfermedad, que está determinada genéticamente [...] Como mucho, lo que el estudio sugiere es que la herencia es un factor, entre muchos, al que corresponde un número minoritario de casos»[25].

De hecho, el estudio en sí mismo no llega a sugerir tanto, y son muchísimos los problemas que se han suscitado en estudios con hijos adoptivos, al igual que en los de hermanos gemelos[26]. Por ejemplo, se ha demostrado que variaciones de la edad en el momento de la adopción pueden cambiar completamente los resultados del estudio. Se debe tener en cuenta la tendencia a dar los niños en adopción a parejas que se parezcan a los padres biológicos. Además, en el caso del alcoholismo, es posible que el hijo de una mujer alcohólica haya estado expuesto a una considerable cantidad de alcohol ambiental cuando todavía estaba en el vientre de su madre.

Incluso si aceptamos los resultados del estudio, tan sólo el 18 por ciento de los hijos con padres biológicos alcohólicos fueron alcohólicos, en contraposición al cinco por ciento de los hijos de padres biológicos no alcohólicos que lo fueron. Aunque estos resultados pudieran sugerir la existencia de algún componente genético, recordemos que el 82 por ciento de los hijos de padres biológicos alcohólicos *no* lo son. Incluso si tuviéramos que admitir un componente genético en el caso del alcoholismo, éste claramente no ten-

[24] Goodwin, Donald W., y otros (1973): «Alcohol Problems in Adoptees Raised Apart from Alcoholic Biological Parents», *Archives of General Psychiatry*, vol. 28, pp. 238-243.
[25] Fingarette, Herbert, *Heavy Drinking...*, op. cit., p. 52.
[26] Lewontin, R. C., Steven Rose y Leon J. Kamin (1984): *Not in Our Genes: Biology, Ideology, and Human Nature*, Nueva York, Pantheon [ed. cast. Steven Rose y León J. Kamin (1996): *No está en los genes: crítica del racismo biológico*, Barcelona, Grijalbo-Mondadori].

dría un efecto determinante fuerte y, por lo tanto, no podría usarse para predecir ninguna relación de una persona con el alcohol.

Un estudio de adopción que se realizó en 1977 con hijas de padres biológicos alcohólicos mostró que la incidencia de alcoholismo entre estas mujeres no era mayor que la incidencia que registraba el grupo control, formado por mujeres de padres biológicos no alcohólicos[27]. Un estudio más reciente de hijos e hijas gemelos de padres alcohólicos mostró el mismo resultado: no parecía haber ninguna asociación para las hijas, aunque los hijos mostraron una cierta correlación[28].

Incluso si los hijos de padres no alcohólicos tuvieran una menor propensión al alcoholismo que los hijos de padres alcohólicos, eso tampoco nos serviría para predecir quién tendrá problemas con el alcohol, ya que hay muchos más padres no alcohólicos que alcohólicos: los padres de la mayoría de las personas que llegan a ser alcohólicas no lo son. Por lo tanto, en términos sociales, poco importa si el argumento genético es verdad.

La gente bebe por muchos motivos, desde por tensión con la pareja hasta por soledad. Algunos beben más que otros, y, por muchos motivos, ésos serán definidos como alcohólicos. Ernest P. Noble, psiquiatra que participa en la búsqueda del «gen del alcoholismo», sucintamente dijo: «El ambiente es un agente tremendamente poderoso en lo que al alcoholismo se refiere, pero los genes son más fáciles de estudiar»[29]. Parece que mientras haya gente que crea que los genes crean una «predisposición» al alcoholismo, siempre habrá un biólogo molecular dispuesto a buscar dichos genes.

Un procedimiento para asociar genes al alcoholismo se realiza más o menos de la siguiente manera: cuando se ingiere el alcohol,

[27] Goodwin, Donald W., y otros (1977): «Alcoholism and Depression in Adopted-Out Daughters of Alcoholics», *Archives of General Psychiatry*, vol. 34, pp. 751-755.
[28] McGue, Matt; Roy W. Pickens y Svikis (1992): «Sex and Age Effects on the Inheritance of Alcohol Problems: A Twin Study», *Journal of Abnormal Psychology*, vol. 101, pp. 3-17.
[29] Bower, Bruce (1991): «Gene in the Bottle», *Science News*, vol. 140, pp. 190-191.

éste se transforma de varias formas; así, se puede convertir en moléculas de mayor tamaño, como los azúcares, o romperse en dióxido de carbono y agua. En todas estas transformaciones participan las enzimas, y tanto el nivel de estas enzimas como el nivel al que participan los genes correspondientes dependerán de cada persona. Para los científicos es fácil identificar dichos genes; después, simplemente será cuestión de correlacionar diferencias en la implicación de una u otra enzima, o gen, con el grado de borrachera de diferentes personas a partir de una misma cantidad de alcohol. Sin embargo, para establecer una conexión convincente entre estos genes y el alcoholismo sería necesario demostrar que la facilidad para emborracharse de una persona es paralela a la tendencia a consumir grandes cantidades de alcohol, lo que es bastante problemático.

En la actualidad, en lugar de buscar genes implicados en el metabolismo del alcohol, los biólogos moleculares se han centrado en un gen situado en el cromosoma 11 que parece estar implicado en la síntesis del receptor de dopamina. Éste es el gen I mencionado en el capítulo cinco, el cual se supone que afecta al modo en que se comunican las células del cerebro. En un número reciente, el *Journal of the American Medical Association* publicó dos artículos consecutivos sobre este tema. Uno afirmaba que hay una asociación entre este gen y el alcoholismo[30], y el otro negaba la existencia de dicha asociación[31].

Incluso el artículo que afirma la existencia de una asociación no sugiere que el gen «cause» alcoholismo; simplemente sugiere que este gen modifica las actividades de otros genes que, según el artículo, también contribuyen a otras alteraciones del comportamiento como la esquizofrenia, el síndrome de Taurette y la adicción a

[30] Comings, David E., y otros (1991): «The Dopamine D_2 Receptor Locus as a Modifying Gene in NeuroPsychiatric Disorders», *Journal of the American Medical Association*, vol. 266, pp. 1793-1800.

[31] Gelernter, Joel, y otros (1991): «No Association Between an Allele at the D_2 Dopamine Receptor Gene (DRD_2) and Alcoholism», *Journal of the American Medical Association*, vol. 266, pp. 1801-1807.

las drogas. Se cree que el gen participa en estos cambios en virtud de su relación con el receptor de la dopamina, que anteriormente se ha implicado en estas y otras alteraciones del comportamiento.

El editorial, en el mismo número del *Journal,* da su apoyo al artículo que afirma la existencia de una relación entre este gen y el alcoholismo; no obstante, el título hace hincapié en que el gen y el alcoholismo están «relacionados, no asociados»[32]. Esto nos da una esperanza, ya que el editorial hace esa distinción porque el primer artículo declara que una secuencia concreta de ADN del cromosoma 11 es más común entre los alcohólicos del estudio que en la población general; esto es lo que la editorial llama una «relación». Pero el artículo continúa diciendo que esta secuencia no se encuentra en la mayoría de los alcohólicos y que no está ligada al alcoholismo cuando se comparan individuos pertenecientes a una misma línea familiar.

En otras palabras, los investigadores estudiaron una muestra pequeña de alcohólicos y encontraron un patrón RLFP común; sin embargo, cuando compararon a miembros de la familia con ese patrón con los que no lo tenían, no encontraron ninguna asociación del patrón con el alcoholismo. Este resultado debería ser suficiente para considerar que la asociación observada originalmente era una coincidencia, como cuando varias personas en una habitación tienen el mismo nombre o han nacido el mismo día. Sin embargo, el editorial afirma que el estudio prueba que la secuencia de ADN «probablemente modifique la expresión del alcoholismo, en lugar de ser una causa necesaria o suficiente». Esta afirmación no ayudará en el momento que haya un problema.

Si se considera significativa cada correlación entre una secuencia concreta de ADN y la aparición de un determinado carácter en un grupo pequeño de gente, la literatura científica pronto estará llena de dichas afirmaciones. Habrá una confusión enorme si los médicos y los biólogos moleculares, en su deseo de descubrir casos

[32] Cloninger, C. Robert (1991): «D_2 Dopamine receptor Gene is Associated but Not Linked With Alcoholism», *Journal of the American Medical Association*, vol. 266, pp. 1833-1834.

de mediación génica, empiezan a buscar en el diccionario de sinónimos términos como «asociado» o «relacionado» para rellenar el espacio entre «causa» y «coincidencia».

Diciéndolo de otro modo: debe haber una innumerable cantidad de correlaciones entre secuencias específicas de ADN y caracteres que se dan en algunas personas, por lo que el trabajo consiste en establecer qué correlaciones tienen un significado funcional.

El problema de asociar genes a comportamientos

La investigación sobre genes «para» problemas del comportamiento se ha planteado desde un ángulo diferente. Los neurobiólogos han descrito varios receptores situados en la superficie de las células que se combinan con diferentes compuestos químicos, de los cuales se sabe que determinan los «altibajos» en el comportamiento. Todos esos receptores son proteínas, por lo que se pueden asociar a genes. Se ha observado que algunos de estos compuestos químicos están implicados en los síntomas psicológicos y fisiológicos del alcoholismo y otras adicciones, así como en otras manifestaciones de enfermedades mentales.

La existencia de genes «para» la esquizofrenia o para el trastorno maníaco-depresivo es tan cuestionable como la de genes «para» el alcoholismo. Al margen de las historias que hemos leído sobre genes de la esquizofrenia, es importante comprender que si uno de los dos miembros de una pareja de gemelos idénticos, que por supuesto tienen genes idénticos, desarrolla esquizofrenia, la probabilidad de que el otro la desarrolle es del 30 por ciento[33]. Diciéndolo de otro modo, el segundo gemelo tiene una probabilidad mayor, de dos de tres, de *no* desarrollar esquizofrenia. La probabilidad de que un hermano no gemelo de una persona con esquizofrenia también la desarrolle es de una entre 20[34].

[33] Plomin, Robert (1990): «The Role of Inheritance in Behavior», *Science*, vol. 248, pp. 183-188.
[34] Ibíd.

Los psicólogos del comportamiento Robert Plomin y Denise Daniels resumen una serie de observaciones diciendo que las «influencias ambientales que afectan al desarrollo psicológico [...] hacen que los niños pertenecientes a una misma familia sean tan distintos entre sí como los niños de diferentes familias»[35]. Si bien esto es un poco extremo, sugiere cuán difícil, si no imposible, será predecir alteraciones del comportamiento basándonos en información sobre la familia o genética.

Se pueden identificar agrupaciones familiares o étnicas, es decir, grupos de personas relacionadas genéticamente, que manifiesten «síntomas» o «tendencias» relevantes para el desarrollo de afecciones o comportamientos perjudiciales; pero, en todos estos casos, son tantas las influencias ambientales y tantas las intrincadas interacciones entre el ambiente y los factores hereditarios que dar con la raíz del problema resulta desesperanzadoramente difícil.

Un estudio realizado recientemente por un grupo de médicos en Londres sugiere que las personas cuyas madres tuvieron gripe durante el segundo trimestre del embarazo corren mayor riesgo de desarrollar esquizofrenia; por lo tanto, aunque estas personas nacieron con una «predisposición» a la esquizofrenia, su causa era ambiental[36]. En el caso de los estudios de gemelos idénticos en los que sólo uno desarrollaba esquizofrenia se detectó que el gemelo esquizofrénico presentaba unas «pequeñas anormalidades en la anatomía de su cerebro». Tanto si las anormalidades produjeron la esquizofrenia como si fue al contrario, no pudieron ser de origen genético, ya que el gemelo, que es genéticamente idéntico, no las comparte[37].

Con toda esta confusión la existencia de un marcador genético para una afección determinada, aunque se encontrara, no sería

[35] Plomin, Robert, y Denise Daniels (1987): «Why Are Children in the Same Family so Different from One Another?», *Behavioral and Brain Sciences*, vol. 10, pp. 1-60.

[36] O'Callaghan, E., y otros (1991): «Schizophrenia After Prenatal Exposure to 1957 A2 Influenza Epidemic», *Lancet*, vol. 337, pp. 1248-1249.

[37] Suddath, Richard L., y otros (1990): «Anatomical Abnormalities in the Brains of Monozygotic Twins Discordant for Schizophrenia», *New England Journal of Medicine*, vol. 322, pp. 789-794.

muy útil. Aunque el modelo de una enfermedad o el modelo genético pueda ayudar a algunas personas afectadas, al igual que en el caso del alcoholismo, las correlaciones entre la afección y secuencias de bases de ADN no aportan ninguna información útil. Tales correlaciones no pueden ni predecir el comportamiento de individuos específicos ni dar con tratamientos. Identificar una secuencia de ADN «culpable» es únicamente un modo de decir que la afección es propia de dicha familia.

Como la mayoría de las enfermedades, y muchos comportamientos, tienen alguna correlación biológica, nunca se va a suscitar ningún problema a la hora de identificar proteínas que estén correlacionadas con ciertos «síntomas». Al principio de cualquier estudio nunca está claro si una observación de correlación tiene suficiente significado biológico o algún valor de predicción como para seguir adelante. La respuesta a tales preguntas requiere estudiar un grupo de personas suficientemente amplio como para poder comprobar hasta qué punto la correlación es relevante.

Lo que es más, el gran esfuerzo que se está haciendo para establecer correlaciones presenta problemas científicos y éticos: ¿cómo pueden tener validez científica las predicciones cuando se puede alterar un comportamiento por el mero hecho de ser estudiado? y ¿cómo un científico que se considera serio puede pedir a alguien que participe en experimentos cuando éstos pueden afectar a su comportamiento de una manera que ni ellos ni los científicos pueden predecir?

Trampas de la investigación sobre el comportamiento: la falacia del XYY

Existe otro problema científico fundamental. Resulta erróneo establecer correlaciones entre un genotipo determinado y un carácter específico estudiando sólo a las personas que manifiestan el carácter y preguntándose hasta qué punto comparten una configuración genética específica. Por el contrario, uno necesita estudiar una muestra aleatoria de la población general para poder determinar si, o en qué medida, las personas que manifiestan dicha configuración genética también manifiestan el carácter. Es una falacia muy común, en los trabajos de investigación de correlaciones, ignorar este hecho.

El ejemplo mejor conocido de este error fue la muy difundida afirmación de la existencia de una asociación entre la anomalía cromosómica XYY y el comportamiento criminal. Desde los primeros tiempos del movimiento eugenésico los científicos han intentado encontrar una base genética para la criminalidad. Dichos intentos se han visto alentados por estudios como el publicado recientemente en el *New York Times*, en el que se presentaba la nada sorpresiva estadística de que «más de la mitad de los jóvenes delincuentes confinados en las cárceles del estado y más de un tercio de los criminales adultos [...] tienen familiares cercanos que también han sido encarcelados»[38].

Antes de entrar en la discusión biológica recordemos que «criminalidad» es un concepto social. El hecho de que un determinado comportamiento se considere criminal dependerá del contexto. Así, matar puede ser heroísmo o asesinato; tomar la propiedad de alguien puede ser confiscación o robo; y, hasta hace muy poco tiempo y todavía en muchas sociedades, la violación se consideraba un comportamiento sexual normal si se producía dentro del matrimonio. Cualquiera que sea la definición que se elija, encarcelación no es sinónimo de criminalidad. La gente no es encarcelada por haber cometido crímenes, sino por haber sido apresados y no haber podido tener una defensa adecuada.

La hipótesis XYY ha sido un intento reciente de encontrar correlaciones biológicas del «comportamiento criminal», y para comprenderla primero debemos precisar en qué consiste la afección XYY. Como vimos en el capítulo 4, las mujeres tienen dos cromosomas X, y por lo tanto se dice que son XX, y los hombres

[38] Butterfield, Fox (1992): «Studies Find a Family Link to Criminality», *New York Times*, 31 de enero, p. A1.

tienen un cromosoma X y un cromosoma Y, por lo que se dice que son XY. Ocasionalmente, se puede producir un error durante la división de reducción de una célula precursora de un espermatozoide, de forma que el espermatozoide resultante termina con dos cromosomas Y en lugar de con uno. Si dicho espermatozoide se fusiona con un óvulo, el embrión resultante tendrá 47 cromosomas en lugar de 46, ya que poseerá tres cromosomas sexuales; es decir, será XYY en lugar de XY. Cada uno de los tres cromosomas sexuales se duplica en cada división celular, de modo que el niño termina con un cromosoma Y extra en el núcleo de cada una de sus células.

En muchas culturas, ser macho se relaciona con ser agresivo. Aclaremos desde un principio que, aunque algunos psicólogos proclamen que hay una conexión universal inherente entre masculinidad y agresividad, esta asunción no ha sido confirmada por estudios comparativos en culturas diferentes. En nuestra cultura se ha establecido una conexión metafórica entre agresividad y testosterona, la «hormona masculina» que secretan los testículos. Como el desarrollo de los testículos depende de la presencia del cromosoma Y, se ha establecido una conexión entre la agresividad y el cromosoma Y. (Para una refutación más detallada de dichas afirmaciones, véase mi libro *Politics of Women's Biology*[39].)

A principios de los años sesenta aparecieron varios artículos en revistas científicas sobre casos de hombres XYY. Éstos aseguraban que la presencia del genotipo XYY era responsable de un comportamiento excesivamente agresivo y, en consecuencia, de lo que se denominó vagamente «criminalidad». En un estudio más exhaustivo, Patricia Jacobs y sus colegas estudiaron la distribución del genotipo XYY entre un grupo de hombres internados en un hospital psiquiátrico de alta seguridad en Escocia. Sus informes decían que la población internada en el hospital tenía una proporción de hombres XYY veinte veces mayor que la esperada en la población

[39] Hubbard, Ruth (1990): *The politics of Women's Biology*, New Brunswick, Rutgers University Press, especialmente caps. 9 y 11.

general; también se dijo que estos hombres eran anormalmente altos y mentalmente «subnormales»[40]. Como resultado de ello los autores atribuyeron enfermedad mental, retraso mental, altura y agresividad al genotipo XYY.

El estudio de Jacobs estimuló la realización una serie de estudios similares en hospitales psiquiátricos y prisiones en distintos países, acompañados de titulares de prensa que hablaban de «genes criminales». Cuando se calmaron las cosas, resultó que la hipótesis XYY no tenía ninguna base. La mayoría de los hombres encarcelados no habían cometido crímenes violentos y, lo que era aún más importante, los estudios realizados en el grueso de la población mostraron que todos los hombres XYY, excepto un pequeño porcentaje, llevaban vidas normales y no eran inusualmente agresivos; por consiguiente, la asunción de base de este estudio era incorrecta.

Sin embargo, antes de que se desvelara el error de la hipótesis XYY, dos científicos iniciaron un estudio de sondeo en el que proponían hacer pruebas a todos los niños nacidos en el Lying-In Hospital de Boston para identificar a aquellos que fueran XYY. Planearon observar el comportamiento de estos chicos durante varios años, tanto en el colegio como en casa, y tomar nota de cualquier «anormalidad». Dichos investigadores también planearon proporcionar asesoramiento a las familias, de modo que éstas pudieran saber qué hacer en el caso de que sus hijos desarrollaran comportamientos agresivos inusuales.

Este programa de investigación fue cuestionado a principios de los años setenta por un grupo de científicos progresistas asociados a la organización, con base en Boston, Science for the People *(Ciencia para la gente)*, y finalmente fue paralizado[41]. Science for the People objetó que, como los padres no eran informados en un principio sobre el propósito del estudio o sobre sus consecuencias, no estaban en situación de dar un consentimiento responsable.

[40] Jacobs, Patricia A., y otros (1965): «Aggressive Behaviour, Mental Sub-normality and the XXY Male», *Nature,* vol. 208, pp. 1351-1352.

[41] Beckwith, Jon, y Jonathan Kinf (1974): «The XYY Syndrome: A Dangerous Myth», *New Scientist,* vol. 64, pp. 474-476.

Más adelante, la organización dijo que si se hubiera dicho a los padres todo lo que debían saber no se habría podido realizar el estudio de forma adecuada. Una vez que los padres supiesen que su hijo era XYY y que esto podría estar ligado a agresividad, nunca se sabría si Juanito empujó a Manolito porque se levantó con un mal pie o porque era innatamente agresivo. Si fueran presas del pánico cada vez que Juanito exhibiera un comportamiento «agresivo», su ansiedad sin duda afectaría a Juanito. (La psicóloga de la Universidad de Stanford Eleanor Maccoby ha dicho que la «agresión» en los niños a menudo depende de la visión del que los cuida: cuando Juanito empuja a Manolito, si Manolito sonríe es que están jugando, pero si Manolito empieza a llorar, Juanito ha sido agresivo.)

El estudio de Boston prácticamente no toca el asunto de si es correcto hacer experimentos de predicción en poblaciones aleatorias de individuos «normales», aunque sea muy probable que el resultado del experimento cambie la vida de estas personas y por lo tanto afecte al resultado. Este problema tira por tierra todo intento de hacer genética del comportamiento, tanto si se busca una correlación genética con alcoholismo, u otros comportamientos adictivos, como si se trata de detectar diferentes manifestaciones de «enfermedad mental». En vista de los problemas científicos, prácticos y éticos que supone realizar este tipo de investigaciones resulta improbable que las nuevas técnicas de genética molecular saquen a este campo del pantano de descubrimientos contradictorios en el que se encuentra inmerso. Pero, como éstos son asuntos que interesan a nuestra sociedad, los científicos no vacilarán a la hora de intentar encontrar respuestas a dichas preguntas y los medios de comunicación continuarán publicando las afirmaciones y negaciones. Dada la confusión que inevitablemente rodea a cada intento de encontrar causas de comportamientos, es comprensible que la gente tienda a aceptar aquellos «hechos» que confirmen sus creencias y juicios previos.

CAPÍTULO 8

MANIPULAR NUESTROS GENES

Tratamientos convencionales para afecciones hereditarias

La mayoría de los tratamientos actuales para afecciones hereditarias se desarrollaron antes de que los científicos supieran cómo determinar la composición molecular específica de las secuencias de ADN implicadas en dichas enfermedades. La base de estos tratamientos consiste, simplemente, en aliviar los síntomas, siendo el ejemplo que ha tenido mayor éxito el del tratamiento de la fenilcetonuria (PKU). Como la PKU puede servir de ejemplo de un grupo de enfermedades genéticas, llamadas «errores metabólicos congénitos», que incluye la galactosemia y la intolerancia a la lactosa, merece la pena detenernos en lo que implica este tratamiento.

PKU es el resultado de la incapacidad de una persona para metabolizar un aminoácido que forma parte de muchas proteínas llamado *fenilalanina*. La mayoría de la gente tiene una enzima en sus tejidos que convierte a la fenilalanina en otro aminoácido llamado *tirosina*. En las personas que padecen PKU, esta enzima no funciona bien, y en consecuencia se acumula fenilalanina en su cuerpo, lo que puede causar daños en las células del cerebro y otros tejidos.

Para prevenir que se produzcan estas lesiones se debe limitar estrictamente el consumo de proteínas y se debe suministrar a los bebés y niños con PKU un suplemento de tirosina y otros aminoácidos esenciales necesarios para un metabolismo y crecimiento normales. Los niños deben seguir esta dieta hasta que dejan de crecer, momento en que podrán empezar a seguir una dieta normal.

Como estos tratamientos dietéticos permiten que niños con PKU lleguen a ser adultos sanos, en los últimos años ha surgido una situación inesperada: cuando niñas que han nacido con PKU y crecen siguiendo una dieta modificada tienen sus propios hijos, ocurre que, aunque el alto nivel de fenilalanina en su torrente sanguíneo ya no resulta peligroso para ellas, sí que puede dañar al feto; por lo tanto se aconseja a las mujeres que tengan PKU que continúen con la dieta hasta que decidan no tener hijos.

Desafortunadamente, no existen tratamientos igual de eficaces para otras afecciones hereditarias comunes, como la anemia drepanocítica o la fibrosis quística; no obstante, se han desarrollado tratamientos que hacen que los síntomas sean menos onerosos. En el caso de la anemia drepanocítica, algunas terapias nuevas han disminuido las dolorosas «crisis falciformes», y empleando antibióticos se pueden prevenir o tratar las infecciones que padecen con frecuencia las personas con esta afección. Para gente con fibrosis quística, se ha demostrado que una terapia física diaria limpia las mucosas que tienden a bloquear sus bronquios, y, además, han salido nuevos medicamentos al mercado que tienden a reducir las mucosidades, lo que la hace más llevadera. Estas medidas permiten respirar con mayor facilidad y así reducir la incidencia de infecciones respiratorias, mientras que los antibióticos les ayudan a mantener las infecciones bajo control.

En el caso de algunas afecciones hereditarias, como la disfunción congénita de la glándula tiroides, pituitaria o adrenal, se han podido administrar las sustancias que estas glándulas producen en cantidades insuficientes. Las personas con hemofilia, que también es hereditaria, pueden ser tratadas mediante la administración periódica del factor de coagulación sanguínea del que carecen.

Todas estas terapias se desarrollaron antes de que los científicos pudieran determinar los genes específicos implicados en estas afecciones. Siempre que existan, los tratamientos de síntomas tienen la ventaja de poder ser aumentados, reducidos o interrumpidos cuando sea necesario. Esto no suscita ninguna controversia médica o ética más allá de las usuales en cualquier intervención médica: accesibilidad, equidad y necesidad de una buena comunicación entre profesionales y clientes. Sin embargo, ahora que es posible manipular y alterar genes, a muchos científicos les gustaría ir más allá del tratamiento de síntomas y cambiar las secuencias de ADN implicadas.

Modificando el ADN: manipulación de las células somáticas

Desde que los científicos se dieron cuenta de que algunas afecciones estaban asociadas a mutaciones en genes específicos, han sostenido que podría ser mejor tratar estas afecciones mediante la corrección de dichas mutaciones. Para poner un ejemplo conceptualmente simple: si un niño tiene PKU, en lugar de modificarle la dieta para eliminar los síntomas, los médicos proponen «reparar» el alelo reemplazando la secuencia de ADN mutada por una «normal».

En la situación que se da normalmente, los médicos pondrían copias de secuencias de ADN con un funcionamiento normal en los tejidos en los que el defecto metabólico es más acusado. Para ser efectivo, es decir, para «funcionar», la secuencia de ADN tendría que insertarse en los cromosomas de los núcleos de las células que normalmente producen la sustancia que falta o no funciona como debería. Por ejemplo, si una persona tiene anemia drepanocítica, el médico trataría de introducir las secuencias de ADN implicadas en la síntesis de hemoglobina normal en las células de su médula ósea, lugar en el que se producen los glóbulos rojos. Si el procedimiento funciona, estas células empezarían a sintetizar hemoglobina normal. Los científicos llaman a estas reparaciones de tejido *terapia génica somática*.

A mí no me gusta el término «terapia génica», por lo que evitaré usarlo. Se introdujo por su valor publicitario, para sugerir que dichas manipulaciones podrían ser beneficiosas, antes de que se hubiera intentado alguna manipulación génica. Al llamar «terapias» a las manipulaciones génicas se asume que, sin ninguna prueba, tendrán un valor terapéutico. El término «terapia» implica un beneficio para la salud, razón por la que se emplea en lugar de una palabra más neutra como «tratamiento» o más aterradora como «cirugía». No debemos aceptar la promesa del beneficio que nos proporcionarán las manipulaciones génicas antes de que se demuestre que mejoran la salud de la gente.

Los investigadores médicos se han estado preparando durante varios años para hacer modificaciones génicas somáticas y han realizado inserciones de ADN comparables en animales. Sin embargo, antes de que algún procedimiento pueda usarse en humanos, debemos estar seguros de que el ADN se inserta siempre en el sitio correcto. Los genes insertados en un sitio incorrecto pueden no funcionar o pueden provocar disfunciones serias, incluyendo cáncer. También, si el trozo insertado de ADN aterriza en medio de otro gen, podría interferir con la función de éste. En el caso de que se probara que la inserción de ADN es dañina, sería difícil, si no imposible, revertirla, al contrario que lo que ocurre con los tratamientos convencionales.

En experimentos recientes, realizados en células aisladas o en animales, los científicos se las han ingeniado para sacar secuencias de ADN específicas de un cromosoma e insertar otras en el mismo sitio; sin embargo, esto no significa necesariamente que dichas secuencias funcionarán y que serán reguladas de forma concreta, ni que no ocasionarán más mal que bien.

Otro problema potencial lo plantean los *vectores* que usan los médicos para transportar fragmentos de ADN dentro de los núcleos de las células diana. En experimentos realizados con tejidos crecidos en cultivo a menudo se emplean virus inactivados para transportar fragmentos de ADN a los núcleos de las células. Antes de usar dichos vectores en seres humanos es fundamental asegurarse de que los virus no manifestarán actividades biológicas inesperadas y no deseables por sí solos.

Como los científicos tuvieron que pensar primero en todas las precauciones que debían tomar y luego ensayar los procedimientos en animales, hasta el verano de 1990 no se realizó el primer experimento en un sujeto humano. En este experimento se introdujo un «gen extraño» en células linfáticas de personas que tenían melanoma maligno, una forma mortal del cáncer de piel[1]. No se trataba de sustituir el gen dañado, sino de aumentar la habilidad de esta persona para producir anticuerpos que la ayudasen a combatir el cáncer.

El segundo experimento de modificación genética se realizó en septiembre de 1990 con una niña de cuatro años. Con este procedimiento se pretendía ayudar a niños que habían heredado de por vida una enfermedad de inmunodeficiencia muy infrecuente, similar al síndrome de inmunodeficiencia adquirida (sida). Algunos niños que manifiestan esta enfermedad carecen de una enzima llamada *adenosina desaminasa* (ADA), que participa normalmente en la formación de anticuerpos. En este experimento se tomaron linfocitos (glóbulos blancos de la sangre) de la niña afectada y se insertó en sus núcleos el gen que especifica la secuencia aminoacídica de la ADA. Los linfocitos resultantes se introdujeron de nuevo en el torrente sanguíneo de la niña mediante transfusión[2]. Parece que el experimento tuvo éxito y que la niña ha sido capaz de producir suficiente cantidad de la enzima ADA como para superar de su inmunodeficiencia. Hasta el momento, otras dos niñas deficientes en ADA han sido tratadas de forma similar, reci-

[1] Rosenberg, Steven A., y otros (1990): «Gene Transfer into Humans. Immuno-therapy of Patiens with Advanced Melanoma, Using Tumor-Infiltrating Lymphocytes Modified by Retroviral Gene Transduction», *New England Journal of Medicine*, vol. 323, pp. 570-578. Cournoyer, Denis, y C. Thomas Caskey (1990), «Gene Transfer into Humans: A First Step», *New England Journal of Medicine*, vol. 323, pp. 601-603.

[2] Knox, Richard (1990): «4-Year-Old Gets Historic Gene Implant», *Boston Globe*, 15 de septiembre, p. 1. Culliton, Barbara J. (1990): «ADA Gene Therapy Enters The Competition», *Science*, vol. 249, p. 975.

biendo transfusiones de sus propias células, modificadas cada pocos meses[3].

Al margen del éxito obtenido, han surgido varias objeciones respecto a este experimento. Una es que la Federal Drug Administration (FDA; Administración Federal de Medicamentos de EE.UU) había aprobado un medicamento más convencional que aumenta la capacidad de los niños con esta forma de inmunodeficiencia de combatir las infecciones; por lo tanto, la manipulación del ADN no constituía la única terapia disponible para esta afección, y está establecido que antes de aprobar cualquier experimento de manipulación génica tiene que demostrarse que no hay ningún tratamiento alternativo disponible.

Una segunda objeción fue que uno de los primeros experimentos de este tipo se realizó con una niña, quien por definición no puede dar su consentimiento, y una tercera, que la deficiencia en ADA, aunque es de por vida, es una de las enfermedades más infrecuentes que se conocen. Tan sólo la padecen unos 70 niños en todo el mundo y tan sólo 15 o 20 parecen carecer de los niveles de ADA funcional adecuados, que es todo lo que esta intervención en particular puede reparar. Por lo tanto, aunque esta manipulación pueda beneficiar a estos niños extremadamente enfermos, es lógico preguntarse por qué se ha dedicado tanto tiempo y recursos a tratar esta afección en concreto, cuando muchos niños (y adultos) en todo el mundo están sufriendo y muriendo de enfermedades predominantes para las que ya existen tratamientos.

Desde que se iniciaron estos experimentos se han propuesto muchos otros y algunos se han sometido a prueba. Los experimentos que podían afectar a un mayor número de personas serían aquellos de manipulación génica implicados en fibrosis quística y en algún nuevo modo de abordar el melanoma u otros cánceres.

Las personas con fibrosis quística carecen de una proteína implicada en el transporte de iones de cloro a través de las mem-

[3] Erickson, Deborah (1992): «Genes in Order», *Scientific American*, vol. 266, junio, pp. 112-114.

branas de las células epiteliales. Científicos del National Institute of Health (NIH; Instituto Nacional de Salud) han insertado el alelo que especifica la composición de esta proteína, obtenido a partir del cromosoma 7 humano, en los conductos respiratorios de ratas del algodón, las cuales empezaron enseguida a producir la proteína humana. Aunque a las ratas el gen se les introdujo en la tráquea mediante cirugía, se espera que para las personas se empleen medios menos traumáticos como, por ejemplo, inhaladores. Los investigadores previenen que «la seguridad y efectividad [de este procedimiento] tiene que ser demostrada[4]». Ronald Crystal, miembro del equipo de investigación, ha mostrado su preocupación sobre la posibilidad de que el vector viral empleado para transportar el gen dentro de las células, que causa normalmente problemas respiratorios (aunque el equipo está empleando una forma modificada de este virus que no se reproduce por sí mismo), podría revertir a su estado natural si interaccionara con virus que se encuentran de forma natural en los pulmones de las personas. Otro problema que menciona Crystal es que las personas podrían desarrollar inmunidad contra el vector viral, de modo que el tratamiento, que tendría que administrarse periódicamente para ser efectivo, dejaría de funcionar[5].

El nuevo tratamiento propuesto para melanoma consiste en una inyección directa en el tumor de la secuencia aminoácida de billones de copias del gen que especifica para la proteína antigénica. Se espera que esta proteína estimule al sistema inmune de la persona para que produzca células que ataquen al tumor. Sin embargo, según Natalie Angier, del *New York Times*: «Los investigadores advirtieron de [...] que pasarán varios años antes de poder demostrar la eficacia de esta propuesta para contrarrestar el melanoma o cualquier otra alteración», aunque Angier ensalza la ingenuidad de los investigadores que, «limitados por la estrechez de su

[4] Rosenfeld, Melissa A., y otros (1992): «In Vivo Transfer of the Human Cystic Fibrosis Transmembrane Conductance Regulator Gene to the Airway Epithelium», *Cell*, vol. 68, pp. 143-155.

[5] Marx, Jean (1992): «Gene Therapy for CF Advances», *Science*, vol. 255, p. 289.

creatividad [...] se esfuerzan por inventar terapias génicas para tratar mejor ciertas enfermedades hereditarias tales como hemofilia, fibrosis quística, enanismo y deficiencias inmunes, así como enfermedades crónicas en adultos, como el cáncer y enfermedades cardiacas[6]». Por lo tanto, aunque durante mucho tiempo no sabremos si, y en qué medida, este tipo de tratamientos tendrá éxito, el *Times* ya los está presentando como el método del futuro.

Sin duda, en los próximos años se insertarán varias secuencias de ADN en células y tejidos con la esperanza de aliviar o curar enfermedades y, a juzgar por las experiencias pasadas con transplantes de órganos y artefactos cardíacos, habrá muchos voluntarios dispuestos a probar estos nuevos tratamientos. Pero como todos los tratamientos son experimentales, pasará algún tiempo antes de saber si remedian la afección para la que han sido diseñados y qué problemas inesperados podrán surgir.

En resumen, dichas intervenciones genéticas generan los mismos tipos de preocupaciones que suscitan otros procedimientos nuevos: pueden conllevar peligros impredecibles y podrían no producir los resultados esperados. Además, sólo pueden resolver los problemas de salud de relativamente pocas personas. Para esta gente, los tratamientos pueden ser un beneficio real, pero, desafortunadamente, la alta tecnología merma los recursos destinados a medidas médicas y de salud social que podrían mejorar la salud de un número mucho mayor de personas.

«Terapia génica de la línea germinal»: cambios en las futuras generaciones

Los intentos de modificar el ADN de nuestras células reproductoras (espermatozoides y óvulos) o de las células de embriones al principio de su desarrollo son una cuestión muy diferente y

[6] Angier, Natalie (1992): «With Direct Injection, Gene Therapy Takes a Step into a New Age», *New York Times*, abril, 14, p. C3.

mucho más conflictiva. Si se altera el ADN de estas células, no sólo afectará al individuo en cuestión, como en las situaciones anteriormente descritas, sino que el ADN alterado pasará a futuras generaciones por la *línea germinal*, razón por la que este tipo de manipulación del ADN se denomina convencionalmente *terapia génica de la línea germinal.* Permítanme aclarar primero en qué difiere este tipo de manipulación de las manipulaciones génicas que ya hemos considerado.

Si se altera el ADN de un tejido diferenciado, como el hígado o la piel, insertando o modificando toda o parte de una secuencia funcional de ADN, sólo se afectará a la persona cuyo tejido haya sido modificado; así, si no hace nada bueno o, aún peor, si es perjudicial, sólo sufrirá las consecuencias esa persona. Sin embargo, si uno modifica el ADN de un espermatozoide o de un óvulo, o de las células de un embrión al principio de su desarrollo, el ADN alterado se copiará cada vez que se dividan estas células y pasará a formar parte de todas las células de la futura persona, incluyendo sus óvulos o espermatozoides.

Este tipo de manipulación no trata de solucionar un problema de salud de una persona existente, sino de alterar la composición genética de futuras personas hipotéticas. Los ensayos actuales de manipulación génica de la línea germinal implican la utilización de embriones al principio de su desarrollo, que han sido producidos en una placa mediante fertilización *in vitro*. Cuando el óvulo fertilizado se ha dividido en seis u ocho células, los científicos toman una o dos de esas células y analizan si portan la mutación que los científicos tratan de remediar. Como en este estadio todas la células son equivalentes, tomar dos de ellas no daña al embrión. Si el embrión porta la mutación no deseada, los científicos podrían tratar de corregirla por manipulación génica antes de introducir el embrión en el útero de la mujer.

Esto es interesante desde el punto de vista del conocimiento científico, pero es difícil saber a quién beneficiará. Durante el procedimiento *in vitro* se fertilizan al menos media docena de óvulos, de los que sólo unos pocos son implantados; el resto se pueden congelar y almacenar hasta un uso posterior o se pueden desechar. Como existe la opción de elegir qué embriones implantar, uno podría seleccionar los que no porten la mutación; no hay ningún motivo para seleccionar aquellos que portan la mutación y tratar de corregirla. La única situación en la que la selección del embrión no funcionaría sería en el caso de que todos los embriones portaran la mutación; algo que sólo se daría en el rarísimo caso en el que ambos progenitores portaran dos copias del mismo alelo recesivo, por ejemplo si ambos padecieran anemia drepanocítica o el mismo tipo de fibrosis quística. Si esas parejas no quieren tener un hijo con dicha afección, existe una amplia variedad de opciones disponibles, desde la adopción al uso de esperma donado. Resulta muy poco razonable desarrollar una manipulación génica de la línea germinal para este propósito.

En términos de curar o tratar afecciones genéticas, la manipulación génica de la línea germinal es completamente irrelevante, ya que no se beneficiaría de ella ninguna persona enferma y porque existen otras formas de impedir que se transmitan caracteres génicos específicos. Lo que es más, esta tecnología podría acarrear algunas consecuencias aterradoras. Como hemos visto, si los científicos alteran el ADN de un embrión al principio de su desarrollo, tales alteraciones no se incorporarían únicamente a las células de la persona en la que se desarrollaría el embrión, sino también a las células de sus hijos, pasando a formar parte de la línea hereditaria.

Esta permanencia conlleva ciertos problemas. Por ejemplo, no es raro en terapias médicas obtener efectos inesperados e indeseables, lo que llamamos normalmente «efectos secundarios», aunque puedan tener consecuencias más serias que los propios efectos buscados. Si un tratamiento produce una enfermedad, dicha enfermedad se llama *iatrogénica*, palabra que proviene del griego y significa de «origen médico».

Las enfermedades iatrogénicas pueden ser serias, incluso mortales, pero a menudo, si la medicación se orienta hacia los síntomas adversos, su curso se puede detener y, con suerte, los síntomas desaparecen. Incluso si los efectos dañinos aparecen en la siguiente generación, como en el caso del DES o de la talidomina, esto todavía no constituye un cambio genético permanente. Sin embargo, si la manipulación génica de la línea germinal acaba siendo iatrogénica, los practicantes de la medicina habrán pasado a ser meros aprendices de brujos. La afección que ellos habrían introducido se escaparía de su control y pasaría a ser hereditaria.

Al decir esto, no quiero sobrestimar el significado potencial que estoy dispuesta a asignar a los genes. He dicho repetidas veces que los genes podrían desempeñar un papel en el metabolismo menos importante del que tienden a creer los biólogos moleculares y los genetistas, pero la amplitud y variedad de efectos que podrían resultar de la inserción o modificación de trozos de ADN son en cualquier caso impredecibles.

Debemos recordar que un mismo gen puede funcionar de forma diferente en distintos tejidos. El hecho de que los científicos hayan asociado una secuencia de ADN con un carácter específico no significa que dicha secuencia no tenga otras funciones. Podría participar en otras reacciones metabólicas de las que los científicos no sepan nada. Alterar el ADN tendrá efectos inesperados, y hay motivos para creer que algunos de ellos serán indeseables.

(© 1992 por Nicole Hollander).

La introducción de cambios en la línea germinal de un individuo va más allá de lo que normalmente consideramos una intervención médica justificable. Pero, si se demuestra que es más fácil manipular el ADN de células procedentes de embriones al principio de su desarrollo que el ADN de células procedentes de tejidos diferenciados de niños y adultos, algunos científicos defenderán la manipulación del ADN de células germinales. Si los intentos de manipulación génica somática han tenido menos éxito del prometido, la manipulación de la línea germinal se puede presentar como un modo más efectivo de obtener los mismos resultados, no en las personas que padecen la afección, sino en sus futuros hijos. Además, en los casos en los que las manipulaciones génicas somáticas hayan tenido éxito, se podría persuadir a las personas de que el siguiente paso lógico sería la manipulación de la línea germinal.

Como dijeron el biólogo Edward Berger y el filósofo Bernard Gert:

> La experiencia pasada demuestra que la aparición de nuevas tecnologías prometedoras, incluyendo la tecnología médica, genera presiones para su utilización. Así, es muy probable que si se permitiera la terapia génica en la línea germinal, ésta se usaría inapropiadamente... En el mundo real los investigadores sobrestimarían su conocimiento sobre los riesgos intrínsecos y por lo tanto estarían tentados de usar terapia génica en la línea germinal, incluso cuando no estuviera justificada[7].

Para que esto no suene excesivamente alarmista, aquí presento una acotación de Daniel Koshland, biólogo molecular y editor jefe de la revista *Science*, en la que habla de los aspectos éticos que presenta la manipulación génica de la línea germinal y reflexiona sobre la posibilidad «de que en un futuro la terapia génica ayude en cierto tipo de deficiencias del CI». Él se pregunta: «si se pudiera curar a un niño destinado a tener un CI bajo mediante el reemplazo de un gen, ¿habría realmente alguien en contra de esto?» (Atención al empleo de la palabra «curar» para desviar el «destino» de un «niño» que podría, en el momento de la cura, no ser más que una docena de células en una placa de petri.) Pese a expresar algunos recelos, Koshland continúa:

[7] Berger, Edward M., y Bernard M. Gert (1991): «Genetic Disorders and the Ethical Status of Germ-Line Gene Therapy», *Journal of Medicine and Philosophy*, vol. 16, pp. 667-683.

> Tan sólo hay un paso que separa esta decisión de la de mejorar un CI normal. ¿Hay algún argumento en contra de producir individuos superiores? No superiores moralmente o filosóficamente, tan sólo superiores en ciertas habilidades: mejores en informática, mejores músicos, mejores físicamente. Conforme la sociedad se vaya volviendo más compleja, quizá debería seleccionar individuos más capacitados para responder a sus complejos problemas...[8].

Claramente, las implicaciones eugenésicas de esta tecnología son enormes. Nos llevaría a un nuevo mundo salvaje en el que los científicos, u otros autodefinidos árbitros de la excelencia humana, tendrían potestad para decidir qué genes son «malos» y cuándo reemplazarlos con genes «buenos». Es más, la decisión de identificar o no funciones de genes determinados o de manipularlos o no se tomará no sólo, o incluso prioritariamente, en función de aspectos éticos o científicos, sino también por motivos políticos y económicos. Tenemos que estar pendientes de los experimentos de manipulación génica de la línea germinal que se propongan y oponernos a los razonamientos que se presentarán para fomentar su puesta en práctica, allí donde y cuando ellos lo argumenten.

[8] Koshland Jr., Daniel E. (1988-1989): «The Future of Biological Research: What is Possible and What is Ethical?», *MBL Science*, vol. 3, pp. 10-15.

CAPÍTULO 9

GENES EN VENTA

Fondos para la investigación, beneficios para la biotecnología

Existen motivos para que los biólogos moleculares pongan tanto énfasis en los genes, refiriéndose a ellos como «programas de acción» del organismo. La creencia de que los genes determinan, y por lo tanto se podrían usar para predecir una amplia variedad de enfermedades y caracteres definidos, es fundamental para obtener el apoyo que estos científicos necesitan, tanto popular como del Congreso. Si los genes sólo están implicados en afecciones relativamente infrecuentes, como es el caso de la enfermedad de Tay Sachs (idiocia amaurótica), la anemia drepanocítica o la fibrosis quística, resulta difícil justificar el aumento del gasto que se está realizando en análisis de ADN al tiempo que disminuyen los fondos destinados a otras líneas de investigación biomédica y a todo tipo de servicios sociales y médicos.

Sin embargo, si creemos que cada posible problema de salud al que somos susceptibles, así como el modo en el que crecemos, aprendemos y envejecemos, están codificados en nuestros genes, entonces cada ciudadano y cada miembro del Congreso querrá que los científicos averigüen todo acerca del genoma humano. Si los científicos nos convencen de que todos tenemos «tendencias genéticas» a desarrollar problemas tanto de salud como sociales, todos seremos candidatos para un diagnóstico genético y una terapia génica. Los beneficios para la investigación médica y su desarrollo son obvios, aunque los beneficios para nosotros, «los pacientes», sean cuestionables.

No trato de sugerir que los biólogos moleculares estén engañando a la gente deliberadamente al anunciar la eficacia potencial de su trabajo. Algunos lo estarán haciendo, pero el aspecto más significativo es que son miembros de esta cultura, que está dispuesta a destinar enormes sumas de dinero y mucho esfuerzo a eliminar las causas biológicas de la enfermedad y la muerte mientras que al mismo tiempo acepta como inevitable el constante aumento de muertes por causas sociales. Tales causas sociales incluyen accidentes y violencia, toxinas ambientales evitables, mal nutrición y enfermedades infecciosas, todas ellas causantes de lesiones o muerte en un gran número de personas.

Las empresas farmacéuticas y biotecnológicas han invertido una gran cantidad de dinero en desarrollar y comercializar nuevos productos de tecnología genética. Philip Abelson, antiguo editor jefe de la revista *Science,* y que no se opone a la biotecnología, dice que las principales empresas de biotecnología de EE.UU. gastan el 24 por ciento de sus ingresos en comercialización y que sus vendedores hacen 30 millones de visitas al año a oficinas de médicos para vender sus productos[1]. No obstante, por el momento los beneficios no han sido los esperados[2]. Se han obtenido productos como insulina humana, hormona del crecimiento o interferón, pero el requerimiento de estas sustancias es limitado. Estos productos no van a convertir a la industria biotecnológica en el equivalente de la industria informática de hace dos décadas y producir un nuevo «Silicon Valley» o «milagro de Massachusetts». Para conseguir eso los empresarios biomédicos y

[1] Abelson, Philip H. (1992): «Biotechnology in a Global Economy», *Science*, vol. 255, p. 381.
[2] Thayer, Ann M. (1992): «Biotech Companies in Good Shape Despite Large Losses in 1991», *Chemical and Engineering News*, marzo, 30, pp. 9-11.

biotecnológicos van a tener que generar un mercado mucho más amplio.

Por el momento, los ensayos de diagnóstico preventivo son los mejores candidatos para una comercialización masiva, ya que se pueden realizar en un gran número de personas sanas. Si se consigue crear una atmósfera en la que ninguno de nosotros se sienta seguro hasta que haya determinado la probabilidad que tiene, tanto él como sus hijos, de desarrollar distintas enfermedades o discapacidades, todos estaremos dispuestos a mantener esta nueva industria y a acostumbrarnos a ella. Para que se dé esta reorientación, los científicos deberían dejar de concentrarse en esas pocas afecciones inusuales que hasta la fecha hemos considerado «genéticas» y comenzar a estudiar enfermedades de las que sólo hay una evidencia mínima de que tengan un componente hereditario, como las que hemos visto en los capítulos 6 y 7.

Comercialización y conflictos de interés

A medida que la investigación genética se ha ido convirtiendo en un gran negocio, que se prevé que será una de las mayores industrias del siglo XXI, han ido surgiendo en este campo cuestiones sobre conflictos de intereses, lo que no nos sorprende. Al surgir «colaboraciones» entre el gobierno, universidades y empresas interesadas en otras áreas científicas, los científicos se han dado cuenta de que con frecuencia estaban sirviendo a distintos maestros. Físicos nucleares de élite, identificados por estar afiliados únicamente a la universidad, testificaron en el Congreso de Diputados sobre la seguridad y eficacia de la energía nuclear, y más tarde se descubrió que la industria de energía nuclear les pagaba como consultores[3]. En el área de la biomedicina, nutricionistas de primera fila de distintas facultades universitarias han tenido afiliaciones ocultas con

[3] Schwartz, Charles (1975): «Corporate Connections of Notable Scientists», *Science for People*, mayo, pp. 30-31.

la industria alimentaria[4], e investigadores biomédicos, con compañías farmacéuticas[5].

Sin embargo, rara vez este tipo de asociaciones han sido tan difusas como lo son ahora con la nueva industria biotecnológica.

Como la mayoría de los científicos que participan actualmente en investigaciones genéticas están directamente asociados a empresas de biotecnología, sus intereses económicos pueden afectar a sus programas de investigación y a sus pronunciamientos científicos públicos. Cada profecía sobre una nueva prueba de diagnóstico o terapia médica puede afectar a la venta de las existencias. Los investigadores que hayan invertido en estas compañías, tanto si actúan de consultores como si pertenecen al comité de empresa, no deberían ser considerados científicos objetivos.

En 1990 y 1991 seis miembros de la plantilla de genetistas de la National Academy of Science de EE.UU. dimitieron o se les pidió que cortaran sus lazos con empresas privadas debido a los posibles conflictos de intereses que pudieran surgir[6]. El Council for Responsible Genetics (Consejo para una Genética Responsable), un grupo de interés público que estudia las aplicaciones prácticas de la genética y la biotecnología, ha dedicado un número completo de su publicación *Genewatch* a analizar conflictos de interés en este campo. Un artículo menciona la historia del Dr. Scheffer Tseng, investigador del centro de otorrinología y oftalmología de Massachussets afiliado a la Universidad de Harvard, que probaba una pomada de vitamina A para curar el «síndrome de ojo seco», afección que puede llevar a una discapacidad visual severa[7]. Mientras que oficialmente disfrutaba de una beca de investigación en Harvard, el Dr. Scheffer Tseng recibía dinero

[4] Epstein, Samuel S. (1978): *The Politics of Cancer*, San Francisco, Sierra Club Books, pp. 438-439.

[5] Mintz, Morton (1967): *By Prescription Only*, Boston, Beacon Press, cap. 15. Moss, Ralph W. (1982): *The Cancer Syndrom*, Nueva York, Grove Press, p. 300.

[6] Anderson, Christopher (1992): «Conflict Concerns Disrupt Panels, Cloud Testimony», *Nature*, vol. 355, pp. 753-754.

[7] Wilker, Nachama L. (1991): «Combatting Biotech's Corporate Virus: Conflict of Interest», *Genewatch*, vol. 7, noviembre, pp. 6-7.

como consultor de la compañía farmacéutica Spectra de Hopkinton, Massachussets, y era uno de sus principales accionistas, la cual fabricaba el medicamento que él estaba probando. En su celo por demostrar el valor del medicamento, experimentó en un número de personas cinco veces mayor al aprobado en su protocolo de investigación, lo hizo en personas sin su consentimiento y presentó los resultados de los ensayos de tal modo que exageraba sus beneficios[8]. Las injustificadas reivindicaciones de Tseng sobre el éxito de su tratamiento fueron respaldadas por Kenneth Kenyon, uno de los principales accionistas de Spectra, que además era su jefe de proyecto en Harvard, y por el fundador de Spectra, Edward Maumenee, científico distinguido y profesor emérito en la Universidad Johns Hopkins.

El Consejo Médico de Massachussets imputó ciertos cargos a Tseng y Kenyon, pero más adelante fueron reducidos por recomendación de la magistrada. Según el periódico *Boston Globe*, «[La magistrada] encontró falta en Tseng, pero recomendó que el consejo tuviera en cuenta [...] que "no había evidencia de que el Dr. Tseng estuviera implicado en un comportamiento fraudulento o no ético" y que "es un médico incansablemente dedicado"»[9]. Todo esto podría ser verdad, pero el problema es que cuando los científicos tienen un excesivo interés financiero ligado a sus investigaciones, intentarán interpretar sus resultados del modo más optimista posible. Si el Dr. Tseng está engañando deliberadamente a la gente o simplemente engañándose a sí mismo, es irrelevante para los pacientes que compran la pomada.

El caso del Dr. Tseng podría ser un caso extremo, pero tales lealtades duales impregnan todo el proceso de investigación. En uno de los artículos del *Genewatch*, tres sociólogos documentaron hasta qué punto miembros de las facultades de medicina de las principales universidades de EE.UU. estaban afiliados de forma

[8] Gosselin, Peter (1988): «Flawed Study Helps Doctors Profit on Grug», *Boston Globe*, 19 de octubre, pp. 1 y 16-17.

[9] Kong, Dolores (1992): «Charges against Two Dropped», *Boston Globe*, 13 de abril, p. 50.

remunerada a empresas de biotecnología. Escriben que «cerca de un tercio del departamento de biología del MIT (Instituto Tecnológico de Massachusetts) lo constituían científicos ligados formalmente a empresas de biotecnología» y que un quinto de los profesores de los departamentos más relevantes de Harvard tienen afiliaciones semejantes. Además, en la National Academy of Science de EE.UU. (organización de élite con los mejores científicos de Estados Unidos fundada por Abraham Lincoln para aconsejar al gobierno en asuntos de ciencia) se sabe que el 37 por ciento de los miembros que están en activo en el campo de la medicina tienen vínculos comerciales[10]. Con el término «vínculos comerciales», el *Genewatch* se refiere únicamente a los investigadores académicos que son miembros del consejo de consultores científicos o consultores permanentes de empresas de biotecnología, tanto si tienen responsabilidades ejecutivas en una empresa como si tienen inversiones sustanciales en ella o forman parte de su consejo de dirección. Si consideramos que sólo una parte de los miembros de las facultades de medicina trabaja en campos que se solapan con los intereses de empresas de biotecnología y que estos investigadores tienen la capacidad de obtener información de unas 549 empresas, de un total de 889, es razonable asumir que el nivel de implicación de las corporaciones es mayor que el estimado por el *Genewatch*.

Rutinariamente, el National Institutes of Health (NIH), la National Science Foundation (NSF) y otras agencias financiadas con fondos públicos solicitan a científicos que evalúen la calidad de las solicitudes de fondos públicos para proyectos de investigación y los informes sobre el progreso de las investigaciones financiadas presentados por sus colegas científicos. También informan en el Congreso y en otras agencias públicas sobre la seguridad de los nuevos productos y tecnologías. Sería ingenuo creer que estos vínculos comerciales no afectan a sus opiniones cuando se trata de evaluar tanto el trabajo de las empresas a las que están afiliados

[10] Krimsky, Sheldon; James G. Ennis y Robert Weissman (1991): «Biotech Industry's Alliance with Scholars: Stronger, Deeper than Imagined», *Genewatch*, vol. 7, noviembre, pp. 1-2.

como el de aquellas que son competidores actuales o potenciales. En septiembre de 1990 el Goverment Operations Committee (Comité de Operaciones Gubernamentales) del Congreso de EE.UU. emitió un informe que se centraba en diez casos sobre malversación científica. Uno incluía un estudio del t-PA, un nuevo medicamento destinado a prevenir la coagulación de la sangre en personas que han sufrido un ataque al corazón, financiado por el NIH. El grupo de investigadores, que incluía a varios científicos ligados a la empresa que produce el t-PA, evaluaron el medicamento muy favorablemente. Otros estudios muestran que el t-PA no es más efectivo que otros medicamentos más baratos y que puede conllevar un mayor riesgo de infarto. Como miembro del comité, Ted Weiss (D-NY) escribió: «Estos nuevos resultados confirman nuestras sospechas de que los proyectos del NIH han sido concedidos en función de las inclinaciones de los investigadores»[11].

Junto con los conflictos de interés que generan, estas afiliaciones múltiples van unidas a la limitación de qué y cuánto comunican los científicos sobre los resultados de sus investigaciones. Un claro ejemplo es el caso de dos investigadores irlandeses que reivindicaban haber encontrado una mutación génica asociada a la herencia del cáncer de pecho. Según un artículo en el *Newsday*, planean desarrollar una prueba para predecir estos cánceres «con cerca de un cien por cien de exactitud», aunque este mismo artículo sugiere la existencia de algunos problemas serios relacionados con este estudio. Sin embargo, no hay forma de evaluar su base científica, porque «no se ha publicado la investigación, a petición de la American Biogenetic Science Inc., empresa de investigación situada en Indiana, que planea comercializar el ensayo»[12].

Las corporaciones de biotecnología están aumentando su financiación a proyectos realizados en las universidades. Uno de los

[11] Weiss, Ted (1991): «Congress, Whistleblowers, and the Scientific Community: Can We Work Together?», *Genewatch*, vol. 7, noviembre, pp. 3-5.
[12] Scott, Gale (1992): «Blood Test Predicts Some Breast Cancer», *Newsday*, 28 de abril, p. 6.

principales problemas con estas colaboraciones es que se supone que la investigación académica es abierta, mientras que la industrial no lo es. La introducción de secretos comerciales en los laboratorios de las universidades cambia la forma de hacer investigación. Restringir el intercambio abierto de información científica también afecta a los preceptos que se transmiten a la siguiente generación de científicos (estudiantes de doctorado y becarios postdoctorales) sobre las responsabilidades que los científicos tienen hacia sus colegas, hacia los estudiantes y hacia el público en general.

En su reciente libro, Sheldon Krimsky, profesor en la Universidad de Tufts y presidente del Council for Responsible Genetics, explora las actividades comerciales de científicos académicos y universidades en el área de la biotecnología[13], con la Universidad de California a la cabeza, seguida de la Universidad de Harvard.

En 1980 la Universidad de Harvard decidió no invertir directamente en una empresa de biotecnología comercial con la que estaban relacionados algunos de sus representantes, pero miembros de la universidad sacaron patentes conjuntas con dichas empresas. La Universidad de Boston ha invertido unos 85 millones de dólares en Seragen, una compañía de biotecnología fundada por uno de sus miembros en Hopkinton, Massachussets. La Universidad de Boston es el principal accionista de Seragen, aunque sus acciones descendieron del 92 a un 70 por ciento cuando, después de siete años, las acciones salieron a la venta en abril de 1992[14]. Seragen sigue prometiendo medicamentos innovadores, pero hasta esa fecha sólo había producido acciones disponibles y optimismo.

En 1981 el Massachusetts General Hospital, uno de los principales hospitales-escuela asociados a la facultad de medicina de Harvard, firmó un acuerdo renovable de diez años con la compañía farmacéutica alemana Hoechst AG mediante el cual Hoechst financiaba parte de la investigación adquiriendo a cambio un grado con-

[13] Krimsky, Sheldon (1991): *Biotechnics and Society: The Rise of Industrial Genetics*, Nueva York, Praeger.

[14] Rosenberg, Ronald; y Jolie Solomon (1992): «Seragen Reported to Weigh Cutting Share Offer Price», *Boston Globe*, 28 de marzo, p. 25.

siderable de control sobre los resultados de la investigación y sus aplicaciones. Esto incluía cláusulas como que «todos los manuscritos deben ser presentados a Hoechst 30 días antes de ser enviados» y que «Hoechst adquiere la licencia en exclusiva sobre todos los descubrimientos explotables comercialmente»[15]. Monsanto Chemical Company tiene un acuerdo similar con la Universidad de Washington en San Luis, y este tipo de acuerdos existen entre muchas otras compañías de biotecnología y las principales universidades[16].

Incluso donde las universidades no han establecido asociaciones directas con la industria, la línea de conexión puede ser difusa. En muchos casos, determinados profesores han empezado a establecer empresas privadas en el campus de las universidades a las que pertenecen. Resulta difícil distinguir proyectos que reciben fondos del Estado de los que son financiados por vía comercial[17].

Éstos son unos pocos ejemplos de los vínculos que existen actualmente entre investigadores, cuerpos de gobierno en materia de investigación de las universidades y la industria biotecnológica. Los peligros de tales vínculos se han publicado en la prensa y, a comienzos de los años ochenta se llevaron a cabo una serie de audiencias sobre el tema en el Congreso de EE.UU. Las audiencias trataron tanto de la mezcla de fondos federales con los procedentes de corporaciones como del uso de fondos federales para investigaciones que posteriormente son explotadas por entidades privadas. Mientras que nadie niega que tales cosas pudieran pasar, y de hecho algunas veces pasaron, los administradores de la universidad se apresuraron a dar garantías de su capacidad para autogestionarse y de que todo el problema podía evitarse cambiando simplemente algunas pautas.

Krimsky publicó un diálogo público que mantuvo en 1979 con David Baltimore, que posteriormente pasó a ser el director del Whitehead Institute, fundado por el magnate del instrumental

[15] Kenney, Martin (1986): *Biotechnology: The University-Industry Complex*, New Haven, Yale University Press, p. 63.
[16] Ibíd., cap. 3.
[17] Krimsky, Sheldon: *Biotechnics and Society*, op. cit., p. 69.

médico Edwin C. Whitehead, mientras trabajaba como profesor en el MIT y realizaba grandes inversiones en Collaborative Research, una empresa de biotecnología[18]. Según Krimsky, «Baltimore creía que los científicos podían hacer todo eso; servir a sus universidades, servir a la industria, servir a la sociedad y servirse a sí mismos. Desde este punto de vista, si se hace de forma correcta, ésta es una situación en la que se gana seguro»[19]. Dos años después de esto, mientras Baltimore formaba parte del comité que aconseja al NIH en materia de ADN recombinante, dicho comité potenció el establecimiento de pautas de seguridad para la realización de investigación con ADN; el *Boston Globe* publicó que él era simultáneamente director de empresa y el mayor accionista individual de Collaborative Research[20].

Claramente, esto es peligroso para los que regulan las empresas con las que están relacionados. Aunque ellos creen que son capaces de mantener sus intereses personales al margen, y que lo que hace su mano derecha es independiente de lo que hace su izquierda, para nosotros es difícil tener la misma confianza. Tal fragmentación de lealtades claramente va en detrimento de los intereses públicos.

En Estados Unidos toda la preparación de biólogos moleculares, doctorandos y postdoctorales que se encuentran en las universidades es pagada por el gobierno, normalmente por el NIH o la NSF, por medio de becas o proyectos de investigación. Estas agencias federales también financian la mayor parte de la investigación que realizan los biólogos. A cambio, los científicos pertenecerán a grupos de consulta del gobierno, testificarán ante el Congreso o aconsejarán al gobierno por otras vías. En todos estos casos, serán considerados investigadores académicos desinteresados. Obviamente, esto no es exacto en la situación actual, en la que los científicos pertenecen a comités de dirección de empresas comerciales y

[18] Kenney, Martin: *Biotechnology*, op. cit., p. 50.
[19] Krimsky, Sheldon: *Biotechnics and Society*, op. cit., p. 70.
[20] Rosenberg, Ronald (1981): «Collaborative in First Public Offering with 1,5 m Shares», *Boston Globe*, 10 de diciembre, pp. 89-90.

reciben dinero de ellas, personalmente o financiando su investigación.

Existen conflictos de interés incluso en los niveles más altos de investigación genética. En abril de 1992 James Watson dimitió como director del National Center for Human Genome Research (Centro Nacional para la Investigación del Genoma Humano) después de que la directora del NIH, Bernadine Healy, iniciara una investigación sobre potenciales conflictos de interés que pudieran surgir de las sustanciales inversiones que James Watson y ciertos miembros de su familia tenían en varias empresas de biotecnología. Según el *New York Times*, «[Oficiales del NIH] dijeron que las decisiones del Dr. Watson como jefe del proyecto [genoma] podrían tener un efecto sustancial sobre las empresas en las que él tiene un interés, ya que éstas también están haciendo trabajos de secuenciación génica. Por lo tanto ambos son competidores del proyecto del gobierno y beneficiarios potenciales de su progreso»[21].

La situación empeora cuando científicos empleados por el gobierno para regular el desarrollo de productos comerciales o para evaluar su seguridad tienen intereses financieros en el éxito de estos productos. Dicho conflicto llevó al Dr. David T. Kingsbury a dimitir de su puesto de ayudante de dirección de ciencias biológicas en la National Science Fundation[22]. El Dr. Kingsbury dirigía el Biotechnology Science Coordinating Committee (BSCC) de la Oficina de la administración de Reagan para la política científica y tecnológica. Al mismo tiempo, estaba en la lista del consejo de directores de IGB Products, Ltd., empresa subsidiaria de Porton International, compañía británica de biotecnología. Kingsbury también está en las listas de otras dos empresas californianas subsidiarias de Porton.

Según el artículo del *San Francisco Chronicle*, Kingsbury era el experto que aconsejaba en estas compañías sobre cómo desarrollar

[21] Anónimo: «DNA Pioneer Quits Gene Map Project», *New York Times*, 11 de abril, p. 12.

[22] Wilker, Nachana L.: «Combatting Biotech's Corporate Virus...», op. cit.

diagnósticos médicos[23] a partir de los resultados obtenidos en las investigaciones de ADN. Mientras tanto y estando bajo su dirección, se responsabilizó a la BSCC para desarrollar y coordinar una política de regulación de la industria biotecnológica para todas las agencias de regulación federales, como la Agencia de Protección Ambiental y la Administración de medicamentos y alimentos[24].

Mucha gente ha empezado a cuestionarse si el NIH debería ser la agencia del gobierno encargada de regular la investigación biomédica cuando su función principal es promover dicha investigación. No obstante, desde finales de los años setenta, el Recombinant ADN Advisory Committee (RAC; Comité de consulta sobre ADN recombinante) del NIH se ha responsabilizado de supervisar la seguridad de la investigación de ADN financiada por el gobierno. (Aunque los investigadores de la industria han acordado atenerse a las normas del RAC, su acatamiento no está siendo vigilado por ninguna agencia federal.)

No son nuevos en ciencia los conflictos de intereses. El Congreso de EE.UU. está siempre tratando de resolver cuestiones sobre cómo regular la transferencia de información y personal entre instituciones de investigación financiadas con fondos públicos y empresas comerciales privadas, sin violar indebidamente la libertad científica o el auge empresarial, aunque la relación entre investigadores biomédicos y empresas nunca había sido tan amplia, y por lo tanto tan amenazadora para el interés público y dañina para la confianza de la gente.

En su artículo del *Genewatch*, Ted Weiss menciona que quizá el gobierno debería instituir regulaciones que prohibieran a los investigadores suvencionados por el National Institutes of Health (NIH) «la posesión de acciones o valores en una compañía que fabrique el medicamento que están estudiando con fondos públicos». Posteriormente sugirió que «como mínimo, se debería reque-

[23] Diringer, Elliot (1987): «Reagan Biotech Adviser Faces Criminal Probe», *San Francisco Chronicle*, 16 de octubre, p. 1.

[24] Crawford, Mark (1987): «Document Links NSF Official to Biotech Firm», *Science*, vol. 238, p. 742.

rir que los científicos financiados por el NIH revelaran sus actividades financieras con compañías relacionadas con la materia cada vez que presentaran sus resultados, tanto oralmente como por escrito»[25]. Verdaderamente, estas sugerencias parecen bastante moderadas.

Propiedad del genoma

Necesitamos preguntarnos por qué un conocimiento que se ha desarrollado con fondos públicos es transferido rutinariamente a empresas comerciales que tratará de que produzca beneficios para la industria biomédica. ¿Por qué el público no tiene acceso, sin coste, a los resultados del conocimiento generado gracias a los impuestos que ha pagado?

Por el momento, está ocurriendo lo contrario. Se está generando una situación en la que tanto los científicos cuya investigación está financiada con fondos públicos como el mismo NIH entran en una batalla comercial. En octubre de 1991, la revista *Science* publicó la historia de un científico llamado Craig Venter que, junto a sus colegas del National Institutes of Health, estaba intentando identificar todas las secuencias funcionales del cerebro humano[26]. Lo que hacen estos científicos es aislar secuencias de ARN mensajero de células del cerebro humano y retrotranscribirlas de nuevo a ADN.

Mediante la determinación de las secuencias de bases de dichos fragmentos de «ADN complementario» (complementario del ARN mensajero), Venter y sus colegas esperan formar una genoteca de lo que ellos llaman «fragmentos de secuencias expresadas». Éstas son secuencias dc bases que presumiblemente se traducen a proteínas que actúan en el cerebro. Los científicos esperan que

[25] Weiss, Ted: «Congress Whistleblowers, and the Scientific Community», op. cit., p. 5.
[26] Roberts, Leslie (1991): «Genome Patent Fight Erupts», *Science*, vol. 254, pp. 184-186.

estos «fragmentos» les permitan detectar todas las secuencias de ADN que se usan en el cerebro. Dicho de otro modo, están tratando de identificar un conjunto de genes, sin saber sus funciones o dónde se localizan dentro de los cromosomas[27].

Aquí la cosa se complica. En verano de 1991, en una sesión informativa en el Congreso sobre el Proyecto del Genoma Humano, Venter mencionó que el NIH estaba pensando en patentar las aplicaciones de todos los «fragmentos» que él estaba identificando a un ritmo de entre 50 y 150 por día. La idea era que patentando las secuencias en ese momento, el NIH sería «propietario» de las mismas cuando dicho conocimiento pudiera ser explotado comercialmente, si es que era posible.

Según la historia de *Science*, «James Watson, que dirigía el Proyecto del Genoma en el NIH [...], refutaba y denunciaba el plan como "una mera locura". Watson dijo que, con el advenimiento de los secuenciadores automáticos, "virtualmente cualquier mono" podría hacer lo que está haciendo el grupo de Venter»[28]. Esto podría sonar a que Watson estaba en contra de que se patentasen secuencias de ADN, pero en realidad tan sólo estaba objetando que Venter las patentase tan pronto, antes de que se supiera algo sobre sus funciones. Watson piensa que es incorrecto patentar secuencias aleatorias, no que esté mal patentar genes.

Ninguno estaba luchando por la pureza de la investigación, o insistiendo en que los científicos deben evitar enredos comerciales. Tan sólo estaban discutiendo sobre cuál es la mejor manera de hacer viables los frutos de sus investigaciones. Bernadine Healy, directora del NIH, decía que, aunque las secuencias de dichos fragmentos son por el momento trozos de ADN sin significado, el NIH tenía que patentarlas para poder publicarlas sin que acabasen siendo del dominio público. Dice que la falta de tal

[27] Adams, Mark D., y otros (1991): «Complementary DNA Sequencing: Expressed Sequence Tags and Human Genome Project», *Science*, vol. 252, pp. 1651-1656. Adams, Mark D., y otros (1992): «Sequence Identification of 2.375 Human Brain Genes», *Nature*, vol. 355, pp. 632-634.

[28] Roberts, Leslie: «Genome Patent Fight Erupts», op. cit., p. 184.

protección podría echar para atrás a las compañías de biotecnología en la búsqueda de las funciones de dichas secuencias y en el empleo de dicha información para desarrollar productos[29]. Los opositores, incluso dentro de la industria biotecnológica, dicen que, por el contrario, patentar en este momento va probablemente a limitar tanto los intereses científicos como los empresariales. Como dice David Botstein, investigador del Proyecto del Genoma Humano: «Ninguno se beneficia de esto, ni la ciencia, ni la industria biotecnológica, ni tampoco la competividad de América»[30].

En 1992, después de que el NIH hubiera solicitado patentar unos 2.000 fragmentos génicos más, Venter, junto con su equipo de investigación, lo dejó para dirigir un nuevo centro de investigación que contaba con un fondo de 70 millones de dólares, fundado por un grupo de capital de riesgo llamado Healthcare Investment Corporation[31]. Mientras tanto, Healy había dicho que el NIH estaría dispuesto a renunciar a patentar los fragmentos génicos si se promoviera un acuerdo internacional de que esto «no impediría la posibilidad de obtener una protección adecuada de patentes» de futuros productos[32]. Sin embargo, cuando la oficina de patentes y registro de marcas de EE.UU. denegó la solicitud de patente del NIH en agosto de 1992, Healy le hizo saber que apelaría la decisión y que esperaba ganar[33].

Científicos británicos están haciendo una investigación similar a la de Venter, pero el Medical Research Council (MRC), el equivalente británico del NIH, ha dicho que no patentará fragmentos aleatorios de ADN. En su lugar, el MRC retiene en secreto la composición de los fragmentos e intenta vender el acceso a esta infor-

[29] Healy, Bernadine (1992): «Special Report on Gene Patenting», *The New England Journal of Medicine*, vol. 327, pp. 664-668.
[30] Roberts, Leslie: «Genome Patent Fight Erupts», op. cit., p. 184.
[31] Anderson, Christopher (1992): «Controversial NIH Genome Research Leaves for New $70-milllion Institute», *Nature*, vol. 358, p. 95.
[32] Healy, Bernadine: «Special Report on Gene Patenting», op. cit., p. 667.
[33] Anderson, Christopher (1992): «Gene Wars Escalate as US Official Battles NIH over Pursuit of Patent», *Nature*, vol. 359, p. 467.

mación a las empresas de biotecnología que la quieran utilizar para vender productos[34].

En todo esto, es importante no olvidarse de que estos fragmentos de ADN que se están secuenciando son parte de nuestro cuerpo; no han sido inventados por estos investigadores. Si las secuencias de bases de este ADN pueden patentarse, en lugar de ser del dominio público, los derechos para el uso comercial de estas secuencias pertenecerán al NIH o a las compañías que las hayan comprado al MRC. Al final, el que pierde es el consumidor: primero paga el coste de la investigación y de la patente con sus impuestos, y luego pagará precios inflados por los monopolios.

¿Qué se puede hacer?

Claramente la investigación sobre el ADN no consiste únicamente en comprender la naturaleza del ser humano y ayudar a reducir su sufrimiento. La exploración científica de nuestros genes, sus beneficios médicos potenciales y los intereses de las corporaciones han pasado a ser inextricables.

Para nosotros, recibir las recomendaciones de los científicos y médicos con el mismo escepticismo con el que aceptamos las de cualquier otro vendedor será una situación nueva, pero eso es exactamente lo que necesitamos hacer. Para mantener el control de esta compleja situación, debemos aprender qué preguntas tenemos que hacer y no debemos aceptar el argumento de que las respuestas son demasiado difíciles como para que las podamos comprender. Debemos estar suficientemente bien informados para evaluar críticamente lo que nos dicen los «expertos», de modo que podamos hacer nuestras propias valoraciones sobre qué pruebas y qué información nos podrán beneficiar.

[34] Anónimo (1991): «Free Trade in Human Sequence Data?», *Nature*, vol. 354, pp. 171-172. Saltus, Richard (1991): «Gene Patents: Weighing Protection vs. Secrecy», *Boston Globe*, 2 de diciembre, pp. 25-29.

Para muchos de nosotros esto representa una forma completamente nueva de conceptualizar nuestra relación con los científicos, médicos y el sistema de salud pública. Nosotros solos no seremos capaces de cambiar nuestras actitudes, pero afortunadamente unas cuantas organizaciones de protección al consumidor y al interés público ya están pendientes de las implicaciones individuales y sociales de las nuevas tecnologías genéticas, y probablemente aparecerán más conforme la gente vaya apreciando los cambios que van teniendo lugar.

A la gente le llevó varias décadas darse cuenta de los peligros que albergaban las industrias petroquímicas y atómicas, y a las asociaciones de vecinos movilizarse y trabajar para limitar y, cuando fuera posible, eliminar sus riesgos. En general, cada vez son más inmediatas las respuestas a la manipulación genética y a los desarrollos biotecnológicos.

A finales de los años setenta surgieron grupos de ciudadanos en ciudades y áreas urbanas en donde se realizaba ingeniería genética que redactaron unas normas municipales que regulaban las acciones de las empresas de biotecnología y de los laboratorios de investigación de las universidades.

Estos grupos trataban de minimizar los riesgos de posibles escapes al entorno de sustancias biológicas peligrosas. Actualmente existen varias organizaciones de interés público y otras sin fines lucrativos que proporcionan información e instruyen a legisladores sobre asuntos relevantes. (Al final del libro se encuentra una lista de las organizaciones dedicadas a proporcionar información.)

Obviamente, necesitamos normas más estrictas que regulen los conflictos de interés. Los médicos genetistas y los consultores genéticos deberían informar de sus conexiones con corporaciones y de sus intereses económicos en empresas que están desarrollando o administrando pruebas genéticas. Los clientes deben saber si la persona que les está informando de los pros y contras de una prueba o medicamento concretos tiene algún interés financiero en él. Quizá deberíamos exigir que los médicos expusiesen sus certificados de consultores, accionistas o miembros de consejos de dirección sobre las paredes de sus consultas, junto con los otros certificados y diplomas de pertenencia a asociaciones profesionales.

Similarmente, del mismo modo que los científicos reseñan sus afiliaciones académicas en sus publicaciones o en los trabajos que presentan en congresos, se les debería pedir que revelaran sus conexiones con corporaciones. Normalmente, a los científicos que solicitan financiación para sus investigaciones se les pide que informen de sus otras fuentes de financiación; pero ese requerimiento no tiene nada que ver con el asunto que estamos considerando, ya que, por el momento, no se les exige que den cuenta de sus inversiones y otros intereses financieros mientras éstos no respalden específicamente sus investigaciones. Además, los colegas científicos, el público en general y los órganos del gobierno que reciben los consejos de los científicos tienen derecho a conocer los intereses que podría haber detrás de ese asesoramiento.

No debemos dejar las decisiones sobre asuntos que nos afectan tan de cerca en manos de expertos cuya imparcialidad no está nada clara. Por supuesto, debemos ser capaces de decidir si usar o no las nuevas tecnologías, pero aún es más importante que formemos parte de los procesos que determinan qué tecnologías se deben desarrollar. Esto es importante en los campos de la medicina y la salud, e igualmente urgente cuando se trata de asuntos de discriminación genética y genética legal, asuntos que trataré en el siguiente capítulo.

CAPÍTULO 10

DISCRIMINACIÓN GENÉTICA: EDUCACIÓN, EMPLEO Y SEGUROS

Las pruebas genéticas y los colegios

Muchos niños en Estados Unidos dejan el colegio siendo prácticamente analfabetos e incapaces de realizar operaciones aritméticas simples que otros niños de su misma edad en otros países desarrollados, e incluso subdesarrollados, son capaces de realizar. Como cada vez se pide con más insistencia que sean los colegios los que asuman la responsabilidad de preparar a los niños para que funcionen en la sociedad, constantemente son criticados por fracasar en su función de enseñar a estos niños un mínimo fundamental.

A lo largo de las últimas décadas, el Ministerio de Educación [de EE.UU.] ha ido combatiendo progresivamente esta creciente insatisfacción mediante la búsqueda de problemas en los propios niños en lugar de buscar los problemas en el ambiente de estudio o en la sociedad en general. Los colegios han creado largas listas de diagnósticos de los llamados problemas de aprendizaje, los cuales son interpretados como si el término empleado para el diagnóstico proporcionara información sobre por qué el niño va mal en el colegio. Los educadores se sienten liberados si, de algún modo, pueden atribuir los problemas de un niño a causas biológicas «implícitas», aun cuando no puedan ofrecer una evidencia biológica específica. En este clima, cualquier prueba, aunque sea preliminar, es utilizada.

En su libro *Dangerous Diagnostics (Diagnósticos peligrosos)*, la socióloga Dorothy Nelkin y Laurence Tancredi explican algunos métodos con los que colegios y profesores intentan hacer frente a sus problemas, aumentando la lista de pruebas de diagnósticos y calificativos[1]. Muchas de las nuevas pruebas tratan de asociar supuestas disfunciones cerebrales a «discapacidades en el aprendizaje» conocidas como «dislexia», «atención deficiente» y «memoria temprana o tardía defectuosa». Estas pruebas cada vez se están interpretando de más maneras y se están usando como si pudieran revelar, e incluso predecir, asociaciones genéticas causales, aunque en realidad sólo pueden correlacionar fenómenos fisiológicos con los distintos modos de actuación de los niños. Por supuesto que los niños padecen problemas de aprendizaje y que dichos problemas a veces pueden estar relacionados con disfunciones biológicas, pero desconfío del obvio alivio que algunos profesores, administradores de colegios y padres experimentan cuando localizan el origen de dichos problemas en los genes y cerebros de los niños.

El psicólogo Frank Vellutino escribió en la revista *Mundo Científico* que se ha localizado un gen «en el cromosoma 15 de personas que pertenecen a familias con antecedentes de problemas de lectura», y añade que «una vez que se ha localizado en un cromosoma un gen responsable de un atributo específico, los genetistas están en posición de encontrar los mecanismos por medio de los cuales el gen da lugar a dicho atributo». Por consiguiente, este hallazgo «podría ser un descubrimiento significativo para el estudio de la dislexia, pero todavía no se ha repetido»[2]. Como ya hemos visto, hay una enorme distancia entre el gen y la proteína en cuya síntesis está implicado y un comportamiento complejo como puede ser una «discapacidad en la lectura». Psicólogos y

[1] Nelkin, Dorothy, y Laurence Tancredi (1989): *Dangerous Diagnostics: The Social Power of Biological Information*, Nueva York, Basic Books, especialmente el capítulo 6.
[2] Vellutino, Frank R. (1987): «Dyslexia», *Scientific American*, vol. 256, marzo, pp. 34-41.

educadores necesitan comprender esto y dejar de esperar poder beneficiarse de correlaciones genéticas demasiado simplistas.

Dichas correlaciones se pueden usar para sacar al sistema educativo del apuro, pero no pueden ayudar a los estudiantes a aprender con más eficacia o a los profesores a enseñar a Juanito a leer. Como hemos visto antes, los expertos siempre actúan como si enraizar un problema en un «defecto» genético identificable resolviera el problema, pero esto simplemente no es verdad. Sin embargo, a medida que este tipo de pruebas genéticas y otras pruebas biológicas vayan formando parte de la rutina de la revisión médica, padres y profesores irán confiando cada vez más en lo que en apariencia parecen diagnósticos objetivos y que a menudo tienen un escaso valor diagnóstico y mucho menos predictivo. Nelkin y Tancredi dicen que «conforme vaya pasando el tiempo, la rutina oscurecerá las incertidumbres inherentes a las pruebas [genéticas] [y dejará] sin cuestionar las asunciones inherentes»[3].

La tendencia actual a usar pruebas para predecir «discapacidades en el aprendizaje» establece un potencial de futuras —y presentes— discriminaciones. Los promedios dan lugar a desviaciones, de modo que un «resultado anormal» de una prueba genética o biológica, aunque no culpa al niño, lo estigmatiza y proyecta ese estigma en su futuro. Las pruebas de CI, que se diseñaron para determinar aquellas áreas en las que el niño necesitaba una atención especial, han pasado a emplearse como medidas de «inteligencia», etiquetando a las personas con un simple número que se supone que representa no sólo sus habilidades actuales, sino también las «potenciales».

Las etiquetas de diagnósticos pueden afectar a la propia imagen del niño y a sus relaciones en el colegio y en casa. También pasan a formar parte del «historial» del niño, ese conjunto creciente de datos que le siguen de colegio a colegio y de trabajo a trabajo. Nelkin y Tancredi lo exponen de este modo:

[3] Nelkin, Dorothy, y Laurence Tancredi (1991): «Classify and Control: Genetic Information in the Schools», *American Journal of Law and Medicine*, vol. 17, pp. 51-73 (p. 67).

> El empleo de estas técnicas de diagnóstico conlleva un peso social sustancial más allá del contexto educativo. El sistema educativo tiene contacto con la mayoría de los niños en la sociedad y tradicionalmente se responsabiliza de evaluar, categorizar y canalizarlos hacia roles futuros [...] Profesionales de la enseñanza [...] transmiten sus evaluaciones a otras instituciones para ayudar a identificar quién tiene la constitución genética definida para desempeñar cierto tipo de trabajo. De este modo, las tecnologías de diagnóstico no sólo ayudan a los colegios a afrontar sus necesidades internas, sino que también los fortalecen en su papel de guardabarreras de una sociedad más amplia[4].

Actualmente, en la mayoría de los casos, los padres tienen derecho a no dejar que el colegio someta a pruebas especiales a sus hijos (la prueba de consumo de drogas obligatoria es una excepción obvia), pero esta opción puede acarrear un doble conflicto, al igual que ocurría con las pruebas prenatales. Una vez que dichas pruebas pasan a ser una norma aceptada, las personas que rehúsan hacérselas son susceptibles de ser consideradas de dudosa probidad, y eso si no se pone en duda su competencia mental. También, a menudo, los niños necesitan tener un «diagnóstico» para poder acceder a recursos especiales, como tutoría, clases más pequeñas, aulas temáticas, entre otros. Por lo tanto, los padres se ven forzados a hacerles las pruebas para obtener ayuda práctica.

Nelkin y Tancredi sugieren que las pruebas genéticas podrían llegar a ser obligatorias en los colegios si un grupo de gente suficientemente amplio llegase a creer que una afección determinada influye en el comportamiento o habilidad en el aprendizaje. Esto resulta más que probable si se puede persuadir a la gente de que esa nueva información ayudará a librar al niño de sus problemas de comportamiento, de modo que se beneficiaría tanto el niño como sus compañeros de clase.

Resulta demasiado fácil para los genes encargarse de una vida por sí solos. Las «disfunciones genéticas en el aprendizaje» son un estigma, no sólo para el niño que las tiene, sino para todos sus parientes

[4] Nelkin, Dorothy, y Laurence Tancredi: «Classify and Control...», op. cit., p. 73.

y descendientes. Pueden ser usadas para demostrar por qué los niños pobres no son buenos estudiantes y para explicar por qué sus familias son pobres y lo seguirán siendo en el futuro. Como siempre, habrá mucha retórica para tratar de demostrar que los profesores sólo están intentando identificar niños que pudieran necesitar atención especial, pero en un mundo en el que se recortan presupuestos para educación, esto es pura fantasía. Las pruebas servirán como explicación y como excusa para los colegios y la sociedad, echando toda la culpa al contenido genético inmodificable del niño.

Discriminación genética en el lugar de trabajo

Los peligros de las pruebas genéticas no se terminan cuando las personas salen del colegio. En los lugares de trabajo se usan para seleccionar y controlar a los trabajadores. La *selección genética* se hace para averiguar qué personas, entre las que solicitan un empleo, son más propensas a desarrollar afecciones que se cree que son hereditarias y que reducirían su eficacia como trabajadores. Dicha selección probablemente sólo se realiza una vez pero, por el contrario, el *control genético* se realiza periódicamente para detectar si algún compuesto químico u otro compuesto peligroso están alterando la composición de los cromosomas o los genes (ADN) de los trabajadores.

Los empresarios generalmente evitan hacer los controles genéticos, ya que estas pruebas implicarían los compuestos químicos presentes en el lugar de trabajo en los problemas de salud de los trabajadores. Sin embargo, los empresarios, por razones económicas, a veces hacen pruebas a los futuros, o a los actuales, trabajadores para mantener a las personas con problemas potenciales de salud fuera del lugar de trabajo. Como los negocios se hacen para obtener beneficios, los empresarios tienden a minimizar el coste de la mano de obra. Dichos costes incluyen el tiempo empleado en enseñar a los trabajadores o los beneficios que éstos obtienen, como pueden ser los seguros de salud o accidente. Prácticamente todas las empresas, excepto las pequeñas, ofrecen seguros de salud como parte de su programa de beneficios, y algunas empresas grandes han comenzado a pagar los costes médicos de sus empleados en vez de contratar compañías de seguros. Según Nelkin y Tancredi, «en 1986, los costes de los beneficios de empleo excedieron el 39 por ciento del coste total de los salarios, y más del 21,1 por ciento del total se fue a beneficios médicos [...] Cuando las empresas contratan seguros a agencias comerciales, las tarifas se establecen en función de la experiencia pasada, de modo que cuantas más demandas de asistencia médica haya habido en el pasado, mayor coste supondrán los contratos de los seguros»[5]. Por lo tanto, los empresarios tratan de minimizar el coste de los seguros reduciendo las solicitudes de asistencia médica de sus empleados.

Tampoco les interesa a los empresarios perder tiempo enseñando a trabajadores que dejarán su empleo por enfermedad o muerte, y además querrán reducir el coste de los beneficios de los que han quedado discapacitados en accidente laboral. Además, aunque les resulta caro mantener a trabajadores enfermos, también les resulta caro mantener los lugares de trabajo limpios de los compuestos químicos tóxicos que se usan en los procesos de fabricación y tomar las precauciones necesarias para preservar la salud y bienestar de los empleados; los empresarios querrán entonces hacer pruebas que les permitan predecir el futuro de la salud de los candidatos al puesto de trabajo, para así descartar a aquellos que puedan ser inusualmente sensibles a los compuestos peligrosos presentes en el lugar de trabajo.

Los empresarios utilizan el concepto de trabajador «propenso a accidentes» para achacar la responsabilidad de los accidentes industriales a las personas que los sufren[6]. Por ejemplo, aunque hay un número considerablemente mayor de accidentes en el turno de noche, a menudo se echa la culpa de tales accidentes a los trabajadores, aduciendo falta de cuidado, en lugar de reconocer la

[5] Nelkin, Dorothy, y Laurence Tancredi: *Dangerous Diagnostics*, op. cit., p. 80.
[6] Kinnersly, Patrick (1973): *The Hazards of Work: How to Fight Them*, Londres, Pluto Press, cap. 7.

FIGURA 1. Obrero montando vigas de tejado en la cadena de ensamblaje, en Detroit, Michigan. La mayoría de los accidentes industriales se producen cuando el procedimiento de trabajo no está diseñado para minimizar la tensión en los tendones y músculos de los trabajadores. (© fotografía de Earl Dotter.)

dificultad que supone trabajar por la noche. De igual modo, muchos empresarios ahora adoptan el concepto de «hipersusceptibilidad» genética para explicar por qué algunos trabajadores reaccionan frente a menores niveles de polvo, u otros contaminantes, que la «media de los trabajadores».

En un artículo que escribí en 1984 junto con Mary Sue Henifin, abogada especializada en salud pública, discutíamos los problemas inherentes a la noción de «hipersusceptibilidad» a contaminantes[7]. Por un lado resulta difícil escoger un criterio apropiado: ¿cuán bajos (o altos) han de ser los niveles de exposición antes de que una persona afectada sea considerada «hipersusceptible»?

[7] Hubbard, Ruth, y Mary Sue Henifin (1984): «Genetic Screening of Prospective Parents and of Workers: Some Scientific and Social Issues», en James M. Humber, y Robert T. Almeder, eds., *Biomedical Ethics Reviews*, Clifton, Humana Press, pp. 73-120.

Otro punto que tratamos es el hecho de que un mismo compuesto químico industrial, o cualquier otro agente tóxico, puede provocar reacciones agudas a corto plazo en algunas personas, mientras que en otras puede producir la aparición lenta de afecciones crónicas, como el cáncer, sin que ninguna manifieste una reacción aguda inmediata. La mayoría de las pruebas que se hacen hoy en día sólo detectan a los trabajadores que tienden a mostrar reacciones a corto plazo, pero no a aquellos que experimentan efectos a largo plazo. No obstante, los biólogos moleculares están basando sus argumentos a favor de las pruebas genéticas en que predicen «tendencias» a padecer afecciones crónicas de desarrollo más lento. Cuando dichas pruebas estén disponibles, sus predicciones aún serán menos fiables que las de las pruebas que hoy en día prometen identificar individuos «hipersusceptibles», ya que son muchos los factores que pueden contribuir a una afección crónica.

Nunca se deben realizar pruebas predictivas a trabajadores que se consideren «hipersusceptibles», ni para efectos a corto ni a largo plazo. Cualquiera que sea la «susceptibilidad» individual, todas las personas que trabajan expuestas a agentes tóxicos corren el riesgo de desarrollar, tarde o temprano, una afección crónica.

Por ejemplo, el formaldehído, entre otros, es un contaminante común en la industria del plástico. Puede provocar en algunas personas reacciones alérgicas agudas, como asma o erupciones cutáneas, y también se sabe que es un carcinógeno humano. Una vez que tengan pruebas predictivas disponibles, los empresarios querrán hacérselas a aquellos trabajadores que pudieran tener reacciones alérgicas o que corran un riesgo mayor que la media de desarrollar cáncer. Esto les podría permitir exponer al resto de los trabajadores a un alto nivel de carcinógeno. Sería mucho mejor encontrar un sustituto químico del formaldehído o cambiar los procedimientos, de modo que se reduzca el riesgo de ambos tipos de efectos en todos los trabajadores pero, para una industria con conciencia de coste, esto suena a una propuesta más cara.

Las pruebas genéticas, lejos de ser medidas de seguridad, pueden llevar a la relajación de las medidas de seguridad existentes.

Sin embargo, los científicos que trabajan en el desarrollo de tales pruebas sólo suelen resaltar sus beneficios potenciales. Un artículo de opinión del editor de la revista científica británica *Nature*, que critica a quienes alertamos de que la iniciativa del Proyecto del Genoma Humano aumentará el potencial de discriminación, pregunta si «¿no sería más rentable seguir con el plan [que emplea cloruro de vinilo, carcinógeno que produce cáncer de hígado y al que algunas personas son supuestamente "hipersusceptibles"] y emplear parte del beneficio económico obtenido en compensar a aquellos que tienen la mala suerte de ser susceptibles?»[8]. Dichas cuestiones sólo pueden plantearse desde una torre de marfil académica. Por supuesto que dicha política tendría sentido económico, al igual que tendría sentido económico compartir los beneficios de la mecanización con los trabajadores que son reemplazados por las máquinas, pero nuestra sociedad no funciona así.

Resultó alentador que, en octubre de 1991, el Council of Ethical and Judicial Affairs (Consejo de Asuntos Éticos y Judiciales) de la American Medical Association (Asociación Americana de Medicina) publicara una serie de normas para «ayudar a los médicos a evaluar cuándo su participación en la realización de pruebas genéticas es apropiada, sin que resulte en una discriminación sin garantías contra individuos con discapacidades»[9]. En este informe, el Consejo remarcaba que las pruebas genéticas son débiles a la hora de predecir enfermedades, y todavía lo son más cuando se trata de pronosticar si un determinado problema de salud interferirá con la actuación de un individuo en su trabajo. El Consejo considera inadecuado que los médicos participen en pruebas que evalúen cualquier cosa que no sea la habilidad del trabajador para realizar una actividad que forme parte del trabajo. El Consejo también establece categóricamente que «no se debe realizar ninguna prueba

[8] Anónimo: (1991): «More Genome Ethics», *Nature*, vol. 353, p. 2.

[9] Council on Ethical and Judicial Affairs, American Medical Association (1991): «Use of Genetic Testing by Employers», *Journal of the American Medical Asociation*, vol. 266, pp. 1827-1830.

sin el consentimiento del empleado o solicitante de empleo, el cual ha de ser previamente informado de ella».

Aunque se ha visto que se podrían utilizar numerosos caracteres genéticos para predecir «hipersusceptibilidad» y que se irán sugiriendo otros según vayan apareciendo nuevas pruebas genéticas, no existen datos adecuados para relacionar ningún caracter genético con una enfermedad industrial específica. Y, lo que es más, se ha investigado muy poco, si es que se ha hecho, sobre los parámetros dentro de los cuales tales predicciones son aceptablemente válidas[10]. Al margen de esto, la Office of Technology Assessment (Oficina de Asesoramiento Tecnológico; OTA) del Congreso de EE.UU. publicó, en 1990, un informe que incluye una tabla titulada: «Identificación y cuantificación de factores genéticos que afectan a la susceptibilidad a agentes ambientales»[11]. En esta tabla aparece una lista de 27 «grupos de alto riesgo» de personas descritas como genéticamente «hipersusceptibles» a contaminantes ambientales. Los autores suavizaron dicha afirmación diciendo que esos grupos «podían» correr algún riesgo; pero entonces, ¿por qué publicar esa lista si está basada en poca o ninguna información fiable?

Según los estudios que realizó la OTA entre 1982 y 1989, son pocos los empresarios que usan pruebas genéticas predictivas, pero estos estudios sólo tenían un porcentaje de respuesta del seis por ciento. Incluso si los resultados del estudio fueran representativos, el proceso de realización de pruebas todavía es demasiado nuevo y relativamente caro, en algunos casos de miles de dólares[12]. Un empresario que hoy en día no hace pruebas genéticas podría cambiar de actitud si bajaran los precios.

Larry Gostin, abogado y director ejecutivo de la American Society for Law and Medicine (Sociedad Americana para la Ley y la

[10] Omenn, Gilbert S. (1982): «Predictive identification of Hypersusceptible Individuals», *Journal of Occupational Medicine*, vol. 24, pp. 369-374.
[11] U.S. Congress, Office of Technology Assesment (1990): *Genetic Monitoring and Screening in the Workclase*, OTA-BA-455, Washington, D. C., U.S. Goverment Printing Office, octubre, p. 13.
[12] Ibíd., p. 166.

Medicina), predice que «las fuerzas del mercado podrían ser el único gran factor de motivación para el empleo de pruebas genéticas». Señala que «los investigadores del mercado proyectan que las ventas de pruebas genéticas en EE.UU. alcancen varios cientos de millones de dólares antes de que finalice la década de los noventa»[13], lo que rebajará el coste de las pruebas y estimulará su uso por parte de empresarios y compañías de seguros. A medida que las compañías de seguros y los empresarios se vayan sofisticando en el empleo de las predicciones genéticas, irá aumentando la presión económica para que otros hagan lo mismo. Cuando haya muchas más pruebas disponibles y sea más barata su administración, es probable que los empresarios intenten utilizarlas para detectar trabajadores potencialmente caros, tanto si las pruebas son fiables como si no.

Como ocurre siempre, el potencial discriminador no afectará por igual a todos los empleos o todos los solicitantes. Será menos probable que se le hagan pruebas a una persona altamente cualificada, con una preparación muy específica, que a un solicitante de un empleo más rutinario, para el que hay muchos otros candidatos. Así que tanto aquí como en cualquier otra parte, los sectores más desfavorecidos de la sociedad serán los más expuestos a discriminación.

Aunque la discriminación genética en el empleo no se da todos los días, Paul Billings y sus colegas ya han detectado algún caso durante una investigación preliminar. Uno de sus clientes puso en el apartado de enfermedades de la solicitud de empleo que padecía la *enfermedad de Charcot-Marie-Tooth* (CMT): una alteración neuromuscular conocida por la gran variabilidad de sus manifestaciones clínicas. El entrevistador le preguntó qué era CMT, lo miró en un libro de medicina y le negó el contrato[14]. En otro caso, no se permitió a un hombre joven sano, portador de un alelo asociado

[13] Gostin, Larry (1991): «Genetic Discrimination: The Use of Genetically Based Diagnostic and Pronostic Tests by Employers and Insurers», *American Journal of Law and Medicine*, vol. 17, pp. 109-144. (pp. 116-117).

[14] Billings, Paul: «Genetic Discrimination: An Ongoing Survey», *Genewatch*, vol. 6, n.os 4-5, sin fecha, pp. 7 y 15.

con una afección recesiva llamada *enfermedad de Gaucher*, alistarse en las fuerzas aéreas, aunque esta afección nunca se ha manifestado en portadores. El estudio relativamente informal de Billing ha destapado dos casos de discriminación genética en el empleo; aún así, algunos empresarios ya están preparados para aplicar pruebas genéticas. Cabe esperar que se den muchos más casos una vez que se haya extendido el uso de las pruebas genéticas, a menos que se establezcan normas de protección.

Si las pruebas genéticas pudieran predecir el estado de salud de una persona con bastante exactitud y si los empresarios no usaran esta información para ahorrarse el gasto que supondría enseñar a un empleado que podría caer enfermo, tales pruebas podrían ser beneficiosas para los trabajadores; pero éstos son unos «síes» demasiado amplios. Como los resultados de las pruebas pueden poner en peligro la posibilidad del trabajador de obtener futuros empleos, no es probable que las pruebas genéticas beneficien la salud del trabajador o fomenten la asistencia social. Ésta es la razón por la que, en la década pasada, los sindicatos y sus afiliados se pronunciaron en contra de la utilización de pruebas genéticas. Decían que las pruebas que resaltaban las diferencias genéticas de nacimiento causantes de discapacidades potenciales son discriminatorias por su propia naturaleza, porque clasifican a la gente en función de factores que van más allá de su propio control. Por el momento, no existen normas que limiten el uso de dicha información en el futuro. También, en la valoración de los beneficios potenciales de tales pruebas, a menudo se asume que los trabajadores a los que se les niega un empleo en un determinado tipo de trabajo o industria por tener una afección física determinada puedan ir a cualquier otro sitio y conseguir trabajo; pero esto está lejos de la realidad según el estado de la economía actual en EE.UU.

A menos que haya suficiente número de empleos adecuados para todo el mundo que necesite o quiera trabajar, de modo que las personas no sólo puedan encontrar un empleo sino uno adecuado, y hasta que los trabajadores y administradores conjuntamente hayan agotado todas las posibilidades para reducir los riesgos en los lugares de trabajo, las pruebas genéticas amenazarán la salud de los trabajadores, no la mejorarán. Actualmente, es más probable que las pruebas predictivas desvíen la atención de las innecesariamente deplorables condiciones de trabajo que hay en la mayoría de los lugares, de modo que sólo benefician a la administración de la empresa[15]. Incluso cuando las condiciones del lugar de trabajo sean mejores, los resultados de dichas pruebas deben ser información privilegiada, disponible únicamente para el trabajador al que se le han realizado.

En el siguiente capítulo trataremos estos asuntos de privacidad, pero primero veamos hasta qué punto ciertas medidas legislativas, como las de la Americans with Disabilities Act (ADA; Ley de protección de los americanos discapacitados), de 1990, pueden reducir el riesgo de discriminación en el lugar de trabajo.

Medidas para la regulación de la discriminación en el empleo

En su informe *Selección y control genético en el lugar de trabajo*, la Office of Technological Assessment (OTA; Oficina de Asesoramiento Tecnológico) del Congreso de EE.UU. dice que sin unos contratos o una legislación de protección, el empresario tiene una «autoridad virtualmente ilimitada para cancelar un contrato de empleo en cualquier momento [...] [Esto] incluye el derecho a negarse a contratar a un individuo basándose en la *percepción* de una incapacidad física para realizar el trabajo y el derecho a romper un contrato de empleo en función de la *creencia* de que el empleado ya no es capaz de desempeñar su trabajo adecuadamente» [la cursiva es mía]. El informe continúa recalcando que «incluso si los resultados de las pruebas fueran inexactos o no fueran de fiar, el empresario estaría protegido tomando decisiones de empleo en función de estos resultados»[16].

[15] Hubbard, Ruth, y Mary Henifin: «Genetic Screening...», op. cit.
[16] U.S. Congress, Office of Technology Assesment, *Genetic Monitoring and Screening*, p. 14.

Aunque ya existen casos que han sentado precedente relacionados con la ley de antidiscriminación y que han limitado este «derecho» de los empresarios, la realización de pruebas genéticas es algo tan nuevo que todavía no hay un cuerpo relevante de actitudes judiciales u opiniones para regular su uso. Mientras tanto, el informe de la OTA estima que las pruebas disponibles actualmente para detectar caracteres mendelianos simples o aberraciones cromosómicas hereditarias podrían afectar a unas 800.000 personas en Estados Unidos, mientras que «futuras pruebas potenciales» podrían afectar a cerca de 90 millones de personas[17], incluyendo las pruebas para detectar las llamadas afecciones genéticas que confieren «tendencia» o «predisposición» a desarrollar hipertensión, dislexia, cáncer y otras siete discapacidades comunes físicas o del comportamiento.

Puede que haya algunas leyes federales que protejan a los trabajadores mediante la restricción del derecho de los empresarios a imponer pruebas genéticas obligatorias, a usar los resultados de las pruebas para discriminar a empleados o a romper la confidencialidad de los resultados. Éstas incluirían el Occupational Safety and Health (OSH) Act (Ley para la seguridad y salud ocupacional), que establece la Occupational Safety and Health Administration (OSHA), título VII de la ley de los derechos civiles de 1964, la ley de rehabilitación de 1973, la ley nacional de relaciones laborales y la ley de protección de los americanos con discapacidades (ADA) de 1990. Desafortunadamente todas ellas plantean problemas.

Para ser protegido por la ley de rehabilitación, que prohíbe a los empresarios que tienen contratos federales u otros subsidios federales discriminar a personas con discapacidades, el empleado debe poder probar que su afección genética constituye un deterioro genuino pero que, sin embargo, está cualificado para realizar el trabajo. Si puede probar eso, el empresario le tendrá que proporcionar una «acomodación razonable». El ADA extiende esta pro-

[17] U.S. Congress, Office of Technology Assesment, *Genetic Monitoring and Screening,* op. cit.

tección al sector privado y, desde 1994, se supone que afecta a todos los empresarios con 15 o más empleados. El ADA estipula que sólo se deben usar exámenes médicos o encuestas para determinar la habilidad del solicitante para realizar el trabajo en cuestión. En otras palabras, un solicitante no puede ser descalificado a menos que la afección interfiera con las tareas específicas requeridas como parte de su trabajo. Esto es muy importante para las personas con cualquier tipo de discapacidad. Sin embargo, como el ADA no hace una referencia específica a afecciones inherentes o a las pruebas destinadas a detectarlas o predecirlas, no está clara la aplicación de estas medidas a personas que están sanas pero de las que se dice que tienen «tendencia» a desarrollar una discapacidad en algún momento indefinido del futuro.

El informe de la OTA sugiere que la OSHA es la agencia federal más fiable para controlar la realización de pruebas genéticas en el lugar de trabajo, ya que ha tratado asuntos de pruebas biológicas en el pasado, pero no está claro qué medida de control adoptará. De hecho, la OSH no adopta ninguna postura sobre pruebas genéticas y no trata el tema de protección de derechos de empleo. Además, la OSHA ha estado siempre tan escasa de personal que no resulta realista esperar que controle de forma efectiva otro nuevo sector de prácticas de empleo.

Es probable que algunos estados aborden el tema de la discriminación genética mediante programas de compensación a los trabajadores. La OTA constató que en 1983 cuatro estados (Florida, Luisiana, Carolina del Norte y New Jersey) tenían un estatuto que restringía el uso de información genética en temas de empleo, pero todos excepto New Jersey mencionaban solamente la selección genética del gen del drepanocito. Sólo New Jersey tiene una ley que sancionaba la discriminación en el empleo basada en pruebas genéticas.

Gostin realizó un análisis detallado del alcance de las medidas del ADA para prevenir la discriminación genética. Él cree que «las personas actualmente incapacitadas por una enfermedad genética sin duda alguna están cubiertas por el ADA», pero como los tribunales definen «discapacidad» como una «limitación "sustancial" de al menos una actividad vital», no está claro si una afección genética que no causa una incapacidad «sustancial» se considerará discapacidad[18].

En cuanto a diagnósticos predictivos, no está claro que una persona sana pero portadora del alelo implicado en la enfermedad de Huntington, y que por tanto será discapacitada en algún momento indefinido de su futuro, se pueda calificar como «discapacitada» según la definición del ADA y quedar protegida ante la discriminación genética. Gostin piensa que el ADA cubre al «enfermo sano» y que esas personas estarán protegidas del mismo modo que las personas que son VIH seropositivas están protegidas incluso antes de desarrollar los síntomas del sida. El mismo razonamiento se debe aplicar a personas cuyas pruebas genéticas revelan «predisposición» o «susceptibilidad» a desarrollar enfermedades del corazón o cáncer.

El ADA se hizo con la intención de proteger a cualquier persona que tenga, o se *perciba* que pueda tener, una discapacidad; por lo tanto, argumenta Gostin, traicionaría el espíritu de la ley interpretar que ésta permite la discriminación de individuos cuyas pruebas genéticas predicen que ellos o sus hijos serán discapacitados simplemente porque todavía no experimentan la discapacidad pronosticada. En una revisión del ADA, el Congreso determinó específicamente que «cualquier encuesta o examen médico que no esté relacionado específicamente con las tareas que se van a desempeñar no sirve a un propósito legítimo de empleo, sino simplemente sirve para estigmatizar a la persona con la discapacidad»[19]. El Congreso también aclaró que, incluso cuando hay motivos para pensar que el solicitante se pondrá demasiado enfermo como para no poder desempeñar su trabajo en el futuro, los empresarios no podrán alegar costes de entrenamiento del empleado como razones válidas de discriminación a la hora de darles trabajo o en otras decisiones relacionadas con el este asunto.

[18] Gostin, Larry: «Genetic Discrimination...», op. cit., p. 123.
[19] Ibíd., p. 132.

Los empresarios tampoco podrán alegar el alto coste de los seguros médicos. Gostin cree que estas salvaguardias serán efectivas y limitarán la capacidad de los patronos para usar pruebas genéticas a la hora de ofrecer un empleo a alguien. El ADA permite a los empresarios solicitar exámenes médicos una vez que se ha contratado a la persona, pero sólo si se realiza la misma prueba a todos los empleados nuevos y si se mantiene la confidencialidad de toda la información médica; e incluso entonces, el examen tiene que ser relevante para el trabajo que se va a realizar y debe ser justificable desde el punto de vista de los intereses de la empresa.

Aparentemente estas medidas ofrecen protección contra la discriminación genética, pero la realidad no es así: los empresarios están exentos de algunas de estas normas si ellos mismos hacen de aseguradores, algo que las grandes empresas hacen cada vez con mayor frecuencia. Como veremos enseguida, las normas antidiscriminatorias no afectan a las compañías aseguradoras.

Al margen de su lectura del ADA, en general optimista, Gostin recalca que mientras que la ley prohíbe «discriminar basándose en una discapacidad pasada ("antecedentes de deterioro de la salud"), discapacidad actual ("deterioro de la salud") o percepción de discapacidad ("considerado" con una salud deteriorada) [...] no dice nada en relación a futuras discapacidades»[20]. Gostin sugiere que el ADA se podría fortalecer fácilmente si se ampliara su definición de discapacidad incluyendo: «Tener un potencial o predisposición genética, u otro identificable médicamente, a padecer un deterioro»[21]. Este cambio sería muy importante. Actualmente, si se predice que una persona desarrollará la enfermedad de Huntington, el tribunal podría decretar que no está deteriorada en el momento del juicio y por lo tanto que no está protegida por el ADA.

También hay otros problemas. Un empresario no tiene por qué dar explicaciones de por qué no contrata a un candidato. Si los empresarios pueden realizar pruebas de predicción u otras pruebas

[20] Gostin, Larry: «Genetic Discrimination...», op. cit., pp. 142-143.
[21] Ibíd., p. 143.

médicas como parte del proceso de preselección, podrían utilizar información médica de estas pruebas para tomar decisiones respecto a la contratación, pero podrían alegar haber tomado su decisión en funcion de otras razones diferentes. Es muy fácil imaginar hasta qué punto se podría extender esta práctica en el caso de afecciones genéticas; por este motivo, es importante que el ADA prohíba que los empresarios soliciten pruebas médicas, o encuestas, antes de contratar a un candidato, excepto si están relacionadas con la habilidad de dicha persona en ese momento para realizar un trabajo determinado. (Las pruebas de consumo de drogas son excepciones porque no se consideran exámenes médicos.) Pero, una vez más, estas restricciones no afectarán a los empresarios que aseguran a sus empleados. Para que las leyes del Estado sean efectivas en materia de prevención de discriminación genética es necesario encauzarlas más específicamente contra la discriminación basada en predicciones de discapacidades con base genética que se podrían manifestar en algún momento inespecífico del futuro de la persona.

No hay ninguna duda de que el Congreso de EE.UU. y las legislaciones de los estados podrían mejorar esta situación mediante la aprobación de leyes que prohibieran específicamente la discriminación genética en contratación y empleo, pero debemos reconocer que las leyes sólo pueden resolver parte del problema. Aunque ha demostado su eficacia la legislación de los derechos civiles en otras áreas, y se han restringido muchos abusos, las leyes de los derechos civiles no han terminado con la discriminación. Cuando las personas están oprimidas y tienen pocos recursos disponibles, a menudo no pueden recurrir a los medios legales. Además, los empresarios no son responsables ante la gente que entrevistan para las ofertas de trabajo. En tiempos en los que no hay escasez de candidatos, los empresarios no tendrán ninguna dificultad en ocultar las razones discriminatorias de sus decisiones cuando contratan o despiden a determinadas personas.

Respecto al derecho a rechazar hacerse las pruebas, éste tiene tan sólo un valor limitado. Los candidatos a un trabajo, así como los empleados, se encuentran en mayor desventaja frente a los empresarios de la que tienen los padres frente a los médicos o las autoridades escolares. Incluso aunque los candidatos o trabajadores tengan derecho a rechazar las pruebas predictivas, puede que no sepan que tienen ese derecho y, si lo saben, podrían no estar en posición de ejercerlo. Incluso aunque parece que la mayoría de los médicos genetistas están a favor de las pruebas voluntarias frente a las obligatorias en los centros de trabajo[22], la diferencia es puramente académica. Como veremos en el siguiente capítulo, a alguien que solicita un empleo se le puede hacer firmar fácilmente la renuncia a sus derechos de privacidad o confidencialidad.

Debido al impacto que la discriminación genética puede tener sobre la salud y bienestar de las personas, la gente necesita tener acceso a información y educación sobre estos asuntos. Sindicatos y agrupaciones de interés público deben insistir en que se cumplan las leyes de protección y lo que dicen los contratos. Se deben desarrollar modelos de ley que incluyan esta nueva forma de discriminación. Se deben instaurar mecanismos que regulen el modo en que se toman decisiones acerca de qué investigaciones científicas son apropiadas en esta área y en qué medida se deben realizar. También, conforme aumenten las capacidades científicas para ofrecer a las personas predicciones fiables de incierta validez, debemos buscar la mejor manera de anticipar y minimizar el perjuicio económico y social que producirán tales predicciones.

Discriminación genética en los seguros

En el prefacio de su libro *The Doctor's Dilemma (El dilema del doctor)*, George Bernard Shaw satiriza la situación de la profesión médica que, aunque supuestamente se dedica al negocio de la curación, obtiene sus beneficios de la enfermedad:

[22] Wertz, Dorothy C., y John C. Fletcher (1989): «An International Survey of Acttitudes of Medical Geneticists Toward Mass Screening and Access to Results», *Public Health Reports*, vol. 104, pp. 35-44.

> No es culpa de nuestros médicos que el servicio médico de la comunidad [...] sea un absurdo sanguinario. Que cualquier nación sana, habiendo observado que uno puede encargarse de mantener el suministro de pan dando a los panaderos un interés pecuniario por hacer el pan, deba avanzar dando a un cirujano un interés pecuniario por cortarle a uno la pierna, esto es suficiente para hacerle a uno perder la esperanza en una humanidad política. Pero eso es precisamente lo que hemos hecho, y cuanto más consternante es la mutilación, más se le paga al mutilador. Aquel que corrige el crecimiento hacia adentro de una uña del pie recibe unos pocos chelines, pero aquel que abre en canal cobra cientos de guineas; excepto cuando se lo hace a una persona pobre para practicar [...] No puedo exponer lo que pienso con la suficiente severidad sin poner en un aprieto a algún cirujano con la difícil pregunta: «¿No podría yo hacer mejor uso de un bolsillo lleno de guineas del que este hombre está haciendo con su pierna?, ¿no podría él escribir igual de bien, o incluso mejor, sobre una pierna que sobre dos?, y las guineas harían ahora mismo toda la diferencia del mundo para mí. Mi mujer [...], mi hermosa pierna [...], la pierna se podría gangrenar [...], siempre es más seguro operar [...], estará bien en 15 días [...], hoy en día las piernas artificiales están tan bien hechas que hasta son mejores que las naturales [...], la evolución avanza hacia los motores y la ausencia de piernas [...], etc.[23].

La lucrativa industria de seguros de salud aumenta esta contradicción por varios motivos. Las compañías de seguros tienen beneficios porque las cuotas que pagan las personas que compran seguros de salud son superiores al dinero que se gasta la compañía en consultas médicas para estas personas. De este modo, para obtener un buen beneficio, las compañías de seguros deben vender la mayoría de sus seguros a personas que no se pongan enfermas.

En el mundo real, las aseguradoras evaden este dilema utilizando información que obtienen de actuarios y otras fuentes para estimar la probabilidad de que alguien se ponga enfermo en función de su pertenencia a un determinado grupo, definido por edad,

[23] Shaw, Bernard (1948): *Selected Place, with Prefaces*, Nueva York, Dodd, Mead and Company, vol. 1, p. 1 [ed. cast. (1987): *Obras selectas*, Barcelona, Carroggio].

sexo, profesión y otros criterios. De este modo, la industria de los seguros está discriminando, ya que clasifica a las personas en grupos en función de criterios sobre los que éstas no tienen ningún control, y establece posteriormente sus primas partiendo del cálculo estadístico de los riesgos que corre el grupo de padecer enfermedades específicas. La idea es ganar dinero al margen de que las personas aseguradas se pongan enfermas y la aseguradora tenga que pagar mucho dinero antes de que estas personas se curen o mueran.

Además, las compañías de seguros emplean diferentes medios para identificar a los solicitantes que tienen mayor probabilidad de desarrollar una afección médica que el resto de los miembros del grupo al que pertenecen. La utilización de esta información para determinar la asegurabilidad de una persona se denomina «valoración de riesgo». Si la compañía de seguros tiene motivos para creer que una persona será un cliente caro, podría ponerle unas primas más altas. Si la compañía cree que es probable que una persona desarrolle una afección específica, podría negarse a asegurar a esta persona para dicha afección o cancelar la cobertura correspondiente. Ya en 1989, el pediatra y epidemiólogo Neil Holtzman redactó una lista de nueve afecciones entre las que se incluía la anemia drepanocítica, arteriosclerosis, enfermedad de Huntington, diabetes tipo 1 y síndrome de Down, para las que las compañías de seguros denegaban seguro médico o de discapacidad, y otras seis para las que sólo proporcionaban una cobertura condicional o parcial[24].

Las aseguradoras quieren tener, dentro de la legalidad, el máximo de información predictiva y lo más exacta posible antes de asegurar a nadie. Por este mismo motivo, al cliente le interesa mantener la privacidad de cualquier tipo de información que le pueda hacer parecer diferente de la «media».

Además de los seguros individuales de los que he hablado, las compañías también aseguran a grupos en empresas. El precio de estas pólizas se establece en función de los costes médicos a los que

[24] Holtzman, Neil A. (1989): *Proceed with Caution*, Baltimore, Johns Hopkins University Press, p. 195.

la empresa ha hecho frente en años anteriores. Este proceso se llama «valoración por experiencia». Los empleados de dichas empresas son elegibles para el plan de grupo sin hacerse pruebas individuales, a menos que admitan que tienen una cierta afección específica. Si padecen un problema de salud excluible, deben suscribir una póliza de seguro individual, que normalmente está redactada de tal modo que no incluye la afección «preexistente».

Las compañías de seguros, debido al modo en que funcionan los seguros hoy en día, remarcan que las personas que pagan sus cuotas sin ponerse enfermas pagan por los gastos médicos de las que se ponen enfermas. No obstante, dicen las compañías, sólo sería justo si la gente que ya está enferma, o es más propensa que una persona «media» a ponerse enferma, pagara cuotas más altas en lugar de hacer que otras personas paguen el coste de su atención médica. También argumentan que entre sus derechos debería recogerse el de poder renegociar contratos que les permitieran eliminar algunas coberturas si cambiase el estado de salud del asegurado, como, por ejemplo, si la persona da seropositivo en la prueba del VIH. Tal reescritura anula el propósito del seguro de salud. Si los términos de una póliza cambian tan pronto como la persona se pone enferma o se predice que se pondrá enferma, el seguro se convierte en algo inútil.

Si se permiten prácticas excluyentes, la existencia de pruebas supuestamente predictivas para las cada vez más numerosas afecciones comunes, como por ejemplo, cáncer, presión sanguínea alta o diabetes, sin duda alguna dejarán fuera a ciertas personas o las forzarán a pagar más por el seguro. Estas pruebas no sólo permitirían vislumbrar el futuro lejano de una persona (al margen de lo desesperanzado que pueda ser), sino que podrían levantar suspicacias sobre la salud de los hijos que pudiera tener en el futuro, que podrían estar cubiertos por esa misma póliza de seguros. El uso extendido de pruebas genéticas predictivas está directamente asociado al aumento de las injusticias inherentes a los seguros de salud lucrativos. Cada vez habrá más gente que se sumará al grupo de los «inasegurables», que pasarán a depender únicamente del seguro social público que pagamos como seguridad social y otros con impuestos. Claramente, ningún tipo de cobertura universal de un plan de salud nacional, similar a los que hay en Canadá y en los países europeos, remediará esta situación. Tal plan debería garantizar acceso a asistencia médica a todo el mundo, independientemente de su estado de salud actual o futuro y de su capacidad para pagar un seguro de salud o asistencia médica.

Las aseguradoras todavía no emplean pruebas genéticas con regularidad pero, al igual que los empresarios, es probable que lo hagan una vez que dichas pruebas sean más baratas. Para prohibir este tipo de discriminación, es necesario contar con una legislación y una organización. Recordemos que llevó años de luchas en los tribunales, alegando discriminación sexual en el empleo, terminar con la práctica de empresarios y aseguradoras de esgrimir razones actuariales para pagar menos dinero de jubilación a las mujeres que a los hombres, basándose en que, según las estadísticas, las mujeres viven más tiempo. Pues bien, en este tema se requerirá el mismo esfuerzo.

Ya hay casos documentados de discriminación genética en compañías de seguros. Aunque Paul Billings y sus colegas no consideraron la discriminación preempleo, también se toparon con un hombre al que se le denegó seguro de automóvil porque presentaba un diagnóstico genético que predecía enfermedad de Charcot-Marie-Tooth (CMT), aunque nunca había tenido un accidente de coche en 20 años y su médico certificó que no tenía síntomas de tal afección[25]. Otra persona con CMT no pudo hacerse un seguro de vida, a pesar de que la CMT no afecta a las expectativas de vida.

En dos casos, «mujeres a cuyos fetos se les habían diagnosticado alteraciones genéticas decidieron continuar con su embarazo. A partir de entonces, tuvieron que pelear por mantener el seguro con cobertura total para el cuidado del futuro bebé»[26]. Billings y sus

[25] Billings, Paul: «Genetic Discrimination...», op. cit.
[26] Ibíd., p. 15.

colegas también citan un caso de discriminación a la hora de conceder un seguro a una persona que todavía estaba sana pero se sabía que portaba el alelo de la enfermedad de Huntington[27], y Gostin cita el de una persona a la que no se le permitió hacerse un seguro porque tenía un diagnóstico de *hemocromatosis*: una disfunción controlable del metabolismo del hierro[28]. En una entrevista de «60 minutos», en mayo de 1992, Jamie Stephenson narraba cómo le cancelaron el seguro de salud de toda su familia después de que se diagnosticara que dos de sus hijos tenían *síndrome de X frágil*: una afección variable que implica retraso mental[29].

Prácticas aseguradoras como la exención de «afecciones preexistentes», limitar la cobertura, aumentar las cuotas a personas a las que se les han predicho mayores riesgos o cambiar pólizas ya en vigor van a hacer estragos en personas de las que se dice que tienen una «predisposición» genética a desarrollar cáncer u otra afección. Como puntualiza Gostin: «Si las aseguradoras tienen datos actuariales que demuestran que hay una probabilidad de que se padezca una enfermedad en el futuro, pueden limitar la cobertura [de dicha enfermedad]. Aún sería más preocupante si una aseguradora decidiera considerar una predisposición genética como una afección preexistente». Y añade que cuanto mayor sea el valor predictivo de la prueba genética, «más probable será que [...] las aseguradoras contemplen dicha afección como inasegurable o preexistente»[30]. Después de todo algunas compañías de seguros ya han demostrado su experiencia en prácticas de este tipo al exigir la prueba del VIH y considerar a las personas seropositivas como inasegurables.

La única limitación que presenta la ley de protección de discapacitados sobre las compañías de seguros es que no les permite

[27] Billings, Paul, y otros (1992): «Discrimination as a Consecuence of Genetic Testing», *American Journal of Human Genetics*, vol. 50, pp. 476-482.
[28] Gostin, Larry: «Genetic Discrimination...», op. cit., p. 119.
[29] Véase también Jamie Stephenson (1992): «A Case of Discrimination», *Genewatch*, vol. 7, febrero, p. 9.
[30] Gostin, Larry: «Genetic Discrimination...», op. cit., p. 135.

negar cobertura para otras afecciones a personas a las que se les ha predicho una afección genética específica. Pueden rechazar, cubrir o limitar el seguro, pero sólo para la afección predicha. Obviamente, esto puede tener un efecto devastador en cualquier persona que se ponga enferma y a la que se le deniegue un seguro. Las compañías de seguros ya han reescrito pólizas para excluir la cobertura del sida después de que el asegurado haya contraído una enfermedad relacionada con ésta; de este modo se le niega un seguro médico cuando más lo necesita. Algunos estados tienen una ley que prohíbe esta práctica, pero la mayoría lo permite.

El ADA prohíbe a los empresarios hacer preguntas a sus empleados sobre su salud si no están relacionadas con el trabajo. Sin embargo, ahora que las grandes compañías son sus propias aseguradoras, pueden pedir información que el ADA les impediría solicitar como empresarios. Incluso, como aseguradoras, tienen acceso a la información médica de la agencia del gobierno, en Westwood, Massachusetts: un banco de datos centralizado con información sobre salud que cubre toda América del Norte. Aunque se supone que no pueden usar esta información para tomar decisiones sobre empleo, una vez que la tienen no hay forma de controlar cómo la emplean.

En septiembre de 1991 la legislación de California presentó una enmienda a la ley de derechos civiles de este estado que prohibía durante ocho años el uso de información genética por parte de las aseguradoras médicas y los empresarios y el uso de esa información para limitar el acceso a seguros de discapacidad y de vida. Aunque esta enmienda tenía el apoyo de ambos partidos, el gobernador Pete Wilson la vetó.

También en 1991 Wisconsin aprobó una ley que prohibía a cualquier persona u organización solicitar pruebas genéticas a un ciudadano o revelar si éste se había realizado tales pruebas. Además, los resultados de las pruebas genéticas de cualquier individuo o miembro de su familia no pueden ser utilizadas para condicionar la cobertura del seguro, cuotas o beneficios. Desafortunadamente, esta ley define «prueba genética» de forma muy limitada: «Una prueba usando ácido desoxirribonucleico extraído de células del individuo para determinar la presencia de una enfermedad o disfunción genética o la predisposición del individuo a una determinada enfermedad o disfunción genética»[31]. Actualmente se están utilizando otros métodos para «determinar la presencia de enfermedades genéticas...», como PKU, anemia drepanocítica y otras afecciones, y no está claro que se vean o no afectadas por esta ley.

Necesitamos leyes fuertes a nivel federal para controlar la discriminación genética en empleo y seguros. Los científicos que trabajan en genética predictiva y en el Proyecto del Genoma Humano nos han prometido que las predicciones genéticas mejorarán las medidas preventivas y por lo tanto nos harán más sanos. Sin embargo, si las compañías de seguros pueden usar resultados de pruebas genéticas para limitar o denegar cobertura, la gente tendrá menos acceso a cuidados preventivos, por lo que será más probable que se pongan enfermos y que tengan menor capacidad para obtener los tratamientos médicos necesarios.

Como la mayor parte de la investigación científica que genera información que se puede emplear en discriminación genética se realiza en este país [EE.UU.], los americanos tienen una especial responsabilidad para contrarrestar esta nueva forma insidiosa de discriminación. Espero que los científicos se unan en el esfuerzo y dediquen el máximo de energía a prevenir la discriminación genética, del mismo modo que lo hacen para desarrollar la tecnología que hace posible esa discriminación.

[31] Wisconsin Senate Bill 483 (1991), Section 1121q.631.89.

CAPÍTULO 11

SISTEMAS DE IDENTIFICACIÓN BASADOS EN EL ADN, PRIVACIDAD Y LIBERTADES CIVILES

ADN y el sistema de justicia criminal

A medida que aumenta el porcentaje de denuncias criminales, también va aumentando el descontento de la gente con el modo en que la policía, departamentos de investigación y tribunales llevan a cabo el arresto y procesamiento de presuntos criminales. Así, del mismo modo que el sistema médico está evolucionando hacia el uso de pruebas de ADN para obtener soluciones rápidas a los problemas de salud de la gente y los colegios las utilizan para explicar fracasos escolares de los niños, los departamentos de justicia las están empleando para obtener una respuesta al crimen. En el capítulo siete hemos hablado del intento de utilizar la falsa correlación entre agresividad y la afección cromosómica XYY para explicar «criminalidad». Recientemente, los funcionarios del sistema judicial han empezado a trabajar con ADN con la esperanza de desarrollar un sistema para la identificación positiva de criminales.

La lógica es suficientemente clara: excepto en el inusual caso en el que un individuo tenga un gemelo idéntico, cada uno de nosotros es genéticamente único. Mi ADN es diferente del de cualquier otro y, si fuera posible identificar la secuencia de bases completa de mi ADN, ésta se podría utilizar para hacerme una identificación absoluta. Como todavía no es posible hacer esto, ni siquiera identificar características individuales inequívocas, los científicos han realizado aproximaciones: técnicas que permiten identificar a una persona con una probabilidad de éxito de, digamos, uno entre un millón o, mejor aún, uno entre mil millones.

Con esta técnica disponible, los científicos forenses sólo necesitan una pequeña muestra de tejido: un pelo o una mancha de sangre o semen que el criminal haya dejado en el lugar del crimen o que la víctima haya dejado sobre el cuerpo o la ropa del sospechoso. Así, podrían comparar el perfil de ADN de esa muestra con el perfil de ADN de una muestra de sangre tomada del sospechoso o de la víctima y, en una caso ideal, dar con una asociación o exclusión decisiva. En teoría, los perfiles basados en ADN son identificadores absolutos: como huellas dactilares, menos sujetas a deterioro y más factibles de ser recuperadas como pruebas. Los defensores de este procedimiento lo llaman huella de ADN, pero evitaré ese término porque actualmente las identificaciones basadas en ADN no son en absoluto tan inequívocas como las huellas dactilares.

Al igual que ocurre con las huellas dactilares, las muestras forenses de ADN se pueden degradar o contaminar. Si, por ejemplo, la muestra se ha recogido de la ropa o de una alfombra que se ha limpiado poco tiempo antes con un detergente sintético, ciertos residuos del detergente pueden alterar el ADN, de modo que las enzimas de restricción lo cortarán de forma diferente de la de la muestra original. Las muestras de tejido o sangre también se pueden contaminar fácilmente con bacterias, en cuyo caso el ADN bacteriano podría pasar a formar parte de la muestra y arrojaría resultados falsos. Estos dos problemas pueden llevar a exclusiones falsas, mientras que otros problemas pueden llevar a asociaciones erróneas.

En cierto procesamiento criminal, un hombre llamado José Castro fue acusado del asesinato de su vecina y su hija de dos años en el Bronx. El fiscal alegaba que la mancha de sangre encontrada en el reloj de Castro se había identificado por tipificación del

ADN como perteneciente a la mujer asesinada[1]. Lifecodes Corporation de Valhalla, Nueva York, la firma comercial que realizó la prueba de asociación del ADN, aseguró que el patrón de ADN de la muestra del reloj encajaba con el de la mujer asesinada, y que la probabilidad de encontrar ese patrón en el conjunto general de la población era de uno entre 189.200.000, lo que hacía que la identificación pareciera bastante concluyente.

Cuando el caso pasó a los tribunales en 1989, dos abogados, Peter Neufeld y Barry Scheck, decidieron hacer frente a esta prueba. Llamaron a Eric Lander, genetista y matemático del Whiutehead Institute, en Cambridge, Massachusetts, como testigo experto. Lander estaba molesto por la poca calidad científica de los datos presentados por Lifecodes sobre la supuesta asociación. Estimó que la probabilidad de una asociación aleatoria, que Lifecodes había dicho que estaba entre 100 y 200 millones, era de una entre 24, lo que suponía una identificación no muy fiable[2]. Entonces pasó algo sin precedentes: testigos expertos de la defensa y el fiscal se reunieron en Nueva York y, después de evaluar todos los datos, emitieron una declaración en consenso en la que impugnaban la suficiencia de la prueba presentada por Lifecodes como base de su afirmación de que el ADN de ambas muestras era el mismo. Como resultado, el juez no la admitió como prueba. (Al margen de esto, y para desasosiego de Neufeld y Scheck, Castro fue declarado culpable y fue condenado a varios años de prisión.)

El fracaso de la identificación de ADN en el caso Castro ha llevado a cuestionar las pruebas presentadas por Lifecodes y Cellmark Diagnostics (la otra gran empresa de realización de pruebas de asociación de ADN en Estados Unidos) en casos anteriores. Desde el caso Castro, en muchos tribunales estatales no se han admitido como prueba perfiles de ADN, aunque en otros sí ha sido así.

[1] Lewin, Roger (1989): «DNA Typing on the Witness Stand», *Science*, vol. 244, pp. 133-135.

[2] Neufeld, Peter J.; y Neville Colman (1990): «When Science Takes the Witness Stand», *Scientific American*, vol. 262, mayo, pp. 46-53.

Para entender esta controversia, necesitamos conocer mejor cómo se hacen las asociaciones de ADN. Como vimos en el capítulo cuatro, se pueden producir fragmentos identificables de ADN, llamados RFLPs, dejando que ciertas enzimas de restricción corten el ADN en trozos de diferentes longitudes. En el caso de diagnósticos genéticos, este método se puede emplear para distinguir a portadores y no portadores de un alelo entre los miembros de una misma familia.

La técnica empleada para generar los perfiles de ADN que usan los forenses es similar, excepto que aquí los científicos no buscan genes. El método se basa en el hecho de que, por alguna razón desconocida, algunas secuencias cortas se repiten varias veces, pudiendo llegar a repetirse hasta cien veces. Estas repeticiones se encuentran unas al lado de otras (en tándem), y todos nuestros cromosomas contienen zonas de ADN formadas por dichas secuencias repetidas. Como los cromosomas de distintas personas difieren en el número de repeticiones, dichas secuencias son llamadas *repeticiones en tándem de número variable*, o VNTRs. Las VNTRs parecen estar distribuidas aleatoriamente a lo largo del genoma humano y no parecen realizar ninguna función biológica. Los científicos forenses se han centrado en el análisis de tres o cuatro VNTRs específicas para la identificación basada en ADN.

Al igual que con otros tipos de RFLPs, las VNTRs se identifican mediante la digestión de una muestra de ADN con una batería de enzimas de restricción. La mezcla se sitúa en la parte superior de un gel en el que las VNTRs de distintos tamaños viajan a velocidades diferentes. El resultado será una separación de fragmentos por tamaños, y las distintas VNTRs se visualizan mediante marcadores radioactivos específicos. En teoría, como las VNTRs de las distintas personas tienen longitudes diferentes, se moverán a distintas velocidades sobre el gel, de modo que el ADN de cada persona debe revelar su propio patrón característico.

Lo que hace particularmente atractivo a este método para las investigaciones criminales es que el análisis de VNTR requiere muy poco material, de modo que a menudo son suficientes pequeños restos de tejido dejados en el lugar del crimen. Si no es suficiente, una técnica llamada *reacción de la polimerasa en cadena*, o PCR, hace posible copiar muestras diminutas de ADN tantas veces como se quiera, de modo que a partir de unas pocas moléculas de ADN se puede generar una muestra suficientemente grande como para poder ser analizada.

La simplicidad de la técnica y el supuesto carácter definitivo de las identificaciones han llevado a intentar introducirla en más de un centenar de litigios a nivel estatal y en algunos casos federales. Esta técnica también es utilizada en Canadá, Gran Bretaña y en el continente europeo. El FBI ha establecido su propio laboratorio de tipificación del ADN en Quantico, Virginia, y firmas privadas como Lifecodes y Cellmark han establecido sus propios laboratorios comerciales. El departamento de justicia de EE.UU. está subvencionando proyectos de investigación, llevados a cabo en universidades, sobre asociaciones de VNTR y otros métodos potenciales para realizar perfiles de ADN.

Problemas científicos de los perfiles de ADN

Entonces, ¿qué es lo que fue mal en el caso Castro? y ¿cuáles son los temas que requieren una revisión más crítica?

Existen problemas tanto técnicos como teóricos con las identificaciones VNTR. Por un lado, se pueden producir errores y las muestras se pueden confundir entre sí, como parece que ocurrió en otro caso en el Bronx, en 1987[3]. En el caso Castro, cuando Lifecodes comparó los geles en los que sus científicos habían separado el ADN aislado de la muestra de sangre encontrada en el reloj de Castro y el ADN aislado de la mujer asesinada, decidieron ignorar el hecho de que la posición de las bandas VNTR no encajaba con precisión. Ellos explicaron estas diferencias diciendo que

[3] Lander, Eric S. (1989): «DNA Fingerprinting on Trial», *Nature*, vol. 339, pp. 501-505.

los geles eran ligeramente diferentes, pero no realizaron un control para comprobar que ésta era realmente la causa. Éste fue el motivo por el que Lander rebatió tal prueba y los expertos científicos de ambas partes decidieron no contar con ella.

En otras palabras, los laboratorios forenses fallan algunas veces a la hora de interpretar los patrones convenidos de lo que constituye una identidad. Eso parece fácil de solucionar, pero incluso cuando se utiliza con cuidado y corrección, esta técnica de identidad no resulta muy acertada. Cuando el laboratorio forense del FBI obtuvo los perfiles de muestras de ADN preparadas a partir de muestras de sangre obtenidas de 225 agentes de FBI y repitió las pruebas una segunda vez con las mismas muestras y en el mismo laboratorio, uno de cada seis resultados no salió idéntico[4].

En otras pruebas, los laboratorios de la Association of Crime (Asociación contra el Crimen) de California enviaron 50 muestras a Lifecodes, Cellmark y a Cetus Corporation, una empresa de biotecnología en Emeryville, California, que realiza identificaciones basadas en ADN mediante una técnica algo diferente de la empleada por las otras dos empresas. Tanto Cetus como Cellmark asociaron muestras no idénticas erróneamente; Lifecodes hizo bien todas las asociaciones, pero resultó que todas las pruebas habían sido realizadas por los principales investigadores en lugar de por los técnicos que normalmente se encargan de las asociaciones[5].

Hay otro problema técnico. Imaginemos que un VNTR en mi ADN consiste en 112 repeticiones, pero en el ADN de mi vecino el mismo VNTR tiene sólo 109 repeticiones. Ésa es una diferencia genuina entre nosotros, pero las técnicas que hay disponibles actualmente no son tan sensibles como para captar variaciones tan pequeñas, de modo que los resultados mostrarían VNTRs idénticos. Cuando los técnicos comparan VNTRs, a mayor número de

[4] Lewontin, R. C., y Daniel L. Hartl (1991): «Population Genetics in Forensic DNA Tiping», *Science*, vol. 254, pp. 1745-1750.
[5] Hoeffel, Janet C. (1990): «The Dark Side of DNA Profiling: Unreliable Scientific Evidence Meets the Criminal», *Stanford Law Review*, vol. 42, pp. 465-538 (p. 493).

repeticiones en un VNTR dado, mayor tendrá que ser la diferencia en el número de repeticiones entre dos personas para que se pueda detectar.

Incluso aunque las técnicas de detección de identidad se vayan depurando, existe una cuestión fundamental y decisiva. ¿Contra qué población de referencia va uno a juzgar la probabilidad de que un individuo «elegido al azar» no tenga el mismo patrón de VNTRs que cualquier otra persona? ¿Qué constituye una población «aleatoria» genéticamente? Dos genetistas, Richard Lewontin y Daniel Hartl, han planteado este asunto en la revista *Science*[6].

Con este propósito, el FBI ha establecido poblaciones de referencia que ellos llaman «caucasianos», «negros» o «hispanos». Se asume que cada grupo es homogéneo y que las personas seleccionan siempre a sus parejas aleatoriamente dentro de su grupo. De este modo, haciendo la media de unas pocas muestras de cada una de estas poblaciones, se han construido muestras de referencia que sirven como patrón VNTR estándar a partir del cual se pueden hacer afirmaciones sobre la probabilidad de encontrar una identidad dentro de la población.

Todas estas asunciones son problemáticas, pero abordemos tan sólo las dos más obvias: que las poblaciones son homogéneas y que hay un emparejamiento aleatorio dentro de cada una de ellas. La población caucasiana de EE.UU. está formada por inmigrantes de toda Europa, algunos de los cuales han llegado hace poco tiempo y otros hace varias generaciones. Algunos vinieron de pueblos pequeños donde sus antepasados vivieron durante cientos de años y otros de grandes metrópolis. En este país [Estados Unidos], los «caucasianos» a menudo viven y se casan dentro de comunidades bastante distintas, italiano-americanos, sueco-americanos, irlandeses-americanos, entre otros. No obstante, la afirmación de que la probabilidad de que dos individuos tengan el mismo patrón de VNTRs es inferior a uno entre 100 millones

[6] Lewontin, R. C., y Daniel L. Hartl: «Population Genetics...». op. cit.

está basada en la asunción de un muestreo aleatorio dentro de una comunidad «caucasiana» ficticia, homogénea y de emparejamientos aleatorios.

Un mismo argumento se puede esgrimir a la hora de hablar de la categoría registrada como «negro». Podría ser conveniente, pero no tiene significado genealógico ni biológico. Un afroamericano nacido en EE.UU. puede provenir de una pequeña comunidad rural del sur, en donde han vivido sus antepasados desde que fueron traídos al continente americano, o de familias que se mudaron al norte y vivieron en centros industrializados como Chicago o Detroit; también algunos «negros» han inmigrado recientemente desde Barbados o Jamaica o desde alguno de los estados africanos. ¿Qué grado de similitud presenta, genealógicamente hablando, un «negro» emigrado recientemente de Trinidad con un «negro» de segunda o tercera generación del Harlem o con un granjero «negro» del estado de Mississippi?.

La categoría «hispano» es todavía menos significativa, ya que el término incluye a caucasianos de Estados Unidos y de centro y Sudamérica, a los negros del Caribe, Cuba y Puerto Rico y a los nativos americanos de toda América Latina.

Estados Unidos nunca ha sido, y tampoco lo es ahora, un puchero de fusión genealógica. Cualquier modelo construido sobre la existencia de una población bien homogeneizada, emparejada aleatoriamente, es una ficción y está destinado a fracasar. Un ejemplo extremo de esto se produjo en el caso *Texas* contra *Hicks*, en el que se condenó a muerte a un hombre por un asesinato que él constantemente negaba haber cometido. Se dijo que la identidad del ADN mostraba que él había cometido el asesinato, y el laboratorio en el que se realizaron las pruebas hizo hincapié en la astronómica improbabilidad de que el ADN de otra persona se pareciera suficientemente al suyo como para dar un resultado falso. Sin embargo, como resalta Eric Lander, «el crimen ocurrió en un pequeño pueblo endógamo, fundado por unas pocas familias», de modo que la probabilidad de encontrar a otra persona con un perfil de ADN igual (dentro del margen de error de la técnica) debe de ser considerablemente mayor que la que se presentó en el informe[7].

La misma comunidad científica se encuentra dividida con respecto a la validez de las pruebas de identidad del ADN. Cuando Lewontin y Hartl enviaron su crítica de la técnica a la revista *Science*, el editor pidió a Ranajit Chakraborty y Kenneth Kidd, dos científicos que apoyan la técnica, que redactaran una refutación para el mismo número[8]. Como ocurre a menudo, no se trata simplemente de un puro desacuerdo científico. Un nuevo artículo en *Nature* reveló que Chakraborty es coinvestigador en un proyecto de técnicas forenses basadas en ADN con una dotación de 300.000 dólares del National Institute of Justice (Instituto Nacional de Justicia) de EE.UU., subvencionado por el Departamento de Justicia de EE.UU[9]. El Departamento de Justicia no es en absoluto una parte desinteresada en esta discusión; está profundamente comprometido con la utilización de «la huella de ADN», y tanto *Science* como *Nature* informaron de intentos por parte de un miembro del Departamento de impedir la publicación del artículo de Lewontin y Hartl[10]. La intervención del Departamento de Justicia en este debate supuestamente científico es tan inapropiada como aterradora. Si la eficacia de la técnica todavía está bajo sospecha, el sistema de justicia criminal debería estar interesado en resolver el debate en lugar de silenciarlo.

Desde la publicación de ambos artículos, varios científicos de ambos bandos han escrito cartas a *Science* y los autores originales han respondido por turnos[11]. Por supuesto, el desacuerdo no está

[7] Lander, Eric S.: «DNA Fingerprinting on Trial», op. cit.

[8] Chakraborty, Ranajit, y Kenneth K. Kidd (1991): «The Utility of DNA Tiping in Forensic Work», *Science*, vol. 254, pp. 1735-1739. Roberts, Leslie (1991): «Fight Erupts Over DNA Fingerprintinr», *Science*, vol. 254, pp. 1721-1723.

[9] Anderson, Christopher (1992): «Conflict Concerns Disrupt Panels, Cloud Testimony», *Nature*, vol. 355, pp. 753-754.

[10] Anderson, Christopher (1991): «DNA Fingerprinting Discord», *Nature*, vol. 354, p. 500.

[11] VV.AA. (1992): «Letters: Forensic DNA Tiping», *Science*, vol. 255, pp. 1050-1055.

disminuyendo. La situación se ha vuelto tan confusa, que cuando un grupo de consultores de la National Academy of Science de EE.UU., en abril de 1992, hizo lo que se suponía una declaración del valor de las técnicas forenses basadas en ADN[12], este informe se interpretó de un modo diametralmente opuesto. El *New York Times* publicó un artículo sobre el tema bajo el titular «La Cámara de EE.UU. busca restringir el uso del ADN en los tribunales», añadiendo el subtitular: «Se ha pedido a los jueces que desechen las "huellas" hasta que tengan una base científica más sólida»[13]. Al día siguiente, el *Times* y otros periódicos incluyeron un comunicado que contradecía explícitamente el primer artículo[14]. Victor McKusick, director del comité de la National Academy, menciona que la historia del comunicado dice: «Creemos que [el *fingerprint* genético] es una herramienta poderosa para la investigación criminal y para la exoneración de personas inocentes, y debe ser usada al mismo tiempo que se siguen fortaleciendo los patrones». McKusick dijo que el primer artículo del *Times* «tergiversa seriamente nuestros hallazgos», pero la escritora del *Times*, Gina Kolata, mantiene su historia, y mi propia lectura del informe lo confirma.

Como sucede normalmente, también hubo un asunto de conflicto de intereses. Varios miembros del comité de la National Academy integran los comités de dirección o tienen intereses financieros, tanto en compañías que realizan pruebas genéticas como en empresas implicadas en «huellas de ADN»[15]. Uno de dichos miembros, C. Thomas Caskey, dimitió de este comité en 1991, después de que un artículo en *Nature* revelara su asociación financiera a una compañía que hace identificaciones basadas en ADN[16].

[12] National Research Council (1992): *DNA Technology in Forensic Science*, Washington, D. C., National Academy Press.
[13] Kolata, Gina (1992): «U.S. Panel Seeking Restriction on Use of DNA in Courts», *New York Times*, 14 de abril, pp. 1, C7.
[14] Associated Press: «Genetic Data Reliable in Court, Panel Says», *Boston Globe*, 15 de abril, p. 5.
[15] Anderson, Christopher: «DNA Fingerprinting Discord», op. cit.
[16] Anderson, Christopher: «Conflict Concerns Disrupt Panels...», op. cit.

Lo que sacamos en claro de todo esto es que, en el presente, la fiabilidad de los datos y de los científicos que generan dichos datos está en duda. Desafortunadamente, jueces y jurado, como el resto del público, son fácilmente infuibles por la mística y el poder de la ciencia. Cuando una identidad de ADN se presenta con suficiente bombo, no necesita ser fiable desde el punto de vista científico para convertirse en una prueba decisiva en un juicio.

En apariencia, nuestros representantes electos en el Congreso y en el Senado se impresionan del mismo modo por la mística de la identidad del ADN. Al margen de todos los problemas sobre las identificaciones basadas en ADN, el senador Paul Simon, de Illinois, y el representante de California, Don Edwards (ambos demócratas), han introducido una ley que permite al FBI establecer patrones para pruebas con ADN. Este paso fue suficientemente alarmante como para que la revista *Science* titulara su informe sobre esta ley: «Dejemos que los policías establezcan las normas de interpretación para la huella de ADN»[17].

Tal paso no sólo es preocupante por lo que sugiere este título. En el pasado, el FBI ha obstruido sistemáticamente la introducción de regulaciones y patrones para identificaciones de ADN. Se ha opuesto a pruebas independientes de sus propios resultados, así como a cualquier propuesta de requerir a los laboratorios que documenten sus conclusiones por escrito y las firmen los científicos y técnicos que han realizado las pruebas. Como resultado, en el presente, «ningún laboratorio [en EE.UU.], público o privado, que realiza pruebas criminales [...] es regulado por ninguna agencia del gobierno», por lo que «hay más regulaciones en los laboratorios clínicos que determinan si uno tiene mononucleosis de las que hay en los laboratorios forenses, capaces de generar resultados de pruebas de ADN que pueden contribuir a mandar a una persona a la silla eléctrica»[18].

[17] Hamilton, David P. (1991): «Letting the "Cops" Make the Rules for DNA Fingerprints», *Science*, vol. 252, p. 1603.
[18] Neufeld, Peter, y Neville Colman: «When Science Takes the Witness Stand», op. cit.

Al margen de los problemas y las controversias, los funcionarios de justicia de diferentes áreas se han adelantado y emplean tecnologías del ADN; incluso están empezando a guardar muestras de tejido y a establecer bancos de datos de «huellas de ADN». En un artículo publicado en *Parade Magazine* en marzo de 1991, Earl Ubell escribió que «varios estados están actualmente tomando muestras de sangre de violadores convictos y otros criminales violentos. Sus perfiles de ADN se guardarán en un banco de datos para uso policial en todo Estados Unidos». Para apoyar esta práctica escribe: «Usando huellas de ADN, por ejemplo, los detectives pueden seguir la pista a un violador convicto en Utah, que posteriormente delinque en Ohio, mediante la comparación de las "huellas" de ADN archivadas con aquellas encontradas en las víctimas»[19].

Por lo tanto, las identificaciones basadas en ADN, aunque son muy cuestionables en su forma actual, están siendo vendidas a un público aterrado como un modo de resolver los horrendos crímenes de los que oyen hablar todos los días. Ésta es una forma rápida de arreglarlo, pero no una solución real. Echar la culpa de otro crimen a un violador o asesino convicto podría mejorar la imagen (y les haría sentir mejor) de los agentes de la ley, pero si los cargos están basados en una evidencia que no es fiable, esto no hará que estemos más seguros en las calles o en nuestras casas.

Hay otro asunto importante. Constantemente se nos está diciendo que los perfiles de ADN serán tan útiles para la defensa como para el fiscal, ya que la probabilidad de establecer inocencia y culpabilidad es la misma. Sin embargo, a no ser que la tecnología acabe siendo más barata y más accesible de lo que es ahora, su aceptación en los tribunales aumenta de manera desproporcionada la ventaja de la fiscalía, ya que los defendidos y sus abogados no tienen por lo regular los recursos económicos para emplear este tipo de tecnología.

[19] Ubell, Earl (1991): «Whodunit?, Quick, Check the Genes!», *Parade Magazine*, 31 de marzo, pp. 12-13.

Privacidad genética y libertades civiles

Actualmente, los esfuerzos se dirigen hacia el desarrollo de perfiles de ADN que identifiquen a un individuo de forma inequívoca, sin tenerlo que relacionar con una población de referencia. Cuando tales perfiles sean factibles, los análisis de ADN proporcionarán verdaderamente «huellas» individuales. Aunque esto podría solucionar algunos problemas, todavía quedan por considerar una gran variedad de temas sobre privacidad y libertades civiles.

Una vez que se ha aislado ADN de una muestra de sangre o de otro tejido cualquiera, éste se puede emplear con otros propósitos diferentes de aquel para el que fue obtenido. Como el ADN puede proporcionar información sobre la salud de la persona y sobre asuntos de importancia social, como la paternidad, una colección de muestras de ADN siempre constituye una invasión potencial de la privacidad. Esto ocurre incluso cuando el análisis no resulta tan informativo como proponen los que lo solicitan. Si la gente cree que en nuestro ADN hay cantidades incalculables de información y que los científicos cada día están más capacitados para descifrarla, podría verse empujada a renunciar a su derecho de privacidad y a destapar secretos que han permanecido en la familia durante mucho tiempo.

Para prevenir esas presiones y malversaciones, debería ser legalmente imposible que cualquier persona o grupo de personas recogieran muestras para hacer tipificaciones de ADN de ciudadanos sin que éstos fueran informados previamente y sin su consentimiento. Mientras que dicho consentimiento puede ser convenido legalmente, como por ejemplo en investigaciones criminales, resulta esencial establecer regulaciones que aseguren que sólo se usarán las muestras para el propósito con el que se recogieron y que, una vez se haya conseguido dicho propósito, serán destruidas.

Esto no es lo que tienen en mente los funcionarios de justicia, y tampoco está escrito en la Human Genome Privacy Act (Ley de protección de la privacidad del genoma humano), único proyecto de ley a nivel federal que regula la obtención, propagación y almacenamiento de información basada en ADN. Aunque esta ley no entre en vigor tal y como está redactada ahora, la inadecuación de la propuesta de protección de privacidad y libertades civiles pone de relieve la necesidad de una vigilancia.

En la práctica habitual, una orden del tribunal suele ser suficiente para permitir a los policías u otros organismos oficiales obtener pruebas por medios que de otro modo se considerarían invasivos, como sacar sangre u obtener fluido seminal. Aunque la preservación durante el proceso legal de todo el material que pueda constituir una prueba favoreciera tanto a la defensa como a la fiscalía, el problema es cómo prevenir que se guarden dichas pruebas, en lugar de destruirse, una vez finalizado el proceso.

No existe una uniformidad en las normas sobre la utilización de los bancos de datos de tejidos o fluidos corporales obtenidos de sospechosos, acusados o personas condenadas por delito mayor. La Human Genome Privacy Act utiliza un lenguaje desarrollado para transacciones de crédito. El propósito concreto de la ley es:

> salvaguardar la privacidad individual en relación a la información genética para evitar la malversación de los datos que guardan las agencias [federales] o aquellos que trabajan contratados o en proyectos financiados por ellos, con el propósito de investigar, hacer diagnósticos, tratamientos o identificación de alteraciones genéticas; y proporcionar acceso a los individuos a los datos concernientes a su propio genoma, guardados por las agencias para cualquier posible requerimiento[20].

Sin embargo, el documento permite el acceso a dicha información con demasiada facilidad como para mantener la privacidad de la información genética o sanitaria de personas. También el documento está construido sobre la premisa de que es aceptable que tanto órganos del Estado como privados recojan, guarden y difundan información genética, siempre que no hagan un «mal uso» de dicha información. La ley no recoge los problemas inhe-

[20] 102d Congress, 1st session (1991): H. R. 2045, 24 de abril, p. 1.

rentes a la obtención de esta información, incluso aunque se realice con un «propósito determinado».

En enero de 1992 el Departamento de Defensa anunció su plan para «crear un depósito de información genética de todos los miembros del ejercito de EE.UU. como medida de identificación de futuras víctimas de guerra»[21]. Aunque el Departamento de Defensa presenta este plan como una forma de evitar que haya más «soldados desconocidos», esto podría preparar el camino de otras organizaciones privadas o gubernamentales hacia la creación de sus propios bancos de datos de ADN. El Ejército es uno de los mayores patronos de Estados Unidos, por lo que permitirle llevar a cabo dicho programa no es un asunto baladí.

Es necesario que se declaren ilegales tanto la obtención y distribución de muestras para realizar identificaciones basadas en ADN como el almacenamiento de dicha información, excepto en circunstancias definidas específicas. En las circunstancias excepcionales en las que se permitan tales actividades, éstas deben estar reguladas y supervisadas muy de cerca. Por ejemplo: se debe prohibir el almacenamiento de dichas muestras o información una vez que hayan servido al propósito específico para el que fueron recogidas; no se deben compartir las muestras ni la información con otras agencias ni usarse con otros propósitos diferentes de aquellos para los que fueron obtenidas; se debe garantizar el acceso de las personas a sus propios datos; y, cuando se descubran errores, deben corregirse y se debe destruir la información errónea.

Asuntos relacionados con la salud y el empleo

Como vimos en el capítulo anterior, los empresarios se encuentran dentro de la ley cuando invaden la privacidad genética de sus empleados haciéndoles pruebas que se dice que predicen el riesgo

[21] Leary, Warren E. (1992): «Genetic Record to Be Kept on Members of Military», *New York Times*, 12 de enero, p. 12.

de desarrollar enfermedades relacionadas con las tareas que deberán desempeñar. Se puede interpretar que la Americans with Disabilities Act (Ley de protección de los americanos discapacitados) prohíbe las pruebas comparativas precontrato, pero los empresarios la pueden evadir fácilmente obteniendo el consentimiento de los solicitantes del empleo. Cuando la obtención de un empleo depende de que una persona dé este tipo de «consentimiento», esta palabra pierde su significado.

Según escribo, estoy mirando la copia de un impreso de «liberación de información» que se les pide que firmen «voluntariamente» a los solicitantes de empleo, incluso a los más básicos, al gobierno de EE.UU. Éste autoriza a «cualquier representante del gobierno federal debidamente acreditado, incluyendo a aquellos del [...] Federal Bureau Investigation (Oficina Federal de Investigación) [...] a obtener cualquier información relacionada con las actividades [de los solicitantes], incluyendo colegios, agencias de gestión residencial, patronos [...], *instituciones médicas, hospitales u otros depositarios de datos médicos*, o individuos. Esta información podría incluir, pero no está limitada, el [expediente] académico [del solicitante], [...] los antecedentes personales, [...] información *médica, psiquiátrica/psicológica*»[22] [la cursiva es mía].

La liberación autoriza a cualquier individuo a proporcionar dicha información «ante la petición de cualquier representante debidamente acreditado de cualquier agencia autorizada, al margen de cualquier acuerdo en contra que [el solicitante] haya realizado [con ese individuo] previamente», y especifica que el «que use [esa información] podría revelarla de nuevo, según autoriza la ley». El hecho de que se pida a todos los solicitantes de empleo que «lean esta autorización, [...] y que la firmen después», supone una burla de la noción de consentimiento voluntario.

Trasladándonos a un contexto médico, ¿cómo podemos garantizar la privacidad genética del «enfermo sano»?; ¿está obligado el médico a informar a los parientes cercanos de una persona, como

[22] U.S. Office of Personal Management (1987), Standard Form 85, Revised December.

padres, hermanos, hijos o presente o futuro cónyuge, si a éste se le diagnostica que es portadora de una afección o «predisposición» genética, pero no tiene síntomas y quizá jamás los desarrolle? ¿Tiene el Estado derecho obligar al médico o al individuo al que se le ha hecho el diagnóstico genético a informar a los parientes cercanos o el futuro cónyuge? Una afección genética no es contagiosa, como lo son algunas enfermedades virales o bacterias, pero podría transmitirse a los hijos y, en algunos casos (como el PKU), existirán terapias preventivas disponibles.

Francia tiene una ley de privacidad que prohíbe a los médicos dar información genética a nadie, incluyendo a la persona a la que se refiere dicha información, a menos que se haya obtenido por petición de ésta. Esta ley se hizo pública porque un grupo de investigadores franceses habían identificado un gran número de personas que podrían ser portadoras de un alelo implicado en una forma hereditaria de glaucoma juvenil, enfermedad del ojo que puede producir ceguera. Estas personas no fueron identificadas por pruebas genéticas, sino al trazar su genealogía a partir de una pareja que vivió en el noroeste de Francia en el siglo XV.

Aunque los médicos han sido alertados de que muchas de las personas que viven en esa área son portadoras de dicho alelo, no pueden dar nombres de personas concretas, ni siquiera los mismos portadores pueden ser informados. Esta medida se debe a que, según la ley francesa, «la publicación de una lista de individuos realizada a partir de un estudio genealógico constituiría una medida de salud pública autoritaria que infringiría la libertad individual o privacidad [...] La circulación de nombres de portadores potenciales de genes que predisponen a enfermedades podría llevar a discriminación a la hora de dar un empleo o de conceder un seguro»[23]. Que la ley prohíba que las personas obtengan información incluso sobre sí mismas es quizá ir demasiado lejos, pero, como vimos en el capítulo anterior, a no ser que tal información

[23] Dorozynski, Alexander (1991): «Privacy Rules Blindside French Glaucoma Efford», *Science*, vol. 252, pp. 369-370.

siga siendo estrictamente confidencial, es muy fácil utilizarla con intención discriminatoria

En Estados Unidos, los antecedentes médicos de los pacientes de un hospital están a disposición tanto de investigadores como del personal que trabaja en él. Esto incluye a todo el mundo, desde el médico que lo está tratando hasta el farmacéutico, el personal de seguridad y el de administración. Aunque el nombre del paciente no se cita a no ser que esta información sea necesaria para el tratamiento o para enviarle la factura, consta en el historial médico. Cuando se trata de la información médica que tienen las aseguradoras sobre los asegurados, dicha información es compartida por otras compañías de seguros. Como resultado muchas personas se han encontrado con que cuando se trasladan de una a otra parte del país y cambian de aseguradora médica, la nueva compañía sabe cosas sobre ellos que no constaban en su solicitud. La información de los seguros se almacena en un banco de datos al que tienen acceso las aseguradoras médicas. Hay motivos para creer que los resultados de pruebas genéticas pasarán a formar parte de una porción creciente de dicha información, a no ser que las leyes lo prohíban.

El potencial para irrumpir en la privacidad de las personas es enorme, porque, tanto si un fragmento específico de información genética es significativo como si no, sea o no exacto, toda la información genética tiene implicaciones futuras, no sólo por lo que respecta a la salud de una persona, sino también a la de todos sus parientes y descendientes presentes y futuros.

Control de la información genética

Cuando el Congreso aprobó la ley de la seguridad social en 1934, ésta estipulaba que, en pro de una confidencialidad y privacidad, los números de la seguridad social sólo se deberían utilizar en asuntos relacionados con ella. Hoy en día nuestro número de la seguridad social es una etiqueta que nos identifica en las devoluciones de los impuestos federales y estatales y, en muchos estados, es nuestro carné de conducir, a no ser que solicitemos que no sea así. Algunas veces también se nos exige cuando intentamos cobrar un cheque, así como en muchas otras circunstancias que no tienen nada que ver con la seguridad social. Ha pasado a ser nuestra etiqueta de identificación en cientos de bancos de información computarizados. Lo mismo ocurre con las huellas dactilares. Se introdujeron como un modo de identificar sospechosos criminales, pero a muchos de nosotros ya se nos han tomado las huellas dactilares en numerosas ocasiones, como al solicitar un empleo o para conseguir una licencia profesional, aunque nunca hayamos estado implicados en un proceso criminal.

Si permitimos que los perfiles de ADN pasen a ser una herramienta de control legal, podemos estar seguros de que la información también se usará de otros modos. Como he dicho antes, los perfiles de ADN y las muestras de sangre o tejido pueden utilizarse para obtener información sobre una gran variedad de aspectos de la persona de la que se han obtenido. Si permitimos que la información o, aún peor, las muestras se almacenen en bancos de información computarizados, serán susceptibles de ser usadas con otros propósitos diferentes de aquel (o aquellos) para el que se obtuvieron en primer lugar.

Los defensores de la tipificación del ADN y de los bancos de datos podrían apelar a la utilidad potencial de la tecnología como herramienta para seguir la pista de violadores o asesinos en serie, identificar muertos de guerra o encontrar niños perdidos o abuelos amnésicos, pero sólo se trata de conseguir el apoyo del público para este tipo de actividades. La historia no nos da ningún motivo para confiar en que el FBI, otras agencias policiales o las fuerzas armadas no utilizarán esa información en otras circunstancias. Las agencias del gobierno quieren tener los medios para obtener el máximo de información posible sobre cada uno de nosotros. Evitar tal intromisión en nuestra privacidad y en nuestras libertades garantizadas constitucionalmente depende de nosotros.

No hay razón para creer que la recopilación de perfiles de ADN y su incorporación en bases de datos beneficiarán a la sociedad. La mayoría de los crímenes violentos no son cometidos por delincuentes recurrentes, de modo que almacenar muestras para identificaciones futuras no es ni necesario ni efectivo en relación con el gasto que supone. Además, tales prácticas ponen claramente en peligro las frágiles garantías de libertad civil y privacidad.

Algunos grupos están empezando a actuar contra la utilización considerada prematura o enfermiza de las nuevas tecnologías. Cuando surgió la cuestión de si tomar y almacenar muestras de tipificación del ADN en el condado de King, Washington, la asamblea de ciudadanos decidió estudiar la propuesta y dijo que los que la presentaban no demostraban cuáles serían los beneficios de este nuevo y caro procedimiento. El comité recomendó que se abriera primero una investigación para evaluar las afirmaciones de que esta práctica ayudaría a resolver crímenes o condenar a acusados[24].

Por el momento, los resultados de las identidades genéticas forenses han sido completamente equívocos. Se dice que Colin Pitchfork, un violador asesino británico, ha sido el primer criminal identificado por tipificación del ADN. De hecho, llamó la atención de la policía no por su perfil de ADN, sino por el mito de su infalibilidad. Pitchfork pasó a ser sospechoso sólo porque se asustó tanto de la reputación de la tipificación del ADN que pidió en secreto a un amigo que diera sangre en su lugar para evitar participar en una pesquisa en la que la policía recolectó muestras de sangre de 5.512 hombres que vivían o trabajaban en el vecindario en el que se habían cometido los crímenes. Su engaño hizo que la policía lo persiguiera y lo atrapara, y nunca sabremos si habría sido identificado si hubiera dado sangre al igual que hicieron el resto de los hombres de su pueblo[25]; pero todo el reportaje de este caso se centró en el éxito del procedimiento. El hecho de que la policía presionara a todos estos hombres a que donaran muestras de san-

[24] Bereano, Philip L. (1989): «DNA Identification Systems: Social Policy and Civil Liberties». Testimony before the Subcommittee on Civil and Constitutional Rights, Committee of the Judiciary, U.S. House of Representatives, 22 de marzo.
[25] Wambaugh, Joseph (1989): *The Blooding*, Nueva York, Bantam Books.

gre «voluntariamente» no fue casi noticia. La atención se centró en la supuesta eficacia de la técnica, no en su aplicación obligatoria.

Recordemos que la mística del progreso científico y técnico confiere a la tipificación del ADN y a los bancos de datos un valor que la tecnología podría no merecer. Tanto si los resultados son científicamente correctos como si no, la «prueba» se puede utilizar para influir sobre jueces y jurado y para intimidar a los ciudadanos y hacerlos renunciar a sus derechos constitucionales en múltiples circunstancias. Sin una vigilancia por nuestra parte, en un futuro cercano el *Big Brother* (el gobierno) podría estar recolectando y computarizando nuestros perfiles de ADN y distribuyendo después los resultados, incluso sin nuestro conocimiento o consentimiento.

CAPÍTULO 12

EN CONCLUSIÓN...

Como he sugerido a lo largo de este libro, en el campo de la biología molecular se ha venido realizando una investigación que, aunque es muy interesante, también alberga muchos peligros. Si me he concentrado en tales peligros es porque con mucha frecuencia son ignorados, subestimados o simplemente negados.

Dicha investigación será capaz de responder a preguntas sobre la diversidad entre diferentes grupos de organismos, incluyendo las poblaciones humanas, y sobre las relaciones evolutivas entre ellos. El aumento del conocimiento sobre el ADN también mejorará nuestra comprensión de la estructura y función de distintas proteínas, pero es menos probable que mejore nuestra comprensión de la red de relaciones metabólicas que subyacen en la mayoría de las enfermedades y discapacidades y de los complejos procesos de crecimiento y desarrollo, ya que éstos dependen de muchos factores que no están determinados por los genes.

Además, con frecuencia se habla del ADN como si fuera toda la finalidad de la biología. Un vídeo de promoción del Proyecto del Genoma lanzado recientemente empieza con un locutor que compara el trabajo del proyecto con los viajes de los exploradores europeos del Renacimiento. El vídeo empieza: «Imaginad un mapa que nos llevara al más rico tesoro del mundo; no un tesoro de oro y joyas, sino un tesoro mucho más importante para la especie humana. Este tesoro es de conocimiento, la habilidad para cartografiar nuestra estructura genética. Todavía no hemos descifrado ese mapa, pero cuando el Proyecto del Genoma Humano haya concluido, sabremos exactamente dónde encontrar en las células de nuestros cuerpos toda la herencia genética de la especie humana»[1].

La metáfora del «mapa» hace ya tiempo que es la favorita de los genetistas. El problema es que mientras que los mapas geográficos tienen usos obvios, no está claro qué es lo que uno podría hacer con un mapa del genoma humano completo, si es que lo tuviera. Mientras que secuenciar ciertas secciones del genoma puede ser útil para los científicos, cartografiar el genoma completo no nos dirá «exactamente dónde [...] se va a localizar cada herencia genética de la especie humana». Realmente, la frase carece de significado, aunque conlleva un sinfín de promesas.

No resulta sorprendente que dichas promesas constituyan la mejor parte del vídeo; no obstante, hacia el final se adentra en las consecuencias sociales y éticas del Proyecto del Genoma. James Watson, el primer director del proyecto, habla del problema de la discriminación genética y de la necesidad de proteger a las personas afectadas por una «injusta apertura de los dados genéticos». La Dra. Nancy Wexler, psicóloga en la Universidad de Columbia y directora del grupo de estudios sobre las implicaciones sociales, legales y éticas (ELSI) del Proyecto del Genoma, hace un esquema de los objetivos del grupo.

Resulta alentador que el Proyecto del Genoma disponga de dicho grupo de estudio y que los científicos se preocupen por las implicaciones deletéreas de sus investigaciones. Sin embargo, el programa del ELSI no afectará a las decisiones que se tomen sobre el trabajo científico que se va a realizar en el Proyecto del Genoma. Tan sólo puede hacer sugerencias sobre cuestiones de interés

[1] «The Human Genome Proyect». Vídeo del Public Affairs Department of the National Center for Human Genome Research of the National Institutes of Health, Bethesda.

público, como por ejemplo cómo se pueden proteger las personas de una discriminación genética o de la invasión de su privacidad. No tiene poder para garantizar que estas sugerencias se traducirán en regulaciones. Si el ELSI hiciera recomendaciones en contra de ciertos experimentos y pruebas genéticas basados en los resultados de los estudios que subvenciona y en los que sugiriera que éstos podrían tener consecuencias peligrosas, es posible que muchos de los grandes nombres del Proyecto del Genoma se situasen en la postura contraria.

El programa del ELSI crea la ilusión de que tratarán los problemas sociales surgidos del Proyecto del Genoma, pero, tal y como ha sido concebido, lo que realmente se garantiza es que tales consideraciones no se interpondrán en el camino de la ciencia. En algún momento del futuro, los asuntos éticos, sociales y económicos forzarán a los científicos del genoma a modificar sus proyectos o al menos abandonar alguno que otro. Sin embargo, resulta improbable que sea el programa ELSI el que fuerce dichos cambios.

Aunque el ELSI no tendrá ningún poder para dar forma a la normativa, ya está afectando al debate sobre las cuestiones éticas de la investigación en biología molecular. Aunque sólo se haya dedicado el cinco por ciento del presupuesto del Proyecto del Genoma a este programa, es ya una gran cantidad de dinero para estudiar el impacto social y ético de la ciencia y la tecnología. Como resultado de ello, cada vez son más los críticos potenciales del Proyecto del Genoma que obtienen sus fondos del propio proyecto. Esto sitúa al Proyecto del Genoma en posición de supervisar qué preguntas se hacen y de establecer los parámetros del debate.

Hay otro aspecto que se ha de considerar. Cualesquiera que sean las conclusiones a las que lleguen los investigadores del ELSI y cualquiera que sea el nivel de respeto que los científicos tengan por esas conclusiones, el hecho es que los científicos no tendrán, al final, el poder de controlar el modo en el que se usarán los resultados de sus investigaciones. Experiencias como la historia del desarrollo y del uso de la bomba atómica y de la siguiente generación de armas nucleares lo demuestran. Los científicos del Proyecto Manhattan no estaban de ningún modo de acuerdo en que se lanzara la bomba atómica sobre Japón; de hecho muchos sugirieron otras alternativas menos destructivas, como hacer una demostración pública del poder de la bomba. Muchos se horrorizaron cuando se lanzó la bomba, otros se convirtieron en líderes de movimientos antinucleares y varios dejaron la física a un mismo tiempo.

La investigación nuclear no es totalmente buena ni totalmente mala, al igual que la genética. Los isótopos radioactivos han sido muy útiles en medicina nuclear, tanto para diagnósticos como para tratamientos. Aunque consiguiésemos que el poder nuclear fuera seguro bajo circunstancias ideales, el problema es que las circunstancias están lejos de ser ideales. En un mundo en el que la disminución de costes y la maximización de beneficios están a la orden del día, la seguridad no es una prioridad. Se reducen gastos, los riesgos se pasan por alto, se toman decisiones precipitadas y problemas fundamentales como la eliminación de desechos nucleares simplemente se esconden debajo de la alfombra.

Imaginemos que los científicos del Proyecto del Genoma y genetistas humanos estuvieran dispuestos a solicitar una moratoria sobre la utilización de pruebas genéticas en decisiones que afecten al empleo o seguros hasta que haya una ley que proteja a las personas de ser víctimas de discriminación genética. En primer lugar, es improbable que todos estén de acuerdo, pero incluso si lo estuvieran, la cuestión es si tendrían poder para poner en marcha dicha moratoria. Además, el problema no se resolvería con leyes antidiscriminatorias; ha habido otras leyes de protección de derechos civiles que han sido muy importantes y que sin embargo no han podido evitar otras clases de discriminación. Con frecuencia, los cambios se han reducido fundamentalmente a un simple lavado de cara. La Civil Rights Act (Ley de derechos civiles) de 1964 prohíbe la discriminación por razones de sexo o raza; no obstante, doce años después, en el caso *General Electric* contra *Gilbert*, la mayoría del Tribunal Supremo decidió que un plan de seguros de la compañía que excluyera discapacidades relacionadas con el embarazo no era discriminatorio contra las mujeres. Como dijo la minoría en contra: la mayoría decidió que el plan no atentaba contra los derechos civiles porque los hombres, al igual que las mujeres, estaban excluidos de cobertura para el embarazo, y las mujeres, al igual que los hombres, tenían cobertura para la operación de próstata[2].

De cualquier modo, toda esta charla sobre si los científicos decidirán o no hacer lo correcto está en realidad fuera de nuestro terreno. Los temas son demasiado complejos y nos afectan a todos con demasiada profundidad como para que los dejemos únicamente en manos de los científicos u otra clase de expertos. Los genetistas, al margen de su visión social, ética y política, están interesados en la genética y desean ver cómo avanza su campo de estudio. No es de su competencia decidir lo que se debe o no se debe hacer. Si se quiere construir un rascacielos, se necesita un arquitecto especializado en rascacielos; pero si se quiere un grupo de consejeros para decidir si construir o no más rascacielos, no será lógico que esté formado principalmente por arquitectos. En ninguno de los dos casos, genética o rascacielos, se deben basar las decisiones en los intereses de los negocios que buscan su propio beneficio.

No pretendo decir que necesitamos más leyes que prohíban cierto tipo de investigación genética, aunque puedo imaginar tecnologías que deberían estar prohibidas porque constituyen una amenaza para la salud, la privacidad o los derechos civiles. Lo que necesitamos es un debate público más amplio para determinar el verdadero alcance de la investigación genética y las tecnologías. Prácticamente toda la investigación genética en este país [Estados Unidos] se realiza, al menos en parte, con fondos públicos. Por lo tanto, el público debe tener voz a la hora de decidir cómo se asignan los fondos de investigación.

También tenemos que asegurarnos de que las nuevas tecnologías no crean nuevas limitaciones. Hacerse pruebas genéticas,

[2] *General Electrical Company v. Gilbert. Supreme Court Reporter* (1976), vol. 97, pp. 401-421.

como la del VIH, nunca debe ser obligatorio, ni siquiera rutinario. Si bien es verdad que las pruebas deben estar disponibles para aquellos que las requieran, debe haber un asesoramiento, de modo que las personas entiendan las implicaciones de todos los posibles resultados de la prueba antes de realizársela. Deben conocer las implicaciones que conlleva realizarse pruebas genéticas, no sólo para su salud sino también en su relación con sus amigos y familiares. También necesitan considerar que los resultados, e incluso el hecho de haber decidido voluntariamente realizarse dichas pruebas, podrían afectar a sus perspectivas de empleo y a la contratación de un seguro médico.

Más allá de preguntarnos qué investigación genética debe realizarse y cómo debe aplicarse, debemos cuestionar la actual perspectiva de los genes como determinantes de nuestro desarrollo, salud y comportamiento. Centrarse en los genes lleva casi inevitablemente a una asignación de valores: estos genes son buenos, esos genes son malos. Podríamos empezar con casos relativamente claros, como la enfermedad Tay-Sachs, que es fatal a una edad temprana, pero inmediatamente desembocamos en áreas más grises en donde personas que viven vidas ordinarias se pueden encontrar de repente estigmatizadas como deficientes.

No se debería dar a los científicos ni a los médicos el derecho de asignar tales calificativos, pero el problema es aún mayor. Los mismos calificativos son inherentemente erróneos, no importa quién los asigne. No hay forma de decir qué vidas son o no son valiosas. Yo me alegro de que Woody Guthrie naciera, aunque desarrolló la enfermedad de Huntington. Me alegro por todos esos poetas y músicos ciegos, desde Homer a Stevie Wonder. Quién sabe, quizá Helen Keller habría llevado una vida totalmente corriente en vez de convertirse en una famosa escritora y activista política si su sistema inmune no le hubiera fallado de niña.

Todos somos víctimas de los patrones que ha establecido alguien y lo seguiremos siendo independientemente de los descubrimientos científicos a los que asistamos. Nadie, ni ningún grupo de personas, tiene, en palabras de Hannah Arendt, «ningún derecho a determinar quién debe y quién no debe habitar el mundo»[3].

No sólo debemos cuidarnos del poder que la ideología genética otorga a los expertos científicos y médicos, legisladores y a la sociedad; también debemos observar en qué medida esta ideología puede afectar a nuestra concepción de nosotros mismos. Necesitamos «desmedicalizar» urgentemente nuestros cuerpos y nuestro estado de salud. Actualmente, los bebés vienen al mundo precedidos de fotografías ultrasónicas y predicciones genéticas. Esa misma llegada al mundo ya es médica y, demasiado a menudo, quirúrgica. Vivimos de revisión en revisión, de prueba en prueba, de inyección en inyección, de píldora en píldora. Con demasiada frecuencia morimos conectados a una red de tubos y cables, y nuestra salida es anunciada con timbres y luces intermitentes. El hecho de que tanto el sano como el enfermo vivan bajo esa continua vigilancia médica se debe a los intereses de la compleja industria médica, y no a los nuestros.

Esta nueva fijación por los genes sólo contribuirá a que confiemos menos en el funcionamiento de nuestro cuerpo y de este modo aumentemos nuestra propia alienación. Debemos comprometernos en debates activos sobre las consecuencias prácticas de la predicción genética para nuestra propia imagen, nuestra salud, nuestro trabajo, nuestras relaciones sociales y nuestra privacidad.

Estar enfermo o discapacitado es parte de la condición humana, y no es lo peor que nos puede pasar. Mucho peor es endurecernos y mirar a las personas enfermas o que tienen discapacidades como estadísticas o cargas que hay que evitar a toda costa. En nombre de la prevención de enfermedades, la ideología genética cometió, en el pasado, enormes abusos de poder. Debemos evitar que el nuevo conocimiento técnico anule nuestra capacidad política para mostrar a todos nuestros compañeros humanos el respeto y buena voluntad que ellos nos han mostrado a nosotros.

[3] Arendt, Hannah (1977): *Eichmann in Jerusalem: A Report on the Vanality of Evil*, Nueva York, Penguin Books, p. 279 [ed. cast.: (1967): *Eichmann en Jerusalén: Un estudio sobre la banalidad del mal*, Barcelona, Lumen].

EPÍLOGO

The problem ain't all the things
folks don't know; it's all the
things they do know that ain't so.

(Dicho popular americano)

Genetización

«Pobreza [...] es la enfermedad más mortal del mundo», escribe Hiroshi Nakajima, director general de la Organización Mundial de la Salud (OMS), en el prefacio del informe que la OMS publicó en su cuadragésima octava asamblea sobre salud mundial, celebrada el 1 de mayo de 1995. La OMS informa de que la pobreza es la principal causa de enfermedad y muerte en todo el mundo, y que están aumentando las diferencias entre ricos y pobres, tanto entre las naciones como dentro de ellas. Todavía muere más de un millón de niños al año de sarampión aunque la vacuna que podría salvarles la vida sólo cuesta 15 centavos, y los 12,5 millones de niños con menos de cinco años que mueren cada año lo hacen por falta de un tratamiento que cuesta 20 centavos o menos.

Estas y otras estadísticas similares nos muestran que se podrían salvar innumerables vidas tan sólo con una pequeña parte de los aproximadamente 220 millones de dólares procedentes de la recaudación de impuestos con los que el gobierno de EE.UU. contribuyó en 1995 al Proyecto del Genoma Humano. A esta cantidad hay que sumar las contribuciones de otros gobiernos y de instituciones privadas, magnitud que es difícil de estimar correctamente, a programas del genoma en todo el mundo. El informe de la OMS hace una parodia de las declaraciones de los científicos acerca de la necesidad de salvar vidas mediante la ampliación de nuestro conocimiento sobre la identidad, composición y localización de todos los genes de los cromosomas humanos. La mayoría de la gente en el mundo no muere por sus «malos genes» sino por falta de comida, agua limpia, higiene, vacunas u otros medicamentos que no son caros.

Los hechos presentados en el informe de la OMS contrastan radicalmente con una declaración presentada por el Dr. Francis Collins —científico que sucedió a James Watson a la cabeza del Proyecto del Genoma en EE.UU.— durante una conferencia pública a la que asistí en agosto de 1994, en la que presentaba el Proyecto del Genoma como el esfuerzo más noble en el que nunca se hayan embarcado los humanos, y aseguraba a su audiencia que «virtualmente todas las enfermedades, excepto quizá los traumatismos, tienen un componente genético». La identificación de todos nuestros genes, dijo, permitirá a los científicos predecir, prevenir y curar todas las enfermedades mediante «la lectura de nuestro propio programa».

Yo sólo me pregunto por qué el Dr. Collins excluyó el traumatismo de su extensa promesa. Después de todo, las personas a menudo tienen accidentes porque no ven u oyen bien, porque se están haciendo mayores y pierden reflejos o por otros motivos que yo imaginaba que un creyente en la capacidad de predicción de nuestro genoma atribuyera a los genes.

La cuestión es que la afirmación de que «todas las enfermedades tienen un componente genético» es tan amplia que no significa nada. Los genes determinan la composición de las proteínas, y las proteínas están implicadas en todas nuestras funciones; por lo tanto, los genes deben afectar de alguna manera a nuestra forma de interaccionar con los microorganismos patógenos y a nuestra susceptibilidad y respuesta a traumas. De este modo, por supuesto, cualquier cosa que nos ocurra en la vida tiene un «componente genético». Pero, y ¿qué? El hecho de que cuanto somos y cuanto hacemos implique a los genes no significa que saber todo sobre su localización, composición y funcionamiento nos vaya a permitir comprender todo acerca de la salud humana y a predecir, prevenir o controlar todas las enfermedades y comportamientos no deseados.

Aún así, la actual «genomanía» les resulta atractiva a muchos sectores de nuestra sociedad. Al apelar a los genes para explicar comportamientos, talentos o afecciones de salud, el determinismo genético tiene la peculiar consecuencia de derrotar simultáneamente a los individuos y a la sociedad. Por un lado, si la salud y el comportamiento de todas las personas dependen de sus genes, podríamos echar la culpa de las enfermedades sociales a las deficiencias de los individuos y no a sus problemas económicos o sociales. Desde este punto de vista, las personas son pobres porque son hereditariamente vagas, estúpidas o cualquier otra cosa, y están enfermas porque nacieron con los genes equivocados. En los círculos progresistas, a este tipo de razonamientos se les llama «cegar a la víctima», porque la responsabilidad de una política económica y social perjudicial revierte en los propios individuos afectados.

Por otro lado, paradójicamente, también podemos usar explicaciones genéticas para absolver a personas. Si lo que hace una persona está determinado por sus genes, ¿cómo va a ser considerada culpable a nivel personal de sus acciones? Este argumento me trae a la memoria el caso de la defensa «Twinkies»*, en el que solamente se condenó por homicidio sin premeditación al inspector de policía de San Francisco, Dan White, cuando mató al alcalde de San Francisco, George Moscone, y al inspector Harvey Milk, tras haber alegado un estado de «capacidad mermada» en el momento del crimen como consecuencia de una hiperglucemia producida por un atiborramiento de Twinkies. Todavía no se ha presentado en los tribunales una analogía genética, pero el *Wall Street Journal* del 15 de noviembre de 1994 publicó un titular que decía: «Su abogado alega que son sus genes los que le impulsan a matar». La

* Barra de chocolate y tofe con una alta concentración de azúcar.

historia contaba que los abogados del defendido explicaron su crimen basándose en un extenso historial familiar de delitos y violencia. Así, tanto a nivel social como individual, se puede aludir a los «genes» del mismo modo que a la fe o a los designios de Dios.

Como hemos visto, los «genes del comportamiento» a menudo son noticia. En enero de 1996 ocuparon de nuevo las portadas cuando el semanario británico *Nature Genetics* publicó dos estudios y un editorial asociando lo que los autores llamaron comportamiento de «buscador de novedades» a secuencias de ADN relacionadas con receptores de dopamina del cerebro. (En los capítulos 5 y 7 se puede encontrar la explicación de estos receptores.) Los artículos tratan de asociar ciertas características definidas vaga y arbitrariamente, como ser emprendedor, amigo de emociones y propenso al entusiasmo, a las funciones de una secuencia específica de ADN situada en el cromosoma 11. Los científicos basan su asociación de «buscador de novedades» a receptores de dopamina apelando al supuesto hecho de que las personas con la enfermedad de Parkinson, afección relacionada con unos niveles de dopamina bajos, tienen comportamientos emprendedores «inusualmente bajos». Pero esto parece algo forzado: no necesitamos apelar a secuencias de ADN para explicar por qué las personas que padecen una afección tan debilitante no suelen ser buscadoras de emociones.

Comentando esta investigación, el *Newsweek* del 15 de enero de 1996 publicó unos experimentos realizados con ratas recién nacidas en los que los científicos mostraban que experiencias estresantes, como ser separadas de sus madres desde 15 minutos hasta seis horas al día, podían reducir el número de receptores en el cerebro e incluso alterar el mecanismo de acción de los genes asociados con las funciones de dichos receptores. El *Newsweek* cuestiona: «¿podrían algunas experiencias de la infancia, como ser amenazado por un perro o caerse de un parquecito, determinar el desarrollo de un mayor o menor número de receptores en el cerebro implicados en la búsqueda de novedades?»; sin duda es una pregunta apropiada.

Pruebas genéticas en embriones inmaduros

Como resultado de la identificación de cada vez más secuencias de ADN asociadas a afecciones específicas de la salud, los científicos están elaborando una lista creciente de pruebas genéticas y los médicos están empezando a usarlas de una forma nueva, realizando lo que llaman diagnósticos preimplantación. En el capítulo 8 comento brevemente cómo las técnicas empleadas en estos procedimientos constituyen un requisito para la manipulación genética de la línea germinal en el futuro. En los últimos dos años algunas clínicas de reproducción asistida han empezado a aplicarlas como una forma de diagnóstico genético predictivo.

Para beneficiarse de un diagnóstico preimplantación, los presuntos padres, que creen que se arriesgan a que su descendencia nazca con una afección específica para la que existe una prueba de predicción, deben producir embriones mediante fertilización *in vitro* (FIV), en lugar de hacerlo por el modo habitual. Aunque las mujeres en cuestión son normalmente fértiles, el procedimiento comienza estimulando sus ovarios con una inyección de hormonas potenciadoras de fertilidad para que, en lugar de que madure un solo óvulo, maduren entre ocho y diez óvulos simultáneamente en un momento predecible. Una vez ocurrido esto, los óvulos se extraen del ovario por vía quirúrgica y se mezclan con espermatozoides en una placa de vidrio, se incuba la mezcla en una solución salina y se deja que los óvulos fecundados realicen varias divisiones celulares hasta que cada embrión conste de unas seis u ocho células. Hasta aquí el procedimiento es idéntico al de la FIV; sin embargo, ahora hay que sacar una célula de cada embrión para extraerle el ADN y examinar si ésta presenta la mutación implicada en la afección que la familia quiere evitar que herede su futuro hijo. Si algunos de estos embriones resultan no ser portadores de dicha variante, se insertarán en el útero de la mujer, a través de su cérvix, con la esperanza de que al menos uno se implante y sea gestado. El diagnóstico preimplantación tiene la ventaja sobre las formas de diagnóstico prenatal más comunes de que los padres pueden intentar evitar el nacimiento de un niño afectado sin tener que interrumpir un embarazo ya iniciado.

Éste es el lado positivo de la historia. Pero, al margen del coste de los procedimientos *in vitro* y de diagnóstico, que asciende a unos 5.000 dólares por cada intento de implantación, esta situación implica peligros para la salud tanto de la mujer como de su futuro bebé. La mujer debe ingerir hormonas para producir el número requerido de óvulos y posteriormente debe tomarlas de nuevo con el fin de preparar al útero para recibir el(los) embrión(es), con lo que aumenta el riesgo de que desarrolle cáncer de ovarios, útero o pecho. Además, el procedimiento suele resultar en un embarazo múltiple, lo que supone un riesgo para la mujer y sus bebés durante la gestación y nacimiento.

A pesar de estos inconvenientes, algunas personas se enrolan en programas de diagnóstico preimplantación quizá en parte debido a la creciente campaña en contra del aborto y en parte al agresivo marketing de la industria de la FIV. En mi opinión, esta tendencia presenta inconvenientes reales: no sólo todas las predicciones genéticas son inciertas, sino que la selección de embriones «buenos» y «malos» huele a eugenesia, a juicios sobre genes «buenos» y «malos». Como los genes y los embriones resultan mucho más abstractos e irreales que los fetos, el diagnóstico preimplantación podría hacer más fácil para los padres encubrir el hecho de que están emitiendo juicios sobre qué personas tienen o no cabida en sus familias y en nuestro mundo.

Con esto, al igual que antes, no quiero echar la culpa a los padres que se sienten incapaces de asumir las responsabilidades sociales y económicas que supone criar a un niño con discapacidades, pero debemos ser conscientes de que las alternativas sociales resultan siempre en nuevas opciones para los padres. Puede que algunos padres se sientan incapaces de cuidar a un niño, no porque piensen que está incapacitado para vivir sino porque nuestra sociedad no les ofrece los medios y el apoyo necesarios. Hay otras formas con las que la sociedad podría ayudar a los padres a salir adelante con los problemas de salud de sus hijos, en lugar de recurrir a intervenciones médicas muy caras que emplean alta tecnología, las cuales sólo son accesibles para una élite económica y cultural.

Hay otro asunto que me preocupa respecto al diagnóstico preimplantación: el procedimiento es un paso preliminar necesario para la modificación genética de embriones inmaduros. Mediante el perfeccionamiento de esta tecnología, científicos y médicos se están alfombrando el camino que los llevará hacia la manipulación genética de la línea germinal, con todas sus implicaciones y consecuencias problemáticas.

La manipulación genética ha caído en cierto modo en desgracia desde que el comité de asesoramiento, formado por el director del National Institutes of Health (NIH), publicó su informe en diciembre de 1995. El comité criticó severamente todos los ensayos que se estaban realizando de «terapia génica» somática porque juzgaba que se había dado preferencia a experimentos a largo plazo de valor cuestionable frente a prometedores esfuerzos realizados sobre tratamientos más convencionales y que se ha exagerado su éxito. Según el *Washington Post* del 8 de diciembre, los miembros del comité pensaban que la promesa de la terapia génica se había «vendido en exceso», hasta el punto de que la gente estaba corriendo riesgos para su salud creyendo que la manipulación genética capaz de curarlos estaba a la vuelta de la esquina.

El debate sobre la manipulación génica de la línea germinal está siendo más caliente que el de la manipulación somática y, hasta la fecha, no se ha realizado ningún ensayo, pero es posible que, si resulta que las manipulaciones somáticas son demasiado difíciles de controlar o si fallan en la mayoría de los casos, las presiones empujen hacia la manipulación de la línea germinal, que, según qué aspectos, es técnicamente más fácil.

Actualmente, las opiniones sobre la manipulación génica de la línea germinal van desde una oposición inamovible, pasando por un respaldo con reservas, hasta una defensa total. Como cabría esperar, la Iglesia Católica Romana se opone, al igual que otros grupos religiosos que creen que la vida humana comienza en la concepción o que no se debe manipular la procreación. También se oponen personas que están molestas por la presunción que hay implícita en el intento de manipular las cualidades hereditarias, no sólo de individuos concretos sino de las generaciones futuras; y ésta será sin duda la consecuencia inevitable de la alteración genética de la línea germinal.

También se oponen los biólogos que, como yo, resaltan el hecho de que los genes no funcionan de forma aislada ni «controlan» rutas metabólicas concretas, sino que simplemente son partes de redes integradas. Poco a poco vamos obteniendo más evidencias experimentales que demuestran que la alteración de un gen, incluso cuando creemos saber cómo funciona, a menudo produce efectos inesperados e impredecibles.

A pesar de la fuerte oposición tanto en el terreno científico como en el moral o ético, algunos científicos sostienen que es lícito realizar manipulación génica de la línea germinal. La propuesta de Daniel Koshland de alterar un CI bajo mediante sustitución genética, de la que he hablado en el capítulo 8, es tan sólo un ejemplo. Los argumentos se apoyan en el imperativo tecnológico habitual de que aquello que puede hacerse debe hacerse y en que ningún obstáculo técnico encontrado en el camino de la modificación del ADN de óvulos, espermatozoides o embriones inmaduros es insuperable.

En relación a todos estos debates, los científicos del genoma y las empresas de biotecnología tienen que hacer equilibrios entre la promesa de generar suficientes beneficios, y de este modo mantener el apoyo político y financiero que necesitan, y no generar demasiadas expectativas con las que pudieran darse un batacazo cuando éstas no se cumplieran. En un período de tiempo relativamente corto, dichos defensores deben tratar de «genetizar» el modo de pensar de la gente respecto a la enfermedad, salud y vida social, integrando explicaciones genéticas en la visión aceptada de la realidad, de forma que las personas difícilmente se den cuenta de su inadecuación intrínseca y sus desventajas. Con esto no pretendo decir que nos estemos enfrentando a una conspiración para engañar al público. Tanto si es una cuestión de interés propio como si se trata de una creencia genuina, es probable que los que proponen esta nueva genomanía sean sus más devotos adscritos.

Pruebas de predicción y creación del enfermo sano

La realización de pruebas de predicción con embriones es todavía una iniciativa muy limitada. Cada vez es más común que personas que sospechan que pueden desarrollar una afección conocida y la creen asociada a un segmento de ADN (gen) usen pruebas basadas en ADN. Si se conoce la secuencia de bases de este segmento y de algunas de sus variantes, los científicos pueden empezar a realizar pruebas para detectarlo. Desafortunadamente, varios años antes de que los estudios epidemiológicos a largo plazo puedan establecer la validez de cada prueba, se permite que la gente crea en la validez de las pruebas predictivas, así como en la importancia de dichas predicciones para su propia salud y la de su familia en un futuro. En un programa de Radio Nacional llamado *All Things Considered,* emitido el 29 de junio de 1995, se dio por hecho que las pruebas genéticas predicen con exactitud enfermedad o salud, y se incluyó la declaración del Dr. Francis Collins, del Proyecto del Genoma del NIH, diciendo que es probable que las personas que se realicen pruebas predictivas acaben siendo más sanas que las personas que no, porque podrán tomar medidas para prevenir la afección que se les ha diagnosticado. No obstante, dichos beneficios para la salud sólo serán relevantes en aquellas afecciones raras cuyos patrones de herencia cumplan las leyes de Mendel: por ejemplo, fenilcetonuria (PKU) o hemocromatosis (una alteración en el metabolismo del hierro). De hecho, un informe del Institute of Medicine de la National Academy of Sciences de EE.UU. de 1993 aconsejaba no hacer pruebas para afecciones de las que no se conocieran medidas preventivas o curas.

A través del ejemplo de los llamados genes del cáncer de pecho, podemos analizar más de cerca los problemas de la predicción genética. Desde que se publicó este libro, se han asociado dos nuevos genes, llamados BRCA1 y BRCA2, al crecimiento de tumores en el pecho u ovarios. El BRCA1 (gen del cáncer de pulmón 1) se ha localizado en el cromosoma 17 y su ADN se secuenció en octubre de 1994, después de una carrera de varios años en la que participaban varios laboratorios. La carrera la ganó un grupo de científicos afiliados a la Universidad de Utah y a Myriad Genetics, Inc., una empresa de biotecnología situada en Salt Lake City. (¿No se nos enseñó en el colegio que la ciencia es un proyecto cooperativo y no una carrera?) En otoño de 1995 dos laboratorios, casi simultáneamente, anunciaron que tenían la secuencia del BRCA2; ambos se enzarzaron inmediatamente en una batalla sobre la propiedad de los derechos de patente.

Hasta la fecha, los científicos han identificado cerca de un centenar de variantes del BRCA1 y unas cuantas variantes del BRCA2; sin embargo, tan sólo unas pocas variantes específicas están asociadas al crecimiento de tumores y casi exclusivamente entre mujeres de familias en las que varias mujeres han desarrollado cáncer de pecho u ovarios, generalmente a edades inusualmente tempranas. Estas variantes se identificaron por primera vez en tumores extraídos de mujeres de familias «portadoras del cáncer». Dichas mujeres constituyen del cinco al diez por ciento de las mujeres que padecen cáncer. La gran mayoría de los cánceres de pecho y ovarios no se dan en familias, y raramente implican variantes del BRCA1 o BRCA2.

Los científicos están empezando a saber cómo son las proteínas correspondientes a estos genes y cómo funcionan. La hipótesis es que las secuencias normales de BRCA1 y BRCA2 constituyen genes supresores de tumores. Se piensa que las variantes que están ligadas a cánceres familiares están asociadas a la producción de proteínas defectuosas (o quizá a proteínas ubicadas en un lugar erróneo dentro de la célula) que no pueden funcionar adecuadamente. Pero no hay duda de que estos genes son sólo una parte de la historia. Incluso en familias «portadoras del cáncer», no todas las mujeres que son portadoras de las variantes relacionadas con el cáncer, BRCA1 y BRCA2, lo desarrollan, aunque la estimación de riesgo a lo largo de su vida es alta: sobre el 85 por ciento en cáncer de pecho y 50 por ciento en cáncer de ovarios.

Como vimos en el capítulo 6, ninguna persona cree que los llamados genes del cáncer produzcan cáncer por sí mismos. La hipótesis actual es que siempre se requieren varios sucesos para que se desarrolle un cáncer. Junto con otros cánceres, la incidencia del cáncer de pecho u ovario varía entre países diferentes y entre regiones geográficas dentro de un mismo país. Un estudio publicado en el *Journal of the National Cancer Institute* en agosto de 1995 mostraba que los porcentajes de muerte por cáncer de pecho entre mujeres que emigraron a Australia o Canadá desde diferentes partes del mundo, hace treinta o algunos años menos, eran iguales a los de las nativas de Australia o Canadá, y no a los de las mujeres de sus países de origen. Esto se cumplía independientemente de si el cambio supuso un aumento o una disminución en la mortalidad, y de si las mujeres se trasladaron cuando eran niñas o adultas.

Es obvio que habrá factores ambientales implicados. Estudios epidemiológicos han ligado la incidencia de cánceres de pecho al exceso de estrógenos o sustancias semejantes al estrógeno, a la contaminación del aire y del agua por parte de las industrias químicas y petroquímicas y a la radiación. En 1995, John Gofman, médico investigador del cáncer, publicó un informe en el que concluía que aproximadamente tres cuartas partes de los cánceres de pecho en Estados Unidos son debidos a una exposición del pecho a radiación ionizante en algún momento de su vida. Él cree que la mayoría de estas exposiciones se deben al uso excesivo de rayos X en ambientes médicos. Es importante que el auge actual sobre las variantes de BRCA1 y BRCA2 no deje de lado estas otras causas reales y prevenibles.

En términos prácticos, la realización de pruebas para detectar variantes de BRCA1 y BRCA2 se traduce en lo siguiente: como el hecho de que una mujer perteneciente a una familia «portadora de cáncer» dé positivo en las pruebas para detectar variantes de BRCA1 y BRCA2 ligados a cáncer no significa que inevitablemente desarrollará cáncer de pecho u ovarios y, por el contrario, cerca del 90 por ciento de las mujeres que desarrollan cáncer de pecho u ovarios carecen de antecedentes familiares de este tipo de cáncer, se puede concluir que presumiblemente los genes BRCA1 y BRCA2 no están implicados en cáncer y, en consecuencia, el hecho de que una prueba dé negativa para dichas variantes no significa que la mujer no acabe desarrollando esta afección. De forma similar, hay muchas incertidumbres en torno al descubrimiento de otros genes «para» otros tipos de cánceres.

A pesar de dichas incertidumbres, que hacen difícil interpretar los resultados de las pruebas de predicción de «genes del cáncer», las compañías de biotecnología han empezado a desarrollar pruebas de diagnóstico basadas en ADN para detectar «susceptibilidades al cáncer». Según el *New York Times* del 27 de marzo de 1995, OncorMed, una compañía de biotecnología del estado de Maryland, planeaba vender directamente a los médicos la prueba que está desarrollando. Myriad Genetics, en Utah, anunció en enero de 1996 que había desarrollado una «prueba de susceptibilidad genética del BRCA1» que ofrecería a los centros oncológicos para realizar estudios clínicos en la primavera de 1996 y comercializaría (para los médicos, al margen de los estudios) más adelante, durante ese año. Estas compañías están ignorando el hecho de que las pruebas no han sido aprobadas por el FDA debido a que están usando sus propios compuestos químicos y porque realizan las pruebas en sus propios laboratorios. Esto significa que no ha habido una certificación externa de la calidad y seguridad de los procedimientos ni del significado de los resultados.

Muchos médicos no se dan cuenta de que realmente no hay información basada en investigación, sobre fiabilidad y predecibilidad de estas pruebas, y no saben cómo interpretar los resultados. Muchos clínicos tampoco saben suficiente genética moderna y no pueden informar a los pacientes con la precisión suficiente como para poder tomar decisiones con conocimiento sobre si, o en qué medida, hacerse las pruebas les va a beneficiar a ellos o a sus familias. Sin embargo, los estudios demuestran que cuando las personas comprenden totalmente la información que pueden obtener de una prueba, las dudas que pueden generar los resultados de dichas pruebas y las implicaciones para sí mismas y para los miembros de sus familias, muchos optan por no hacérselas.

En agosto de 1995, la historia del BRCA1 y las presiones para hacerse pruebas genéticas cobraron un nuevo auge con la publicación, en el *American Journal of Human Genetics,* de una breve reseña firmada por un grupo de investigación establecido en Montreal. Estos investigadores anunciaron que en seis de cada siete familias de judíos asquenazís (judíos procedentes del este de Europa) con antecedentes familiares de tumores de pecho u ovarios éstos contenían la misma variante de BRCA1, llamada 185delAG. A pesar del pequeño tamaño de la muestra, los investigadores concluyeron su informe de un párrafo con la embarazosa frase: «Si la mayoría de los cánceres de pecho y ovarios hereditarios en las familias de cualquier subgrupo étnico se pueden atribuir a un número pequeño de mutaciones, entonces el valor de nuestros esfuerzos por proporcionar una prueba predictiva basada en ADN se verá enormemente acrecentado».

Esta investigación preliminar fue publicada inmediatamente después en el diario de Long Island *Newsday*, que sugirió que esto podría explicar la alta mortalidad por cáncer de pecho en Long Island, ya que esta zona registra una alta concentración de judíos. Los miembros de la Long Island Breast Cancer Coalition se irritaron, ya que hacía tiempo que habían dicho que las plantas de energía nuclear y otros contaminantes industriales eran probablemente la causa de los porcentajes de cáncer inusualmente altos en Long Island. (Un caso similar es el de Cape Cod, que, al igual que Long Island, es una extensión de tierra restringida, densamente poblada, con la base aérea Otis y otras fuentes de contaminación conocidas y registra la tasa de cáncer más alta de Massachusetts.)

El hecho de someter a estudio la incidencia del cáncer de pecho entre la población judía fue resaltado por un artículo publicado en octubre de 1995 en la revista científica *Nature Genetics* y firmado por el director del Proyecto del Genoma Humano Dr. Francis

Collins y varios de sus colaboradores. Éstos buscaron variantes del BRCA1, no en tumores de mujeres con cáncer de pecho o de pulmón, sino en unas novecientas muestras de tejido anónimas recogidas en Estados Unidos e Israel y pertenecientes a personas que acudieron para hacerse las pruebas de detección del gen asociado con la enfermedad Tay Sachs o fibrosis quística. Los investigadores concluyeron que cerca del uno por ciento de las muestras contenían la variante 185delGA. Aunque los científicos admitieron que no tenían forma de saber si esta variación implica cierto riesgo de cáncer en personas que no forman parte de «familias de alto riesgo», especularon, irresponsablemente desde mi punto de vista, que sus resultados podrían significar que «una de cada cien mujeres de descendencia asquenazí podría tener un alto riesgo de desarrollar cáncer de pecho y/u ovarios». Posteriormente sugirieron que el cáncer de pecho podría ser más frecuente entre mujeres judías que entre mujeres de cualquier otro grupo étnico. Como los registros de cáncer no incluyen información étnica, esto es una mera conjetura, y los autores, de hecho, lo admiten. No obstante, los artículos que salieron en el periódico comentando este asunto se referían a la variante como un «defecto» y especulaban sobre una asociación entre ésta y el porcentaje de cáncer entre los judíos asquenazís.

Sin embargo, la alta frecuencia de aparición de la variante sugiere que podría tratarse simplemente de una de las formas del BRCA1 que se ha establecido en esta población. El hecho de que la probabilidad de desarrollar cáncer en algunas familias o individuos sea mayor podría significar que tienen factores biológicos adicionales que los predisponen o que están sometidos a una exposición especial a carcinógenos. Hasta que no se demuestre que la variante afecta a la salud de las personas que la portan, no hay ninguna razón para aterrorizar a mujeres judías haciéndoles creer que corren un riesgo especial de desarrollar cáncer de pecho o de ovarios o sugerir que se hagan la prueba de la variante 185delGA. No obstante, el *New York Times* del 1 de abril de 1996 publicó que el Dr. Joseph D. Schulman, director de la empresa Genetics y del

Institute of Fairfax I.V.F., en Virginia, ha decidido comercializar una prueba para detectar esta variante dirigida a mujeres. Las mujeres, dijo, tienen derecho a saber si son portadoras. Dada la ausencia de información basada en resultados de investigación sobre el significado de la presencia de la mutación 185delGA en mujeres sin antecedentes familiares de cáncer de pecho u ovarios, y dada la escasez de evidencias sobre lo que significa en mujeres con tales antecedentes familiares, no hay un modo fiable de interpretar ese «conocimiento». Lo único que se sabe seguro es que, según el *Times*, la compañía del Dr. Schulman se embolsará 295 dólares por cada prueba.

Uno de los problemas que han surgido en torno al Proyecto del Genoma Humano ha sido que saca a la luz gran cantidad de detalles moleculares sin tener ni una vaga noción de cómo interpretarlos. Sería desastroso que la abundancia de variaciones genéticas que revelan dichos análisis fueran etiquetadas como «defectos» o predicciones de enfermedad mucho antes de que estemos seguros de su significado funcional, y que las mujeres que tienen variantes específicas sean incluidas en programas de realización de pruebas cuestionables. Me resulta sumamente preocupante que la discusión científica, y en consecuencia la pública, estén derivando en función de las presiones del mercado para la realización de pruebas, presiones de la investigación para encontrar una población a la que realizar las pruebas y la necesidad del Proyecto del Genoma de potenciar la visión de que está proporcionando enormes beneficios para la salud.

Como vimos anteriormente, las pruebas que no indican una enfermedad o dolencia actual, sino que simplemente ofrecen información sobre un riesgo *probable* de tener un problema de salud potencial en algún momento futuro impredecible, son siempre problemáticas. Una vez que tengamos un resultado positivo de una prueba, no hará falta manifestar signos o síntomas de la enfermedad para ser etiquetados como enfermos o potencialmente enfermos. La etiqueta en sí misma nos expone a discriminación por parte de los empresarios, aseguradoras y otros agentes si la información llega a trascender. De hecho, la American Council of Life Insurance, en un informe emitido el 18 de septiembre de 1994, estableció explícitamente la creencia de que las aseguradoras tienen derecho a usar información sobre las llamadas predisposiciones genéticas a desarrollar cáncer a la hora de hacer seguros médicos y de reservar la opción de negarse a asegurar a cualquier individuo portador de una mutación relevante. Ya es terrible que las aseguradoras rechacen suscribir pólizas a personas que están enfermas, y por lo tanto más necesitados de tener un seguro, pero aquí tenemos un ejemplo que demuestra que personas que quizá nunca desarrollen la enfermedad en cuestión no podrán contratar un seguro médico y tal vez no encuentren empleo.

De modo muy diferente al peligro de discriminación, un diagnóstico predictivo puede causar un daño psicológico y social considerable, haciendo que tanto nosotros como nuestras familias pensamos que tarde o temprano nos pondremos enfermos aunque no estemos enfermos en absoluto. Una mujer que ha dado positivo en la prueba del BRCA1 puede empezar a pensar que tiene cáncer de pecho mucho antes de que lo desarrolle, y de hecho podría no llegar a desarrollarlo nunca. Podría cambiar sus planes y decidir no tener hijos o no prepararse para una profesión que requiere un largo aprendizaje porque espera tener una vida corta, o podría tomar la drástica medida de hacerse una «mastectomía preventiva», es decir, extirparse ambos pechos. Incluso sin reaccionar de forma tan drástica, esa predicción va a contribuir a que deje de sentirse una persona sana cuando, de hecho, su estado actual, y quizá el resto de su vida, no cambie en absoluto. Dando positivo en una prueba de detección de una variante genética, pasa a formar parte de la creciente población de «enfermos sanos».

Esta situación tiene implicaciones para la salud que ignoran los defensores de la genética predictiva. Sanadores «alternativos», así como practicantes habituales de la medicina, están empezando a darse cuenta cada vez con mayor frecuencia del significado de las interacciones cuerpo-mente para la enfermedad y la salud. Debemos ser conscientes del impacto que tienen en la salud las predicciones de cáncer o de cualquier otro mal grave, en especial cuando se formulan en términos genéticos, que algunas personas identifican con una visión firme del futuro. Es además muy posible que las predicciones en sí mismas, y la ansiedad que generan, debiliten recursos psicológicos y físicos de los que de otro modo nos podríamos servir para mantenernos sanos.

Respuestas legislativas y reguladoras a la discriminación genética

Mientras que los cazadores de genes están más comprometidos que nunca con la identificación de más genes que ellos asocian a diferentes dolencias y comportamientos estigmatizados, varias organizaciones de EE.UU. e internacionales están intentando abordar algunos de los problemas que surgen de esta forma de genetización. Para citar algunos ejemplos:

En abril de 1995 la Equal Employment Opportunity Commission (Comisión para Igualdad de Oportunidades en el Empleo) de EE.UU. (EEOC) determinó que las personas sanas con un diagnóstico de predisposición genética a desarrollar una afección o discapacidad quedan protegidas de discriminación genética por las disposiciones de la Americans with Disabilities Act (ADA). Esta determinación es importante porque protege a las personas de la discriminación en el empleo, aunque no las protege en materia de seguros, ya que la industria aseguradora se las ha ingeniado para quedarse al margen de las disposiciones de la ADA. Por supuesto, estas determinaciones tienen que ser estudiadas por los tribunales. (En el capítulo 10 analizo el impacto potencial de la ADA en materia de discriminación genética.)

Varios estados han promulgado una ley que prohíbe la discriminación genética. California, Colorado, New Hampshire, Minnesota, Ohio y Wisconsin prohíben la discriminación genética en la suscripción de pólizas de seguros; e Iowa, New Hampshire, Oregón, Rhode Island y Wisconsin prohíben la discriminación genética en materia de empleo. Hay una ley similar pendiente de aprobación en otros trece estados, pero, desafortunadamente, ninguno ha prohibido la discriminación genética en seguros de vida o de discapacidad. Mucha gente cree, erróneamente, que mientras que un seguro de salud es esencial, el seguro de vida y de discapacidad son un lujo. No obstante, los bancos y otros prestamistas normalmente exigen la garantía de una póliza de seguro de vida antes de conceder una hipoteca u otros préstamos, y sin un seguro de discapacidad muchas personas quedan obligadas a vivir con los escasos recursos de los beneficios que les otorga la Seguridad Social. Al margen de esto, existen otras razones de salud pública por las que habría que prohibir la discriminación genética: cada vez más personas rechazan hacerse pruebas genéticas por miedo a que se limiten o cancelen sus pólizas de seguros de salud o de vida, aunque hay algunas afecciones hereditarias cuyos síntomas pueden ser paliados o evitados con una intervención médica a tiempo. Un ejemplo importante es la hemocromatosis, un problema en el metabolismo del hierro completamente tratable y cuyos síntomas se pueden evitar si se inicia el tratamiento antes de que aparezcan.

Antes de dejar el tema de la discriminación genética, quiero resaltar la ironía que supone la determinación de la EEOC. Las experiencias de las personas que han sufrido discriminación debido a predicciones genéticas demuestran que esta determinación es necesaria para protegerlos contra la discriminación genética; sin embargo, la determinación es un ejemplo de cómo las predicciones genéticas de discapacidades son interpretadas como equivalentes a tener la discapacidad y de este modo refuerzan la creación del enfermo sano.

Reacciones frente a las patentes de organismos, tejidos o secuencias de ADN

El creciente número de intentos para patentar organismos, sus células o sus secuencias de ADN ha producido una oposición tanto en Estados Unidos como a nivel internacional. El Council for Responsible Genetics, grupo de interés público con base en Cambridge, Massachusetts, ha organizado la No Patents on Life, una coalición de unas 25 agrupaciones de interés público en Estados Unidos. El propósito de la coalición es combatir la creciente práctica por parte de los científicos académicos, corporaciones y universidades o compañías de biotecnología con las que están afiliadas de solicitar patentes de genes, fragmentos de genes u organismos modificados genéticamente. Esta práctica, de la que he hablado en el capítulo 9, tiene aspectos peculiares y contradictorios. Científicos-empresarios argumentan que deben poder patentar organismos vivos modificados genéticamente porque se trata de invenciones que no se dan en la naturaleza; sin embargo, cuando los grupos ecologistas tratan de prevenir la liberación de organismos modificados genéticamente al medio natural, argumentando que tales prácticas podrían tener consecuencias no anticipables y dañinas, los mismos científicos argumentan que es estúpido preocuparse, porque son organismos naturales, y pellizcar un gen aquí o allá no altera sustancialmente su naturaleza.

La coalición de No Patents on Life es parte de un esfuerzo mundial para evitar que se conceda ese tipo de patentes. Es de especial importancia para la ley de patentes de EE.UU. restringir este tipo de patentes o prohibirlas en su totalidad, creando un marco para los acuerdos de libre mercado como el del North American Free Trade Agreement (NAFTA) y el General Agreement on Tariffs and Trade (GATT). Mientras Estados Unidos permita patentar genes, se podría retar a cualquier otra ley de prohibición de patentes del país alegando que podría constituir una restricción para el libre mercado. A no ser que se restrinja la política de EE.UU. respecto a la permisibilidad de patentar organismos vivos y las partes que los componen, incluyendo a los genes, esta política pasará a ser norma internacional.

En abril de 1995, la Human Genome Organization internacional (HUGO), organización de la que forman parte los científicos del genoma y empresarios, emitió una declaración por la que se oponía a las patentes de fragmentos génicos llamados «etiquetas de secuencias expresadas» (ESTs), asunto que trato en el capítulo 9. Debido a la oposición a sus solicitudes de patente por parte de muchos biólogos moleculares, el National Institute of Health de EE.UU. (NIH) retiró sus solicitudes para patentar ESTs (véase capítulo 9), pero otros investigadores y compañías de biotecnología han continuado solicitando dichas patentes.

Quiero resaltar el hecho de que la oposición por parte de la HUGO, o al menos de su rama americana, no se refiere a la patente de genes o fragmentos de genes per se, sino al el hecho de que las patentes de ESTs pretenden registrar secuencias de ADN de función desconocida. De hecho, tanto la HUGO como el NIH apoyan la patente de secuencias de ADN una vez que se hayan determinado, al menos, algunas de las funciones de las secuencias. La declaración de la HUGO transmitía el temor, expresado en repetidas ocasiones por ciertos científicos, de que permitir patentar secuencias de función desconocida disuadiera a científicos y compañías de biotecnología de explorar las funciones de aquellas secuencias. Dicha exploración es la parte más interesante y desafiante del trabajo y aquella, dice el documento, de la que se pueden esperar beneficios médicos.

Una vez que un investigador o una firma de biotecnología tienen una patente de una secuencia de ADN de función(es) desconocida(s), otros investigadores que identifiquen sus funciones deben pagar derechos a aquel(llos) que tenga(n) la patente original y no se podrán beneficiar de las aplicaciones comerciales de sus propios descubrimientos. Más adelante, incluso los científicos tendrán que pagar derechos simplemente para tener acceso a las bases de datos de ADN o a ciertos reactivos, o compuestos químicos, que necesiten para realizar sus investigaciones. La revista *Science* del 2 de junio de 1995 describe lo que llama «fuegos artificiales legales», resultado del hecho de que la firma suiza Hoffmann-LaRoche ha amenazado con demandar a unos 200 investigadores de las universidades a los que la compañía acusa de violar su patente cada vez que utilizan un reactivo para la PCR que les permite obtener un gran número de copias de cualquier secuencia dada de ADN (véase págs. 250, 251).

Mientras que el argumento de la HUGO está formulado en términos de proteger el «proceso de descubrimiento en interés público», su lectura en el clima actual es que las compañías de biotecnología probablemente no van a financiar esta investigación y que los científicos, probablemente, no la van a realizar a no ser que se puedan beneficiar de ello. Aunque disfrazado con declaraciones sobre derechos de propiedad intelectual y de cómo obtener los mayores beneficios para paliar el sufrimiento de la humanidad, lo que en realidad envuelve es una lucha por los derechos de patente y sus beneficios económicos.

La filosofía y el objetivo del documento de la HUGO son muy diferentes de (y de hecho contrarios a) aquellos de las campañas de la No Patents on Life. Más acorde con estas campañas está la resolución que los políticos de 114 parlamentos nacionales aprobaron el 1 de abril de 1995, en una conferencia de la Interparliamentary Union en Madrid. Esta resolución hace hincapié en «la necesidad urgente de prohibir patentar genes humanos» y «prohibir cualquier beneficio financiero a partir del cuerpo humano o partes del mismo, sujeto a excepciones legales». Espero que la última frase no se convierta en el fundamento de la resolución.

En mayo de 1995, dirigentes religiosos procedentes de las creencias cristiana, judía, musulmana, hindú y budista se reunieron en Estados Unidos y emitieron un documento en el que se oponían a la patente de genes y de organismos modificados por ingeniería genética. Con esto pretendían orientar a sus fieles sobre las implicaciones morales y éticas que surgen de patentar organismos vivos y las partes que los componen. Este gesto ha provocado un alboroto predecible en la industria biotecnológica. Los portavoces de la industria argumentan que el capital de riesgo no se arriesgará sin la capacidad de patentar los descubrimientos. Por lo tanto, como es habitual en el nuevo mundo de la biotecnología, el progreso será inseparable de los beneficios.

El debate sobre patentes gira en torno a dos temas relacionados pero distintos. Uno es sobre lo que debe ser patentable; y el otro, cómo afectan las patentes a la práctica de la investigación. Como acabamos de ver, algunos científicos sostienen que las patentes promueven la investigación, mientras que otros dicen, y creo que están en lo correcto, que la dificultan mediante la introducción de barreras económicas y de propiedad en lo que debe ser un intercambio libre de ideas e información. Si los organismos vivos y sus partes, incluyendo secuencias de ADN y sus cromosomas (genes), deben ser patentables es otro asunto contencioso y discutido de las campañas de la No Patents on Life.

Ya en 1873 Louis Pasteur obtuvo la patente en EE.UU. de una levadura purificada que usaba en su proceso de fermentación. Esa y las patentes subsiguientes que implican organismos vivos se emitieron no para los organismos en sí mismos, sino para los procesos por los cuales se aislaron y produjeron. El nuevo desafío mundial sobre las patentes de organismos vivos empezó a tomar forma en 1980 cuando el Tribunal Supremo de EE.UU., por una mayoría de cinco a cuatro, aprobó la validez de una patente concedida al investigador Ranajit Chakraborty y a la compañía General Electric, en cuyos laboratorios trabajaba en aquel momento, de un microorganismo que degrada el petróleo. Esta patente implicaba explícitamente al organismo y no al proceso que lo produce. Desde entonces, los investigadores han solicitado otras patentes para muchos otros organismos vivos y sus partes, incluyendo células y genes humanos, y algunas han sido concedidas. Claramente, es necesaria una nueva legislación para la regulación de patentes que no vaya en contra de las prácticas de investigación establecidas hace tiempo y no atente contra los valores universalmente aceptados sobre la dignidad de los seres humanos y otros organismos vivos.

Quizá la protesta más rotunda en contra de la obtención de tejidos humanos para realizar análisis de ADN y, potencialmente, patentar células y secuencias de ADN ha sido incitada por el llamado Human Genome Diversity Proyect (Proyecto de diversidad del genoma humano; HGDP). Patrocinado por algunos de los genetistas y antropólogos más distinguidos de Estados Unidos, este proyecto revela la estrecha perspectiva cultural en la que operan los científicos occidentales. La razón científica fundamental es la siguiente: el objetivo del Proyecto del Genoma Humano es obtener un prototipo del «genoma humano» mediante la ordenación de secuencias de ADN. Sin embargo, éstas serán obtenidas, casi en su totalidad, de los miembros de poblaciones mayoritarias de Europa, América y Japón, lo que deja fuera enormes sectores de la humanidad. Los defensores del HGDP argumentan que dentro de los genomas no explorados se puede esconder una valiosa información genética, y que tal conocimiento nos puede permitir penetrar no sólo en la diversidad genética humana actual, sino también en la historia de la migración de poblaciones y la evolución de nuestras especie.

También argumentan que para tener acceso a esta información sería especialmente interesante examinar el genoma de las poblaciones indígenas que han vivido relativamente aisladas tanto geográfica como cultural y lingüísticamente de las poblaciones mayoritarias del mundo. Pero hay un problema: las poblaciones indígenas están desapareciendo a velocidades alarmantes, en parte porque tanto ellos como los recursos que necesitan para sobrevivir están siendo despiadadamente eliminados por las poblaciones mayoritarias que los rodean y en parte porque están empezando a fusionarse con dichas poblaciones. En respuesta, el HGDP intenta obtener ADN de poblaciones indígenas mediante la recogida, tan rápido como sea posible, de muestras de sangre de unas 50 personas de cada una de las 722 poblaciones que los patrocinadores han identificado como útiles para sus propósitos. Aunque el proyecto no tiene todos los fondos que va a necesitar, estimados hace unos años en 10 millones de dólares, la HUGO se los ha proporcionado y los investigadores han comenzado a recolectar muestras de sangre.

No es de sorprender que este proyecto haya generado una tormenta de protestas entre las organizaciones de indígenas y sus defensores en América, Europa, Asia, Australia y Nueva Zelanda. La oposición se centra en muchos aspectos, entre ellos la objetivación de las poblaciones indígenas y el desconocimiento y la insensibilidad implícitos al ignorar los distintos significados de las partes del cuerpo y especialmente de la sangre en varias culturas (algunos grupos han apodado al HGDP el «proyecto vampiro»). En respuesta, los científicos prometen que el proyecto proporcionará beneficios para la salud y argumentan que se atiene a pautas éticas, ya que requiere un «consentimiento informado». Esta declaración es absurda en una situación en la que se requiere gran sensibilidad para determinar en cada cultura qué información será relevante y quién, entre los integrantes de la comunidad, está en posición de consentir que se tome sangre de cualquiera de sus miembros.

El 19 de febrero de 1995 representantes de 18 organizaciones indígenas emitieron una «Declaration of Indigenous Peoples of the Western Hemisphere Regarding the Human Genome Diversity Project» (Declaración de las personas indígenas del hemisferio occidental en relación al proyecto de diversidad del genoma humano). Entre otras cosas, ésta «demanda que los esfuerzos y recursos científicos den prioridad al apoyo y la mejora de las condiciones sociales, económicas y ambientales de los indígenas en sus medios, así como la mejora de las condiciones de salud y de la calidad de vida en general» y «reafirma que los indígenas tienen el derecho fundamental de denegar el acceso a, negarse a participar en o permitir la toma y apropiación por parte de proyectos científicos externos de cualquier material genético». La «declaración» explícitamente se «opone al Proyecto de Diversidad del Genoma Humano [...] [y] a que se patente cualquier material genético natural». Además, «sostiene que la vida no se puede comprar, poseer, vender, descubrir o patentar, incluso en la más pequeña de sus formas».

Las organizaciones indígenas también están irritadas con la posibilidad de que patentar sus tejidos, o la información derivada de los mismos, pueda traer beneficios económicos a los investigadores, mientras que la gente a la que pertenecen sigue viviendo en la pobreza. De hecho, el *National Institutes of Health* (Institutos Nacionales de salud) y el *Center of Disease Control* (Centro de Control de Enfermedades) ya han solicitado patentes de líneas celulares establecidas a partir de muestras de tejidos de cuatro indígenas, que parecen albergar unos virus poco comunes. Aunque el patrocinador del HGDP rechaza esas intenciones, los indígenas han aprendido a no confiar en tales promesas.

Algunos científicos, además de sentir una cierta repulsión por las implicaciones políticas y éticas que supone convertir a personas que intentan establecer su legítimo lugar en el mundo moderno simplemente en museos de ADN, cuestionan la base científica del HGDP. Argumentan que ya se ha producido demasiada mezcla genética como para que podamos usar secuencias de ADN actuales como pistas de la prehistoria humana.

Reacciones en contra de la posibilidad de modificar la línea germinal

Paralelamente a las protestas contra el muestreo de genomas y las patentes de organismos vivos, se han iniciado esfuerzos para restringir o prohibir la manipulación génica de óvulos, espermatozoides o embriones inmaduros, es decir, modificaciones de la línea germinal humana. A nivel internacional, la Organización Cultural, Científica y Educativa de las Naciones Unidas (UNESCO) ha redactado un borrador de una «Declaración para la Protección del Genoma Humano» sobre el que está actualmente solicitando comentarios. En el borrador se declara que «el genoma humano es la herencia común de la humanidad» y propone un número de regulaciones dirigidas a proteger la libertad de investigación mientras no se atente contra los principios universalmente aceptados de la dignidad humana. Algunas de las regulaciones sugeridas incluyen la protección contra la discriminación genética. (Organizaciones indígenas objetan que el genoma humano *no* es una herencia común, sino que los genes pertenecen a las personas constituidas por dichos genes.) Mientras tanto el Parlamento Europeo ha prohibido completamente la manipulación de la línea germinal humana, al igual que varios parlamentos nacionales en Europa.

La International Bar Association (Asociación Internacional de Abogados; IBA), asociación que agrupa a asociaciones de abogados de varias naciones, está realizando otro esfuerzo interesante. Está intentando regular un tratado del genoma humano que contemplaría algunos aspectos de la manipulación génica humana y prohibiría la manipulación de la línea germinal. El tratado también pretende proteger la privacidad genética, prevenir la discriminación y asegurar que este tipo de información no se emplee en promover la eugenesia.

Privacidad genética

En el capítulo 11 mencioné que en enero de 1992 el Departamento de Defensa de EE.UU. (DOD) anunció el establecimiento de un banco de datos de ADN que contendría información de todos los miembros de las fuerzas armadas con la intención de identificar de un modo más fiable «futuras bajas de guerra». Yo expresaba mi preocupación sobre las implicaciones de este proyecto con respecto a la privacidad y las libertades civiles, pero, como cabría esperar, la historia no terminó ahí.

En enero de 1995, como parte de este programa, en la estación aérea del cuerpo de marines de Kaneohe, en Hawaii, se ordenó a los marineros proporcionar muestras de sangre. Dos marines, John Mayfield y Joseph Vlakovsky, se negaron, independientemente el uno del otro, porque decían que los procedimientos del DOD no incorporaban suficientes garantías que asegurasen la privacidad de los resultados. El DOD inmediatamente inició un juicio militar con cargos contra ellos. En el juicio militar celebrado en los días 15 y 16 de abril de 1996 el juez militar declaró a Mayfield y Vlakovsky culpables de faltar a la obediencia de una orden directa y determinó que se incluyera en sus expedientes una carta de reprimenda, pero permitió que se siguieran negando a donar muestras de tejido.

Mientras tanto, Mayfield y Vlakovsky iniciaron un juicio civil contra el DOD con la intención de conseguir una moratoria del programa de muestreo del DOD hasta que éste hubiera establecido las garantías necesarias de privacidad para almacenar y manejar tanto las muestras como la información que se obtuviera de ellas. Esta denuncia fue a juicio en julio de 1996, pero el juez dictó sentencia a favor del DOD.

Mayfield y Vlakovsky han apelado esta decisión y el caso se encuentra actualmente en el juzgado de apelaciones del distrito 9. Se han afiliado a los amigos del juzgado a través del Council for Responsible Genetics (Comité para una Genética Responsable), que ha presentado un extenso informe argumentando que «la falta de regulación y garantías del procedimiento de realización del registro [de ADN] hace que la incautación de muestras de ADN no sea razonable y viola la cuarta enmienda [de la constitución]».

A pesar de que los esfuerzos con que he ilustrado los tres últimos epígrafes se encuentran todavía en sus primeras etapas, son testimonio de la necesidad que hay de establecer controles sobre la investigación genética y los desarrollos técnicos resultantes y de difundir la preocupación que suscita el potencial de abuso que tiene la tecnología y la información que puede generar. Tanto dentro de países concretos como a nivel internacional, el potencial de la investigación genética ha disparado la imaginación de la gente más de lo que lo hizo la investigación espacial hace unos 40 años. La investigación ha obtenido respaldo político porque ofrece la esperanza de solventar toda clase de problemas de salud y sociales, hasta el momento irresolubles. En qué medida merece apoyo público y cómo se deben canalizar sus aplicaciones son asuntos de interés público. Es importante que grandes sectores del público participen en estas decisiones, porque lo que pase después afectará a nuestra propia imagen y a nuestras vidas de manera fundamental.

Afortunadamente, como todo lo demás, la genomanía tiene su lado humorístico. Voy a terminar con un tono menos serio. Mientras desarrollaba estos pesados temas, he tenido sobre mi mesa un folleto que me ha enviado Immortal Genes, parte de una compañía de Seattle, Washington, llamada Third Millennium Research, Inc. Immortal Genes me ofrece, si les mando una muestra de mis células, purificar mi ADN y guardar un centenar de copias en una cápsula de cristal. El folleto dice literalmente:

Preservar su ADN para el futuro le permitirá:

- analizar su éxito, genio, belleza o talento en función de sus genes;
- identificar a parientes;
- amplificar y distribuir sus genes; y
- la posibilidad de su reconstrucción.

La cápsula se introducirá en una larga caja de metal y se almacenará etiquetada con mi nombre y fecha de nacimiento, y «permanecerá durante generaciones», «pasando a convertirse en un objeto heredable especial». Todo esto lo puedo obtener mediante un pago inicial de 35 dólares y con garantía de devolución del dinero. *Requiescam in pace.*

APÉNDICE

ADN MITICONDRIAL

Las mitocondrias y su ADN

En este libro sólo hemos considerado el ADN del núcleo de la célula, el *ADN nuclear*, pero la sustancia de la célula o *citoplasma* contiene además del núcleo numerosas partículas microscópicas y submicroscópicas, entre las cuales hay unas, llamadas *mitocondrias*, con su propio complemento de ADN independiente.

El ADN nuclear y el mitocondrial difieren en varios aspectos. Mientras que el ADN nuclear humano está organizado en tiras que forman 23 pares de cromosomas, el ADN de cada mitocondria forma un único cromosoma continuo y circular. Los núcleos de nuestras células contienen mucho más ADN del que contienen nuestras mitocondrias. Mientras que en los cromosomas nucleares humanos se encuentran 3.000 millones de pares de bases, el cromosoma mitocondrial humano tan sólo contiene 16.569 pares de bases.

No obstante, la mayoría de nuestras células sólo contienen un núcleo (las células del músculo estriado, que contienen varios núcleos, son una excepción), mientras que las células de los diferentes tejidos contienen desde unas pocas hasta varios miles de mitocondrias, llegando a 10.000 en los óvulos de mamíferos. Los científicos estiman que cada uno de nosotros contiene un total de unas 10^{16} (es decir, un uno con 16 ceros detrás) mitocondrias, y, al igual que el del núcleo, su ADN es igual en todas las células del individuo.

Como el genoma mitocondrial es mucho más pequeño que el genoma nuclear, los biólogos moleculares ya han obtenido la secuencia de bases del ADN mitocondrial de humanos, y también la de varios animales. Resulta interesante el hecho de que todos estos genomas mitocondriales tienen más o menos el mismo tamaño y están implicados en la síntesis de los mismos productos. (Existe la excepción del genoma mitocondrial de levaduras, que es más grande que el nuestro.)

La función de la mitocondria es oxidar las sustancias alimenticias y convertir la energía contenida en los alimentos que nos comemos en una forma de energía que puedan utilizar las distintas células y tejidos de nuestro cuerpo para realizar sus funciones. Los genes mitocondriales están implicados en la síntesis de algunas enzimas, aunque no de todas, y de otras proteínas contenidas en la mitocondria, y algunos genes nucleares también participan en la síntesis de ciertos componentes esenciales de la mitocondria.

Una teoría ampliamente aceptada, propuesta por primera vez por un biólogo francés llamado Paul Poitier, sostiene que las mitocondrias derivan de bacterias pequeñas que fueron incorporadas por organismos unicelulares de mayor tamaño hace cientos de millones de años[1]. Esta teoría asume que a lo largo de las eras estas dos clases de organismos establecieron una relación simbiótica mutuamente beneficiosa y que en un determinado momento las bacterias perdieron la habilidad de existir por sí mismas y evolucionaron como partes indispensables de las células mayores. Investigaciones posteriores han apoyado esta teoría, mostrando que el ADN en el cromosoma circular de mitocondrias está organizado de una forma muy similar al de las bacterias actuales.

[1] Margulis, Lynn, y Dorion Sagan (1986): *Microcosmos: Four Billion Years of Microbial Evolution*, Nueva York, Simon and Shuschter, p. 128 [ed. cast. (1995): *Microcosmos,* Barcelona, Tusquets].

Cuando se divide una célula, las mitocondrias de su citoplasma se distribuyen entre las dos células hijas. Justo cuando se dividen las células y sus núcleos, lo hacen también las mitocondrias, excepto que lo hacen siguiendo su propio programa, que no es sincrónico con la división de la célula y del núcleo. La mitocondria primero se hace más grande y luego se estrecha por el centro dando lugar a dos mitocondrias hijas siguiendo una pauta que recuerda el proceso reproductivo de bacterias.

Sólo recientemente los científicos han empezado a explorar la posibilidad de que el ADN mitocondrial desempeñe un papel en la génesis y transmisión de afecciones hereditarias. A finales de los años ochenta se publicaron unos cuantos artículos que relacionaban cambios puntuales de bases en el ADN mitocondrial con la aparición de afecciones que parecen transmitirse únicamente por línea materna[2].

No está claro qué proporción de ADN mitocondrial de una célula debe contener ADN mutado para que sea detectable este tipo de afección. Por ejemplo, un estudio reciente atribuía una afección neurológica dentro de una familia a una mutación en el ADN mitocondrial. Los científicos constataron que en tres personas que manifestaban los síntomas más del 82 por ciento de las mitocondrias portaban una mutación específica, mientras que los cinco miembros de la familia que portaban menos del 34 por ciento de mitocondrias afectadas no mostraban síntomas[3].

Un número creciente de médicos y biólogos moleculares están dirigiendo su atención hacia la posibilidad de que mutaciones en el ADN mitocondrial podrían estar implicadas en afecciones de la salud. Probablemente empiecen a estar alertas ante nuevos —y no predecibles— patrones de herencia que dependerán del modo en el que se agrupen las mitocondrias que contienen diferentes alelos de un gen durante la génesis de los óvulos.

[2] Grossman, Laurence I. (1990): «Invited Editorial: Mitochondrial ADN in Sickness and Health», *American Journal of Human Genetics*, vol. 46, pp. 415-417.
[3] Holt, I. J., y otros (1990): «A New Mitochondrial Disease Associated with Mitochondrial DNA Heteroplasmy», *American Journal of Human Genetics*, vol. 46, pp. 428-433.

Un aspecto que hay que considerar es que, mientras que nuestras células contienen sólo dos copias de cada gen nuclear (una aportada por la madre y otra por el padre), éstas tienen tantas copias de cada gen mitocondrial como mitocondrias hay en cada célula. Durante la división celular, las mitocondrias se distribuyen aleatoriamente entre las dos células hijas. Si ocurre que una de estas dos células hijas es un óvulo que será fertilizado, el nuevo individuo que se desarrolle a partir de este óvulo no tiene por qué presentar la misma composición de alelos diferentes que contenía la célula madre.

Esto parece contradecir mi afirmación anterior de que la secuencia de bases del ADN mitocondrial es la misma en todas las células del individuo, pero no es así. Para todos los casos y propósitos, el ADN mitocondrial es idéntico. Aunque una base en un gen específico puede ser diferente y esta diferencia mínima puede ser suficiente para que se manifieste una afección, esta base es sólo una de entre 16.569 pares de bases.

Los científicos han sugerido que algunos de los cambios que experimentan las personas con la edad podrían deberse a la acumulación de mutaciones en el ADN mitocondrial, lo que debilitaría un número creciente de mitocondrias y disminuiría la eficiencia del metabolismo de varias células y tejidos[4]. Dichas mutaciones no pasarían de la mujer a sus hijos, pero los deterioros podrían notarse en el individuo en cuyos tejidos se están produciendo.

Los biólogos moleculares tienen evidencias de que el ADN mitocondrial muta de seis a diecisiete veces más rápido que el ADN nuclear[5]. Hay al menos dos razones que lo explican: una es que las enzimas que reparan el ADN se encuentran en el núcleo y no en la mitocondria; otra es que como la mitocondria, por su naturaleza, metaboliza varios compuestos químicos que se dan en el ambiente, probablemente esté más expuesta que el núcleo a los peligros ambientales.

[4] Grossman, Laurence I.: «Invited Editorial...», op. cit.

[5] Randall, Teri (1991): «Mitochondrial DNA: A New Frontier in Acquired and Inborn Gene Defects», *Journal of the American Medical Association*, vol. 266, pp. 1739-1740.

Las consideraciones sobre las contribuciones potenciales del ADN mitocondrial a la salud y la enfermedad son aún más complejas e impredecibles que las que suscitaba el ADN nuclear. Sólo podemos esperar que esta complejidad desaliente los intentos de hacer explicaciones simplistas.

Herencia del ADN mitocondrial

Hay una gran diferencia entre la transmisión hereditaria de ADN mitocondrial y de ADN nuclear porque, cuando se fusionan un óvulo y un espermatozoide durante la fertilización, el espermatozoide aporta su núcleo y sólo una minúscula cantidad de citoplasma; por lo tanto, casi ninguna mitocondria. Sin embargo, el óvulo aporta al embrión no sólo su núcleo, sino también todo su citoplasma y por tanto todas sus mitocondrias y ADN mitocondrial. Así, mientras que el ADN nuclear tiene contribuciones iguales de ambos padres, el ADN mitocondrial pasa intacto de la madre a toda su descendencia. Esto significa que cada uno de nosotros está conectado a sus dos padres a través de su ADN nuclear, pero sólo está conectado con su madre y la madre de su madre, mediante una línea hereditaria independiente. Una consecuencia de esto es que, mientras que los padres difieren de todos sus hijos en su ADN nuclear, el ADN mitocondrial es idéntico entre cada mujer y todos sus hijos.

La línea hereditaria mitocondrial se termina con cada hijo varón, pero es continua de madres a hijas. Esta continuidad tiene implicaciones importantes, ya que se puede usar para establecer parentescos familiares.

Basándose en el hecho de que el ADN mitocondrial de una mujer es esencialmente idéntico al de todos sus hijos, algunos biólogos moleculares están desarrollando técnicas que pueden ser empleadas para identificar a niños perdidos y otros parientes. Activistas pro derechos humanos confían en que dichas técnicas sean útiles para localizar a los niños que desaparecieron en países como Argentina y Chile.

Incluso cuando no es posible obtener muestras de tejido de los padres, a los que el gobierno hizo desaparecer, el ADN mitocondrial de cualquier pariente por línea materna, como una abuela materna o un tío o tía, es virtualmente idéntico al de la madre biológica del niño. Por lo tanto, el ADN mitocondrial de cualquiera de estos individuos podría usarse para relacionar al niño con sus parientes maternos[6]. Este procedimiento tiene la ventaja sobre otros de que «cuando sólo queda un pariente vivo y lo separa más de una generación, todavía se puede resolver la identidad en disputa debido a que el parentesco se preserva en la línea materna»[7].

Los científicos actualmente están haciendo pruebas de la fiabilidad de este procedimiento probándolo en personas de filiación conocida por línea materna. Si se demuestra que es tan fiable como se espera, entonces se podrá usar para localizar a niños de padres desaparecidos violentamente y que fueron entregados en adopción a miembros de la élite gobernante.

A finales de los años ochenta un grupo de biólogos moleculares de la Universidad de California en Berkeley alumbraron una ingeniosa teoría sobre el origen humano[8]. Basándose en similitudes y diferencias en muestras de ADN mitocondrial procedentes de varias poblaciones geográficas, concluyeron que todos los seres humanos actuales (*Homo sapiens* moderno) podrían trazar su línea de descendencia hasta una mujer que vivió en África hace unos 200.000 años. Esta mujer hipotética pasó a ser conocida como la «Eva africana». Más recientemente, varios investigadores han puesto de manifiesto tanto los problemas técnicos de la investigación del grupo de California como los problemas conceptuales que se derivan de establecer fecha tan reciente para una

[6] Garfinkel, Simson L. (1989): «Genetic Trials Lead to Argentina's Missing Children», *Boston Globe*, 12 de junio, pp. 25 y 27.

[7] Orego, Christián, y Mary-Claire King (1990): «Determination of Familial Relationships», en *PCR Protocols: A Guide to Methods and Applications*, Nueva York, Academic Press, pp. 416-426.

[8] Cann, Rebecca L.; Mark Stoneking y Allan C. Wilson (1987): «Mitochondrial DNA and Human Evolution», *Nature*, vol. 325, pp. 31-36. Cann, Rebbeca L. (1987): «In Rearch of Eve», *The Sciences*, septiembre-octubre, pp. 30-37.

primera madre común de los humanos[9]. Aunque todo el mundo está de acuerdo en que los *homínidos* (antiguos ancestros humanos) surgieron originalmente en África y de ahí se expandieron por el resto del mundo, no está del todo claro dónde, cuándo o cuán a menudo estos homínidos evolucionaron en los humanos modernos.

[9] Gee, Henry (1992): «Statistical Cloud over African Eden», *Nature*, vol. 355, p. 585. Thorne, Alan G., y Milford H. Wolpoff (1992): «The Multiregional Evolution of Humans», *Scientific American*, vol. 266, abril, pp. 76-83.

GLOSARIO

ácido desoxirribonucléico (ADN) Molécula que forma parte de los cromosomas y que especifica la composición de proteínas. Está formada por dos cadenas que alternan una molécula de fosfato y una de azúcar (llamada desoxirribosa), que se unen por una base (entre cuatro bases posibles) por cada unidad de fosfato y azúcar y se entrelazan en una hélice.

acromegalia Síndrome caracterizado por el crecimiento exagerado de los caracteres faciales, manos y pies, resultado de una secreción excesiva de hormona del crecimiento por parte de la glándula pituitaria.

adenina Una de las bases del ADN.

adenosina desaminasa (ADA) Enzima implicada en las transformaciones químicas esenciales de las bases que forman parte de la estructura del ADN. Una deficiencia hereditaria del ADA puede resultar en defectos del sistema inmune que generan un aumento de la susceptibilidad a varias infecciones.

ADN véase *ácido desoxirribonucleico.*

ADN marcador Fragmento de ADN que incluye tanto al marcador como al segmento sin identificar que especifica el carácter en cuestión.

ADN mitocondrial ADN del cromosoma mitocondrial.

ADN nuclear ADN cromosómico del núcleo de la célula.

albúmina Miembros de una familia de proteínas relativamente pequeñas y solubles en agua, presentes en la clara del huevo, la sangre y otros tejidos.

alcohólicos anónimos (AA) Organización de autoayuda que permite a los alcohólicos reunirse y prestarse apoyo mutuo en su esfuerzo por dejar de beber, así como para hacer otros cambios importantes en sus vidas.

alelo Una de las varias formas posibles de un gen, que se encuentra en la misma posición del cromosoma y que puede dar lugar a sensibles diferencias hereditarias.

aminoácido Todas y cada una de las pequeñas moléculas que constituyen las unidades fundamentales de las proteínas.

amniocentesis Procedimiento quirúrgico en el que se extrae con una jeringa una muestra del fluido que rodea al feto de modo que el médico pueda examinarlo y estudiar las células del feto que se hayan liberado.

anemia drepanocítica Afección hereditaria recesiva en la que una proteína de la sangre llamada hemoglobina está alterada de forma que tiende a bloquear los vasos sanguíneos capilares. Esto puede llevar a pérdidas de sangre, dolores en las articulaciones e infecciones.

antioncogén Gen que puede suprimir una división celular descontrolada y, por lo tanto, prevenir un crecimiento cancerígeno.

ARN (ácido ribonucleico) Tipo de ácido nucleico que difiere del ADN en que contiene la base nucleotídica uracilo, en lugar de timina, y el azúcar ribosa, en lugar de la desoxirribosa.

ARN mensajero (ARNm) Tipo de molécula de ARN que transporta el mensaje codificado en una secuencia de bases de ADN específica a las partículas del citoplasma en donde esa secuencia de bases se traducirá en la secuencia de aminoácidos de la proteína correspondiente.

arteriosclerosis Engrosamiento y endurecimiento de las paredes de las arterias debido a la deposición de sustancias grasas.

artritis Inflamación crónica, dolorosa y a menudo progresiva de las articulaciones que se cree que se origina por una respuesta de tipo alérgico del sistema inmune de la persona.

asesoría genética Asesoramiento llevado a cabo por un asesor genético preparado o por un médico genetista en el que se informa a las personas sobre las implicaciones de los antecedentes médicos de sus familias biológicas o de pruebas genéticas que se vayan a realizar, para su propia salud o la de sus hijos.

autosomas Aquellos cromosomas localizados en el núcleo de la célula que no son los llamados cromosomas sexuales, X e Y.

base véase *nucleótido.*

base nucleotídica véase *nucleótido.*

cáncer Grupo de células que han escapado a la regulación normal que gobierna la velocidad de división celular en varios tejidos y que se multiplican a un ritmo descontrolado, extendiéndose a menudo a otros tejidos distintos de aquel en el que se han originado.

carácter Característica específica de un organismo. Puede ser o no hereditario.

carácter dominante Rasgo que es aparente, incluso si sólo uno de los dos progenitores aporta el alelo asociado al mismo.

carácter drepanocítico Estado de portador de anemia drepanocítica que supone un aumento de resistencia del portador a malaria, pero que no parece estar asociado a otros síntomas.

carácter mendeliano Característica cuyo patrón de herencia se puede describir siguiendo las leyes de Mendel.

carácter poligénico Carácter en cuya transmisión se piensa que está implicado más de un gen.

carácter recesivo Carácter que no se puede percibir a no ser que ambos progenitores aporten el alelo responsable asociado con el mismo.

carcinógeno Agente promotor de cáncer, como por ejemplo algunos compuestos químicos, radiación, tabaco o asbestos.

célula Unidad de estructura y función de órganos y organismos que es distinguible anatómicamente en virtud del hecho de que está encerrada en una membrana.

citoplasma Parte de la célula que se encuentra entre la membrana y el núcleo. Contiene varias estructuras subcelulares que participan en las funciones de la célula.

citosina Una de las bases del ADN.

codón Secuencia de tres bases nucleotídicas que «codifican» un aminoácido específico durante el proceso en el que la secuencia de bases de un gen se traduce en la secuencia de aminoácidos de una proteína.

colesterol Sustancia grasa que produce el engrosamiento de las arterias que se observa en la arteriosclerosis.

cromosomas Estructuras microscópicas, localizadas en el núcleo celular y en las mitocondrias, que están compuestas por ADN y proteínas y se dividen cada vez que lo hace la célula. El ADN de los cromosomas porta los genes.

cromosomas sexuales Los cromosomas X e Y. Las mujeres tienen dos cromosomas X, mientras que los hombres tienen un cromosoma X y uno Y.

cromosoma X Uno de los dos cromosomas sexuales. Normalmente las mujeres tienen dos cromosomas X, y los hombres tienen un X y un Y.

cromosoma Y Uno de los dos cromosomas sexuales. Normalmente sólo se encuentra en hombres.

cuerpo polar Partícula que se expulsa y pierde durante la división celular en la que se forma el óvulo.

diabetes Alteración del metabolismo de los carbohidratos que resulta en la excreción de azúcar en la orina, lo que puede llevar a varias alteraciones, especialmente en los sistemas circulatorio y nervioso.

distribución normal Curva simétrica con forma de campana que cae hasta cero a ambos lados de la media.

división celular Proceso por el cual una célula se divide en una o más copias de sí misma.

división reductora Sinónimo de meiosis.

doble hélice Configuración geométrica normal del ADN consistente en dos cadenas complementarias, cada una formada por una larga secuencia repetida de moléculas de azúcar y fosfato situadas una enfrente de la otra formando una hélice y unidas por las bases.

ectodactilia Afección hereditaria en la que algunos de los huesos de las manos y los pies pueden fusionarse, de modo que limita la movilidad de dichas extremidades.

edema Inflamación producida por la acumulación de agua y sales en espacios que rodean a células y tejidos.

enanismo pituitárico Estatura anormalmente baja causada por una secreción insuficiente de hormona del crecimiento por parte de la glándula pituitaria.

enfermedad de Charcot-Marie-Tooth Afección hereditaria del sistema nervioso con manifestaciones variables, entre las que se puede encontrar una debilidad o algún tipo de atrofia de los músculos de las extremidades, especialmente de las piernas.

enfermedad de Gaucher Alteración hereditaria poco común del metabolismo de las grasas en la que éstas se acumulan en varios tejidos.

enfermedad de Huntington Afección hereditaria que implica desorientación y deterioro mental progresivo y que generalmente empieza a mostrar sus síntomas en personas a partir de los cuarenta años.

enfermedad de Tay-Sachs Afección hereditaria recesiva que implica una ralentización progresiva del desarrollo en niños pequeños y conduce a la parálisis, retardo mental, ceguera y finalmente muerte durante el tercer o cuarto año de vida.

enzima Cualquier proteína del organismo, de entre una amplia clase, que hace posible que se den las reacciones químicas necesarias y que se den lo suficientemente rápido como para cubrir las necesidades del organismo.

enzima de restricción Tipo de enzima que corta el ADN por donde encuentra una secuencia específica de unas cuatro a seis bases.

epitelios Capas finas de células que cubren las superficies de tejidos tales como la piel, los conductos respiratorios de los pulmones o las paredes de los intestinos, donde los tejidos entran en contacto con el ambiente externo e interno.

eugenesia Teoría social que sostiene la firme promesa de mejorar la dotación genética de los seres humanos animando a reproducirse a las personas que tienen rasgos «más deseables» y desanimando o previniendo a las personas con rasgos «menos deseables».

exón Secuencia de bases de ADN que se traduce en la secuencia de aminoácidos que constituyen una proteína.

fenilalanina Aminoácido presente en muchas proteínas (véase PKU).

fenotipo Apariencia externa de un organismo.

fibrosis quística Afección hereditaria en la que una mucosidad espesa se expande por los pulmones y otros tejidos, lo que aumenta la susceptibilidad a infecciones y a otros problemas serios de salud.

fragmentos de restricción Trozos de ADN obtenidos mediante cortes generados con enzimas de restricción.

galactosemia Trastorno hereditario debido a la ausencia de una enzima implicada en el metabolismo de carbohidratos que puede impedir el crecimiento y provocar un retardo mental en niños.

gameto Célula reproductora, como un óvulo o un espermatozoide.

gen Unidad funcional de ADN que especifica la composición de una proteína y puede ser transmitida por un individuo a su descendencia.

gen supresor de tumores Sinónimo de antioncogén.

genetización Atribución de significado genético a caracteres que quizá no lo tengan.

genoma Todos los genes contenidos en cada célula de un organismo.

genotipo Composición genética de un organismo.

glaucoma Afección que consiste en el aumento de la presión del fluido dentro del ojo que puede desembocar en un deterioro de la visión o ceguera.

globina Componente proteico incoloro de la hemoglobina de la sangre.

glucosa Azúcar «simple», constituyente del azúcar ordinario de mesa y del almidón.

guanina Una de las bases del ADN.

hemo Pigmento responsable del color rojo de la hemoglobina.

hemofilia Deficiencia hereditaria en la coagulación de la sangre debida a la falta de una de las diferentes proteínas llamadas factores de coagulación.

hemofilia B Una de las formas de la hemofilia.

hemoglobina Proteína principal de los glóbulos rojos de la sangre, constituida por alfa y betaglobina, un grupo hemo y hierro. Su función consiste en tomar oxígeno en los pulmones y transportarlo al resto del cuerpo.

heterozigótico Se dice que un individuo es heterozigótico respecto a un gen específico si ha heredado alelos diferentes de ese gen de cada uno de sus padres.

hipertensión Elevación crónica de la presión sanguínea por encima del nivel considerado normal.

homínidos Miembros de la familia de primates *Hominidae*, de la que los humanos actuales somos la única especie superviviente.

homo sapiens (del latín «hombre sabio») Seres humanos modernos, la única especie de la familia de los primates *Hominidae* que vive actualmente.

homozigótico Se dice que un individuo es homozigótico respecto a un gen específico si ha heredado alelos idénticos de ese gen de cada uno de sus padres.

hormona del crecimiento humano Hormona proteica, secretada por la glándula pituitaria, que estimula el crecimiento de músculos y huesos.

huellas de ADN Conjunto de técnicas destinadas a identificar individuos basándose en la secuencia de bases de su ADN.

iatrogénico Inducido por las palabras o acciones del médico.

insulina Hormona proteica producida por el páncreas que regula el nivel de glucosa en sangre.

intolerancia a la lactosa Carencia hereditaria de una o más enzimas intestinales que origina dificultades en la digestión de carbohidratos y puede producir diarrea y una dolorosa inflamación del abdomen.

intrón Secuencia de bases del ADN dentro del gen que se elimina antes de que se traduzca el gen en la secuencia de aminoácidos de la proteína.

ley Hardy-Weinberg Teorema de biología de poblaciones que define la relación estadística entre el número de individuos, en una población de emparejamientos aleatorios, que manifiestan un rasgo hereditario recesivo y el número de individuos portadores de una sola copia del alelo responsable que por lo tanto no exhiben el rasgo.

ligamiento genético Propiedad de algunos rasgos o genes de heredarse juntos que se interpreta como que estos genes se encuentran cerca el uno del otro en el mismo cromosoma.

linfocito Tipo de glóbulo blanco que participa en la respuesta inmune de un organismo tras una infección.

lípido Una clase de sustancias grasas.

lipoproteína Combinación de sustancias grasas (lípidos) con un miembro de un grupo específico de proteínas.

mamografía Examen del pecho con rayos X.

mapa de ligamiento Mapas de los genes de un cromosoma construidos en base a observaciones experimentales que muestran que algunos rasgos tienden a heredarse juntos. La asunción que se hace para construir estos mapas es que los genes correspondientes a estos rasgos se encuentran unos cerca de otros.

marcador Fragmento identificable de ADN que se encuentra en el cromosoma cerca de un segmento no identificado que especifica la secuencia de aminoácidos de una proteína relevante para un determinado rasgo.

media Promedio de un intervalo de valores.

meiosis Tipo de división celular que se da en la formación de óvulos y espermatozoides y durante la cual cada par de cromosomas de la célula parental se separa y sólo un miembro de cada par va a cada célula hija.

melanoma Cáncer originado en las células pigmentarias que se encuentra en algunas zonas de la piel, membranas mucosas, ojos y sistema nervioso central.

metástasis Invasión de células cancerígenas a otros tejidos distintos de aquel en que se ha originado.

mitocondria Estructuras organizadas situadas en el citoplasma celular e implicadas en los procesos en los que las células trasforman las sustancias alimenticias generando energía. Las mitocondrias contienen su propio complemento de ADN, distinto del ADN de los cromosomas del núcleo de la célula.

mitosis Tipo normal de división celular en el que la célula da lugar a dos células hijas que son idénticas a la célula original y entre sí.

mutación Alteración permanente de un gen o molécula de ADN.

mutágeno Agente, como la radiación o ciertas sustancias químicas, que aumenta la incidencia de mutaciones genéticas.

núcleo Parte de la célula que contiene a los cromosomas (excepto los cromosomas mitocondriales) y la mayoría del ADN de la célula.

nucleótido Subunidad de ADN o ARN formada por una base, un fosfato y una molécula de azúcar.

oncogén Gen que ha sufrido una mutación que induce a las células a dividirse más a menudo de lo que normalmente lo hacen, lo que puede llevar a la formación de un cáncer.

oncólogo Médico especializado en tratar los diferentes tipos de cáncer.

organización para el mantenimiento de la salud (HMO) Organización médica que proporciona cuidados médicos en función de un plan de seguros en el que el suscriptor paga una cuota fija por adelantado, lo que le permitirá tener acceso a todos los cuidados médicos que requiera.

paro cardíaco congestivo Incapacidad del músculo cardíaco de contraerse lo suficiente para vaciar la sangre del corazón. Esto conduce a un aumento progresivo del estrés y a un debilitamiento del músculo hasta que finalmente éste deja de contraerse.

pelagra Afección caracterizada por una serie de síntomas físicos y mentales y causada por una deficiencia en niacina (miembro del complejo vitamínico B.

PKU (fenilcetonuria) Afección hereditaria en la que la deficiencia de una enzima específica resulta en la acumulación de una forma tóxica del aminoácido fenilalanina. Esto se puede evitar eliminando de la dieta los alimentos con fenilalanina. Si no se trata, puede producir retardo mental y problemas neurológicos.

plasma germinal Esa parte de la célula que se transmite de generación en generación.

polimorfismo Formas diferentes del mismo rasgo u organismo.

portador Persona portadora de un alelo recesivo pero que no manifiesta el rasgo correspondiente.

proteína Molécula de gran tamaño compuesta por moléculas de aminoácidos dispuestas en una hilera de principio a fin. Las proteínas participan en todas las funciones biológicas de las células y organismos.

protooncogén Gen que puede sufrir una mutación que lo transforme en un oncogén.

queratina Proteína insoluble, bastante rígida, que es el principal componente estructural del pelo, plumas, garras y uñas.

reacción en cadena de la polimerasa (PCR) Procedimiento de laboratorio en el que se usan enzimas para copiar una pequeñísima cantidad de ADN una y otra vez hasta que la muestra es suficientemente grande como para emplearse en el análisis químico o realizar experimentos.

receptor de insulina Proteína situada en la superficie de las células que determina la entrada de insulina en ellas, en donde puede ejercer su efecto metabólico.

reduccionismo Creencia filosófica de que tanto los fenómenos como los organismos se entienden mejor si se estudian sus partes más pequeñas.

RFLPs (polimorfismos de longitud de fragmentos de restricción) Variaciones de las longitudes de fragmentos de restricción originadas por cambios, llamados mutaciones, en las secuencias de bases del ADN que alteran la forma en la que las enzimas de restricción cortan la molécula de ADN.

ribosomas Partículas situadas en el citoplasma celular en las que las secuencias de bases del ARN mensajero se traducen en las secuencias de aminoácidos de proteínas.

seguimiento véase *seguimiento genético.*

seguimiento genético Pruebas genéticas, normalmente asociadas a la sospecha de una exposición a agentes que pueden causar mutaciones en los genes, para determinar si dichas mutaciones han tenido lugar.

selección genética Pruebas realizadas en poblaciones para detectar alelos o marcadores asociados a rasgos que se asume que son hereditarios, al margen de si las personas tiene razones para pensar que han heredado la mutación para la que se les están realizando las pruebas.

sida (Síndrome de inmunodeficiencia adquirida) Grupo de infecciones bacterianas o parasitarias que pueden tomar el control cuando la resistencia de una persona se ve debilitada por la infección del virus de la inmunodeficiencia humana (VIH).

simbiosis Relación cercana entre dos organismos que podría, pero no necesariamente, beneficiar a uno o a ambos.

síndrome de Down Forma de retardo mental de profundidad variable que normalmente no es hereditario y que está asociado a la presencia de una copia extra de un cromosoma normal (cromosoma 21) en el núcleo de las células de la persona.

síndrome del X frágil Afección recesiva que puede implicar retardo mental, así como algunos síntomas físicos, y en el que una secuencia de tres bases en el cromosoma X se repite una y otra vez. El número de repeticiones varía entre individuos y parece estar relacionado con la gravedad de los síntomas.

sobrecruzamiento Proceso que se puede originar durante la división celular y en el que los dos miembros de un par de cromosomas que se han heredado de ambos progenitores intercambian partes equivalentes de su ADN.

tamoxifén Compuesto químico que contrarresta la acción biológica de la hormona estrógeno. Puede ser útil en el tratamiento de ciertos tipos de cáncer de pecho, cuyo crecimiento está promovido por estrógeno, pero tiene varios efectos deletéreos.

terapia génica de la línea germinal Intento de insertar genes en el núcleo de un espermatozoide, óvulo o embrión temprano de modo que estos genes nuevos pasarán a formar parte de la dotación genética del individuo que se desarrolle a partir de ese espermatozoide, óvulo o embrión, así como de su descendencia biológica.

terapia génica somática Intento de modificar el modo en que ciertos tejidos de un organismo funcionan mediante la inserción de un gen en las células de dichos tejidos.

timina Una de las bases del ADN.

tirosina Aminoácido presente en muchas proteínas.

transcriptasa inversa Enzima que puede sintetizar ADN a partir de un molde de ARN.

vector Virus u otro fragmento de ADN al que se puede incorporar un gen y que posteriormente se puede emplear para introducir dicho gen en una célula.

verificación de crianza Producir descendencia para confrontarla con la cepa o tipo ancestral.

VIH (virus de la inmunodeficiencia humana) Virus que ataca el sistema inmune y hace que progresivamente vaya siendo menos capaz de detener las infecciones.

virus Agente infeccioso submicroscópico consistente en una molécula de ADN o ARN rodeada de un revestimiento proteico y que se replica dentro de las células vivas.

VNTRs (número variable de repeticiones en tándem) Secuencias de bases cortas localizadas en los cromosomas que se repiten una y otra vez un número variable de veces. No se conoce la razón por la que se producen dichas repeticiones, pero como el número de repeticiones tiende a diferir entre individuos, se puede usar para identificar a individuos específicos.

zigoto Óvulo fertilizado.

BIBLIOGRAFÍA COMENTADA

Esta lista no tiene pretensiones de ser completa. Me he limitado a los libros publicados recientemente que me han parecido útiles e interesantes y a las revistas científicas y boletines que normalmente traen artículos escritos para el lector no especializado. La lista de organizaciones pretende dar acceso a algunos grupos que tratan de prevenir o aminorar las injusticias generadas por la creciente preocupación actual sobre los «defectos» hereditarios y estudiar medidas legales y recursos legislativos. Estas listas se presentan en orden alfabético, y no por orden de importancia.

Libros

ARENDT, Hannah (1977): *Eichmann in Jerusalem: A Report on the Banality of Evil*, Penguin, Nueva York [ed. cast. (1967): *Eichmann en Jerusalén: Un estudio sobre la banalidad del mal*, Barcelona, Lumen]. Basado en sus observaciones cuando asistía al juicio de Adolf Eichmann, Arendt refleja en el transcurso del libro crueldades indescriptibles que pueden ser ratificadas legalmente pasando a ser aceptadas y a considerarse normales.

BEINFIELD, Harriet, y Efrem KORNGOLD (1991): *Between Heaven and Earth: A Guide to Chinese Medicine*, Nueva York, Ballantine Books. Mitad teórico, mitad manual de autoayuda, este libro introduce a los lectores en las prácticas contemporáneas basadas en las antiguas tradiciones de medicina china y, por consiguiente, en una visión muy diferente de la enfermedad, prevención, terapia y cura para muchos de nosotros, que hemos crecido en Europa y América.

COHEN, Sherrill, y Nadine TAUB (1989): *Reproductive laws for the 1990s*, Clifton (Nueva Jersey), Humana Press. Colección de ensayos sobre los efectos de los nuevos avances de la genética y las técnicas de reproducción sobre la experiencia del embarazo en mujeres y sobre los cambios legales y legislativos que se requieren para reducir injusticias y limitaciones en la elección. Hay dos artículos introductorios que son especialmente importantes: uno, escrito por Laurie Nsiah-Jefferson, trata sobre el impacto de las leyes de reproducción en mujeres de pocos recursos económicos y en mujeres de color; y el otro, escrito por Adrienne Asch, trata sobre las complejas implicaciones de las nuevas técnicas reproductoras en mujeres con disfunciones o a las que se les ha predicho alguna disfunción en el feto del que son portadoras.

DRAPER, Elaine (1991): *Risky Business: Genetic Testing and Exclusionary Practices in the Hazardous Workplace*, Nueva York, Cambridge University Press. Una amplia exploración del uso de pruebas genéticas para limitar las opciones de los trabajadores o negarles el empleo.

DUSTER, Troy (1990): *Backdoor of Eugenics*, Nueva York, Routledge. Un aviso sobre cómo los usos actuales y los potenciales de la creciente lista de pruebas para las llamadas afecciones genéticas abrirán una «puerta trasera» a las prácticas eugenésicas, incluso si la puerta principal de la eugenesia se mantiene cerrada.

GOULD, Stephen Jay (1981): *The Mismeasure of Man*, Nueva York, W. W. Norton, [ed cast. (1997): *La falsa medida del hombre,* Barcelona, Crítica]. Un lúcido discurso sobre los modos en los que los científicos de los siglos XIX y XX han producido y utilizado datos, tanto numéricos como de otro tipo, para apoyar los prejuicios existentes de sus sociedades. Las historias que presenta Gould son especialmente interesantes porque en la mayoría de los casos los científicos no tratan de engañarnos; más bien, su facultades críticas están limitadas por la incuestionable aceptación de hipótesis convencionales.

GROCE, Nora Ellen (1985): *Everyone Here Spoke Sign Language: Hereditary Deafness on Martha's Vineyard*, Cambridge, Harvard University Press. Una exploración sobre el modo en el que los habitantes de

Martha's Vineyard, en donde prevaleció un tipo de sordera hereditaria hasta algún momento de la primera mitad de este siglo, aceptaron completamente esta situación de modo que la sordera dejara de ser una «discapacidad».

HOLTZMAN, Neil A. (1989): *Proceed with Caution: Predicting Genetic Risks in the Recombinant DNA Era*, Baltimore, Johns Hopkins University Press. Discusión sobre las bases científicas del diagnóstico genético y las incertidumbres y peligros de las predicciones genéticas realizada por un profesor de pediatría y salud pública.

HUBBARD, Ruth (1990): *The Politics of Women's Biology*, Rutgers, New Brunswick University Press. Discusión sobre el modo en que los planteamientos sociales y las exploraciones científicas sobre la biología de las mujeres se apoyan entre sí para revestir los viejos prejuicios con nuevas apariencias.

KEVLES, Daniel J. (1985): *In the Name of Eugenics: Genetics and the Uses of Human Heredity*, Nueva York, Alfred A. Knopf. Una historia legible sobre prácticas eugenésicas en Gran Bretaña y Estados Unidos desde mediados del siglo XIX hasta principios de los años ochenta.

KEVLES, Daniel J., y Leroy HOOD (1992): *The Code of Codes: Scientific and Social Issues in the Human Genome Proyect*, Cambridge, Harvard University Press. Colección de artículos escritos por distintos sociólogos y biólogos cuyas visiones sobre el Proyecto del Genoma Humano van desde un devoto entusiasmo hasta un cuestionamiento crítico de sus efectos potenciales y efectividad.

KRIMSKY, Sheldon (1991): *Biotechnics and Society: The Rise of Industrial Genetics*, Nueva York, Praeger. Una revisión de la primera década de la biotecnología, las dificultades de una predicción de riesgos y los conflitos de interés que surgen inevitablemente cuando biólogos y médicos investigadores, supuestamente desinteresados, se convierten en socios de empresas de industrias lucrativas.

LANE, Harlan (1992): *The Mask of Benevolence: Disabling the Deaf Community*, Nueva York, Knopf. Una fuerte acusación a la medicalización de la sordera, especialmente los nuevos aparatos tecnológicos que hacen que los sordos puedan «oír». El autor argumenta que los sordos constituyen una minoría lingüística, y privar a los niños sordos de la oportunidad de aprender el lenguaje de los signos y de tener un contacto continuo con adultos sordos que lo utilizan limita seriamente su desarrollo social e intelectual.

LERNER, Richard M. (1992): *Final Solutions: Biology, Prejudice, and Genocide*, University Park, Pennsylvania State University Press. Su análisis de las terribles consecuencias del determinismo biológico lleva al autor a insistir en considerar el comportamiento humano como una interacción dinámica entre herencia y ambiente y entre biología y cultura.

LEWONTIN, Richard (1982): *Human Diversity*, Nueva York, Scientific American Books [ed. cast. (1984): *La diversidad humana*, Barcelona, Prensa Científica]. Discusión sobre genética de poblaciones humanas y sobre las variaciones dentro y entre dichas poblaciones, así como del significado evolutivo de la diversidad humana.

LEWONTIN, R. C.; Steven ROSE, y Leon J. KAMIN (1984): *Nor in Our Genes: Biology, Ideology, and Human Nature*, Nueva York, Pantheon [ed. cast. (1996): *No está en los genes: crítica del racismo biológico*, Barcelona, Grijalbo Mondadori]. Análisis del modo en que se ha venido utilizando la genética para legitimar injusticias entre habitantes establecidos e inmigrantes, diferentes grupos raciales, mujeres y hombres y otros grupos enfrentados debido a las diferencias abismales establecidas por la sociedad.

LIFTON, Robert J. (1986): *The Nazi Doctors*, Nueva York, Basic Books. Documentos de un psiquiatra americano que investiga hasta qué punto los médicos alemanes aceptaron labores genocidas como parte de su misión médica, basados en entrevistas a doctores de los campos de concentración y sus asistentes, colegas y miembros de su familia.

MIRINGOFF, Marque-Luisa (1991): *The Social Cost of Genetic Welfare*, New Brunswick, Rutgers University Press. Exploración de las contradicciones entre una perspectiva social que se concentra en mejorar las vidas de las personas, tanto si tienen como si no discapacidades obvias, y un enfoque genético que nos induce a evitar que las personas con discapacidades tengan hijos o nazcan.

MÜLLER-HILL, Benno (1988): *Murderous Science*, Oxford y Nueva York, Oxford University Press [ed. cast. (1985): *Ciencia mortífera: la segregación de los judíos, gitanos y enfermos mentales*, Labor, Barcelona]. Un genetista alemán informa de la implicación de genetistas, antropólogos y psiquiatras muy conocidos en las atrocidades nazis.

NELKIN, Dorothy, y Laurence TANCREDI (1989): *Dangerous Diagnostics: The Social Power of Biological Information*, Nueva York, Basic Books. Análisis de algunas de las consecuencias de las pruebas biológicas y calificación de personas en los colegios, lugares de trabajo, tribunales y otros contextos significativos de nuestra sociedad.

POPE, Andrew M., y Alvin R. TARLOV (1991): *Disability in America: Toward a National Agenda for Prevention*, Washington D. C., National Academy Press. Descripción de las conclusiones a las que llegó un comité de la National Academy of Science de EE.UU., cuando estudiaba discapacidades provocadas por accidentes, disfunciones durante el desarrollo, afecciones crónicas de salud y envejecimiento, y el cual propuso medidas para minimizar los efectos de dichas afecciones sobre las vidas de las personas.

PROCTOR, Robert N. (1988): *Racial Hygiene: Medicine under the Nazis*, Cambridge, Harvard University Press. Análisis del papel de científicos y médicos en el desarrollo y ejecución de los programas de exterminio nazi, por un historiador de la ciencia americano.

STONE, Deborah A. (1984): *The Disabled State*, Filadelfia, Temple University Press. Una provocativa exploración de cómo aborda nuestra cultura el tema de las discapacidades y de las medidas requeridas para contrarrestar los prejuicios sociales.

SUZUKI, David, y Peter KNUDTSON (1988): *Genethics: The ethics of Engineering Life*, Toronto, Stoddart [ed. cast. (1991): *Genética: conflictos entre la ingeniería genética y los valores humanos,* Madrid, Technos, D. L.]. Discusión sobre genética moderna y algunas de sus implicaciones sociales.

TESH, Sylvia Noble (1988): *Hidden Arguments: Political Ideology and Disease Prevention Policy*, New Brunswick, Rutgers University Press. Análisis de las bases políticas de las discusiones más contemporáneas sobre salud, enfermedad y prevención de enfermedades.

Congreso de EE.UU., Oficina de Asesoramiento Tecnológico (1990): *Genetic Monitoring and Screening in the Workplace*, OTA-BA-455, octubre, Washington, D. C., Goverment Printing Office. Resultados de un estudio sobre el empleo de pruebas genéticas para seleccionar y controlar la salud de empleados, realizado por la Oficina de Asesoramiento Tecnológico. Desafortunadamente, hubo una baja colaboración por parte de los empresarios a la hora de rellenar y devolver los cuestionarios.

Congreso de los EE.UU., Oficina de Asesoramiento Tecnológico (1990): *Genetic Witness: Forensic Uses of DNA Tests*, OTA-BA-483, julio, Washington, D. C., Goverment Printing Office. Un pronunciamiento excesivamente optimista sobre los beneficios de las pruebas de DNA en el contexto de un proceso criminal y que subestima tanto los problemas técnicos como el probable allanamiento de la privacidad y los derechos civiles.

Congreso de los EE.UU., Oficina de Asesoramiento Tecnológico (1988): *Medical Testing and Health Insurance*, OTA-BA-384, agosto, Washington, D. C., Goverment Printing Office. Estudio del estatus y consecuencias de la realización de pruebas por parte de aseguradoras y empresarios para enfermedades actuales o predichas.

YOXEN, Edward (1983): *The Gene Business: Who Should Control Biotechnology?*, Filadelfia, Temple University Press. Exploración de las consecuencias de convertir la biología molecular en una industria.

ZOLA, Irving Kenneth (1982): *Missing Pieces: A Chronicle of Living With a Disability*, Filadelfia, Temple University Press. Autobiografía presentada por un sociólogo americano y activista por los derechos de los discapacitados del tiempo que pasó como observador participante en una comunidad holandesa en la que todo el mundo iba en silla de ruedas.

Revistas

American Journal for Human Genetics. Revista mensual publicada por la Sociedad Americana de Genética humana que se centra en artículos técnicos pero a veces contiene editoriales o revisiones de artículos de interés general.

Genetic Resource, 150 Tremont Street, Boston, MA 02111. Revista que se edita dos veces al año del Programa de Genética del Departamento de Salud Pública de Massachusetts. Publica artículos sobre nuevos avances en genética, diagnóstico prenatal, biotecnología y áreas relacionadas.

Genewatch, 19 Garden Street, Cambridge, MA 02138. Boletín bimensual del Consejo para una Genética Responsable. *Genewatch* publica editoriales, artículos y revisiones de libros sobre varios aspectos de la genética y la biotecnología dirigidos a una audiencia general.

Hastings Center Report, 255 Elm Road, Briarcliff Manor, NY 10510. Boletín bimensual con artículos y comentarios sobre bioética que frecuentemente trata sobre asuntos que surgen de la investigación genética y la iniciativa del genoma.

Human Genome News, National Center for Human Genome Research, National Institutes of Health, Bethesda, MD 20892. Boletín bimensual que resume noticias y sucesos relacionados con el Proyecto del Genoma Humano.

Lancet. Revista médica semanal, publicada en Baltimore y Londres, que a menudo publica artículos y cartas de interés general.

Nature. Revista científica semanal, publicada en Londres, que tiene editoriales y una sección de noticias científicas, junto a artículos especializados dirigidos a lectores especialistas.

New England Journal of Medicine. Revista médica semanal, publicada por la Massachusetts Medical Society, que tiene editoriales y revisiones de artículos de interés general, así como artículos técnicos especializados.

New Scientist. Semanario con base en Londres que publica artículos con noticias y comentarios sobre los avances científicos escritos para una audiencia general.

Science. Revista publicada semanalmente en Washington D. C. por la American Association for the Advancement of Science. Aunque la mayoría de los artículos son técnicos, cada número contiene un editorial y una sección de noticias que resumen los sucesos de la semana en un lenguaje no técnico.

Science News. Revista semanal, dirigida a un público general y editada por el Servicio Científico, en Washington D. C.

Scientific American. Revista mensual, publicada en Nueva York y dirigida a un público general, que a menudo contiene noticias y artículos sobre genética, diagnóstico genético, salud y sistema público.

Organizaciones

American Civil Liberties Union, 132 West 43d Street, Nueva York, NY 10036. Organización nacional, con sucursales en muchos estados, que se está interesando cada vez más en las implicaciones de las nuevas tecnologías genéticas para la privacidad, las libertades civiles y los derechos de los acusados en juicios criminales y de las personas encarceladas.

American Society of Law and Medicine, 765 Commonwealth Avenue, Boston, MA 02215. Organización que sostiene reuniones y publica una revista que a menudo aborda temas legales y sociales suscitados por la investigación genética.

Council for Responsible Genetics, 5 Upland Road, Suite 3, Cambridge, MA 02140. Organización nacional de científicos, profesionales en el campo de la salud, sindicalistas, activistas por la salud de las mujeres y otros que quieren estar seguros de que la biotecnología se desarrolla de forma segura y en pro del interés público. Publica un boletín, *Genewatch*, y contiene varios artículos sobre la iniciativa del genoma humano, discriminación genética, modificaciones de genes de la línea germinal y sistemas de identificación basados en ADN.

Disability Rights Education and Defense Funds, 1633 Q street, Washington, D. C. 20009. Organización nacional de activistas por los derechos de los discapacitados, interesados en las implicaciones de las nuevas tecnologías genéticas para personas con discapacidades y sus familias.

Genetic Screening Study Group, c/o Prof. Jon Beckwith, Departamento de Microbiología, Harvard Medical School, Boston, MA 02115. Grupo de investigadores biomédicos con base en Boston que exploran las implicaciones sociales y científicas de las nuevas tecnologías genéticas y cuyos miembros publican artículos y organizan conferencias dirigidas a periodistas y público en general, así como a científicos.

National Center for Education in Maternal and Child Health, 38th and R Streets, NW, Washington, D. C. 20057. Centro que confecciona un listado de las organizaciones que publican boletines y otros materiales, dirigido a las personas que quieren contactar con grupos defensores relacionados con alguna afección específica.

National *Women's Health Network*, 1325 G Street, N. W., Washington, D. C. 20005. Organización nacional que trata asuntos relacionados con la salud de la mujer. Publica un boletín bimensual y alertas periódicas y declaraciones políticas.

Proyect on Women and Disability, 1 Ashburton Place, Room 1305, Boston, MA 02108. División del Massachusetts Office of Handicapped Affairs que trata de recoger información y educar a las personas con discapacidades sobre temas de discriminación genética.

ÍNDICE ANALÍTICO